激甚気象はなぜ起こる

坪木和久

新潮選書

まえがき

２０１７年10月21日、日本標準時14時37分、沖縄本島南東海上、東経１３１度10分、北緯21度40分、高度４万３０００フィート（約13・８㎞）、私たちの乗った小型ジェット機ガルフストリームⅡは、厚い壁雲を突き抜けて超大型のスーパー台風ラン（第21号）の眼に入った。日本人研究者が日本の飛行機ではじめて台風の眼に入った瞬間である。鹿児島空港を午後１時25分に飛び立ち、厚い雲のなかを長い時間飛行してきた。キャビンの窓の風景は白からグレーの雲で、機外は何も見えない。機体がガタガタと揺れ続けている。突如として静穏がおとずれ、目の前の雲が切れて遥か彼方まで視界が広がった。そこには直径90㎞の巨大な雲のない世界、地球大気で最も巨大なエネルギーを持つ渦が取り囲んでいる風景が広がっている。暗く長く揺れ続けた時間を抜け、突然、視界が広がる。それはとても感動的でロマンチックな瞬間だった。研究者は研究の途上で、まれに心が震えるような感動に出会うことがある。台風の眼に入ったときは、まさにそのような瞬間だった。眼の中は静穏で、暖かく、乾いた世界だった。手を伸ばせば紺色の成層圏に届きそうな高さから、はるか下方に青緑色の海が見えた。海は台風の激しい風で荒れ狂い、巨大な白波を立てていた。

その後、台風ランは北上し、静岡県に上陸して甚大な災害を引き起こした。それは過去30年間で9番目に大きな気象災害となった。この２０１７年の７月には九州北部豪雨が発生し、43人の命と多くの財産が失われた。その翌年、まさに本書の構想がもちあがったとき、西日本豪雨と北海道の洪水を含む「平成30年7月豪雨」が発生した。さらに気温40℃を超える猛暑が続き、気象庁はこの猛暑を「災害」と表現した。２０１８年の１月下旬から2月上旬には、北陸地方の豪雪が大きな災害をもたらした。梅雨のなかごろには滋賀県で竜巻も発生した。大阪では強い地震が6月に発生している。そして9月に北海道胆振（いぶり）東部地震が発生し、その前日に通過した台風21号によって多量の水を含んだ山の斜面は、地震の震動によりいたるところで崩壊。43人の命が失われた。

日本には台風、豪雨、洪水、豪雪、雷雨、降雹、竜巻、突風、猛暑、干ばつなど、あらゆる気象災害があり、しかもそれらが毎年どこかで発生している。それに加えて地震、火山、土砂崩れ、さらに津波など、日本人は自然災害といつも対峙して暮らしてきた。そのため自然に対して強い畏敬の念を持ち、風の神、雷の神、山の神、海の神、やおよろずの神々に日々祈り、災いを鎮めようとしてきた。しかし自然は厳しく、おかまいなく人の命を奪い、財産を破壊してきた。

この厳しい自然を理解するため、気象学が発展し、ダム、堤防、防潮堤などのインフラが高度に整備され、その結果、気象災害による人命と財産の損失は減少した。しかしながら、自然は人智をはるかに超えており、災害は常に想定を超えたところで発生する。

今世紀に入り、気象災害はより激甚化しているように感じられる。それはなにも専門家が指摘しなくても、多くの人が感じていることではないだろうか。特に２０１８年は気象が激甚化しているということを、自然がこれでもかと言わんばかりに見せつけた年であった。地球温暖化はほんとうに起こっているのかという温暖化懐疑論はもはや無意味である。温暖化という気候変動は現実に進んでおり、それに伴って気象が激甚化している。

２０１８年、「これまで経験したことのない」という言葉を何度耳にしたことだろう。豪雨、台風、豪雪、猛暑、そのような激甚気象が当たり前のように発生する時代となってきた。いったい日本付近で何が起こっているのか？　そもそもそれらはなぜ起こるのか？　そしてこうした激甚気象はこれからも続くのだろうか？　そのような疑問を多くの人が抱えているにちがいない。そうした疑問に少しでも答えるために、私は本書を書こうと思った。これまで経験したことのない気象から命を守るために、その実態とメカニズムを理解しておくことは不可欠である。そのうえで防災を考えることが、命を守るために最も効果的である。その理解を目指して、激甚気象について分かりやすく説明することを目指した。

私は気象学者であって防災の専門家ではない。それゆえに本書は防災の指南書ではない。豪雨や猛暑、台風など激しい気象がなぜ発生するのか、その実態とメカニズムを理解するためのものである。防災の中で最も重要なことは命を守ることである。そのためには命を脅かす相手、すなわち激甚気象を知ることが必要で、これこそが効果的で適切な避難を実現する。災害からの避難は簡単なことではない。避難にはコストがかかる。それと比べて災害のリスクが大きいと判断したとき、人ははじめて避難する。つまりリスクをもたらす相手である激甚気象を正しく理解しておくことが、命を守る上で重要である。

本書の主役は「大気と水蒸気」である。これらはともにきわめて巧妙で精密なからくりを有している。そこには奥深い自然のメカニズムが隠されており、その理解はすなわち地球を理解することでもある。気象の巧妙なからくりのなかで、まれにしか発生しないがきわめて大きなエネルギーが集中することがある。それが激甚気象を発生させるのである。尚、本書では専門的な話がでてくることもあるが、気象について正確に知りたい人には重要なので、ご容赦願いたい。

災害をもたらす大雨を豪雨とよぶように、大規模な災害を引き起こす気象を、ここでは「激甚気象」とよぶ。防災の専門家でない者が書いたので、本書は気象に関わる防災を、防災の専門家とは異なる立場から考えるものである。だからこそ防災に関わる人、気象災害をどう考えたらよいかと思っている人に読んでいただきたい。また、最近の気象がなんとなく気味悪いと感じている人にも、その理由の一端を示すことができると思う。激甚気象から命を守るために、まず、気象という相手を知ることがなによりも大切なのである。

本書で出てくる数値などは、気象庁や消防庁の資料をもとにして、正確さを期するようにした。また、できるだけ最新の情報を載せるようにしたが、その後、修正によっては最新のものと異なる場合もある。また、台風については番号ではなく国際名を用いることとした。日本では台風を番号でよぶ習慣があるが、これは日本国内でしか通用しない。すべての台風にはＷＭＯ（世界気象機関）の下にある台風委員会が国際名を付けて、国際的にも共通の認識が得られるようにしている。また、名前を付けることによって、その台風がもたらした現象や災害の記憶が残りやすいようになるという効果もある。本書では明らかな場合を除いて、台風の番号と発生年も併記した。また、伊勢湾台風などの特別なよび方については、慣例に従い使用した。それでは第１章で２００４年と２０１８年の激甚気象を取り上げて、災害の多い年はある確率で必ず回ってくるという話から始めよう。

激甚気象はなぜ起こる　目次

激甚気象はなぜ起こる

第1章　繰り返される災いの年

災いの年

豪雨や地震などの激甚災害は、日本のどこでも起こりうる。本書を読まれている方の住んでいるところでも必ず起こる。「そんなことはない。私は生まれてこのかた何十年もここに住んでいるが、これまでそんなひどい災害は経験したことがない」、そういわれる方は多いかもしれない。しかし、それは単に確率の問題なのである。もし激甚災害を経験していないとすれば、これまでたまたま幸運だっただけのことである。

兵庫県の瀬戸内海側、姫路からバスで北東に1時間ほどのところ、遥か彼方に六甲山を望む播州平野のなかに田園地帯がある。そこが高校3年生まで過ごした私の故郷である。特に根拠はないが、そこは国内で最も自然災害の少ない地域だと思う。それでもただ一度だけ私が住んでいた古い家の中に水が流れ込んできたことを、子供のころの最も古い記憶として覚えている。おそらく4〜5歳のころだと思うのだが、家のなかの土間で長靴を履いてチャプチャプと音を立てて遊ぶ子供が、私の記憶の原風景にある。それは床下浸水程度だと思うが、どれくらいの被害かは覚えていない。いつのことだったのか、台風だったのか豪雨だったのかも分からない。それ以来、自宅への浸水は経験しなかった。

兵庫県や岡山県の瀬戸内海側というのは、南に四国山地と紀伊山地、北に中国山地があり、2つの屏風に挟まれたような地域である。南から入ってくる水蒸気は南側の山地で、北側からの水蒸気は北側の山地で雨や雪として降ってしまうので、瀬戸内式気候の地域は雨が少ない。このため無数のため池が、農業などに利用するために作られている。私の故郷も大雨はほとんどなく、むしろ水不足に悩まされていた地域であった。ただ、台風は例外である。それほど多くはないが、子供のころ台風の暴風におびえた記憶や、ビニールハウスが台風の被害を受けた記憶がある。

私自身がほとんど経験したことがないように、激甚気象はまれにしか起こらない。しかしそれは人の寿命という長さと比べるからまれに思えるのである。あるいは経験したことがないといえるのである。長い時間、たとえば100年や200年で考えれば、日本のどこでも激甚気象は必ず起こる。それに遭遇するかどうかは、確率の問題なのである。

災いの年という言葉がある。これは占星術や何かの占いの話ではない。災害はある確率で必ず起こるものだから、やはりある確率でそれが重なる年があるという点で、自然科学の範疇の話である。特に一旦激甚気象が起こりやすい大気の状態に陥ってしまうと、次々と激しい現象が連続して起こるという性質を地球大気は持っているようだ。このような特性が災害の重なる確率を高くする。2004年と18年は、まさにそうした災いの年であった。

2004年の災害

京都市東山区にある清水寺は、国内外から多くの観光客が訪れる名所である。毎年、年末になると清水寺の奥の院では、その年の世相を最もよく表す一文字の漢字が披露される。読者の皆様はご記憶にあるかも知れないが、２００４年の漢字は「災」であった。これはこの年が災いの年であったと多くの国民が感じたことを象徴している。この年は10個の台風の上陸、７月に新潟・福島豪雨と福井豪雨、10月23日には震度７の新潟県中越地震が発生するなど多くの自然災害が発生した。

最近は毎年のように記録的猛暑となっているのであまり記憶に残っていないかも知れないが、２００４年の夏もまた非常に暑かった。太平洋高気圧の勢力が日本付近で強く、特に７月～８月前半にかけて記録的猛暑となった。04年の日本の年平均地上気温の平年差は＋１・01℃で、１８９８年の統計開始以降、１９９０年についで当時２番目に高い気温だった。[1]気象庁本庁のある東京の大手町では真夏日が40日連続し、７月20日には日最高気温39・５℃が記録されている。熱中症患者も当時としては過去最多の１５００人を超えたという記録が残っている。[2]ただし、後で述べるように２０１８年の熱中症による救急搬送は10万人近くで、04年に比べて桁違いに増えている。また、このころは日最高気温が30℃以上の日である「真夏日」を用いて暑夏の程度を表すことができたが、現在は日最高気温が35℃以上の「猛暑日」を用いて夏の暑さを表すようになってきた。それだけ夏の暑さが増したということである。いずれは「酷暑日」を40℃以上の日と定義し、気象庁が正式に使い始める日が来るのではないだろうか。

さらに付け加えると、新潟県では年が明けた２００５年の１月下旬から２月上旬にかけて記録的豪雪となった。場所によっては４ｍを超える積雪深となり、中越地震からの復旧途上にあるなか、さらに追い打ちをかけることになった。04年の夏から翌年の初めにかけて、豪雨、台風、地震、そして豪雪と日本はなんと多くの自然災害に見舞われるのかと思ったことが、今も記憶に残っている。

気象庁は大きな自然災害を引き起こした気象や地震に名称を付ける役割を担っている。よく知られた例には、１９５９年の「伊勢湾台風」や２０１８年の「平成30年7月豪雨」などがある。20年3月の時点で気象庁のホームページには、命名された気象現象が31事例載っている。[3] そのうち豪雨について、同じ年、同じ月に発生したのは、「平成16年7月新潟・福島豪雨」（04年7月12日～13日）と「平成16年7月福井豪雨」（04年7月17日～18日）だけである。これらの２つの豪雨は、わずか４日を隔てて同じ日本海側で発生している。

日本の暖候期に豪雨をもたらす水蒸気は、多くの場合、太平洋側から流れ込む。実際、暖候期の強い雨の多くは西日本から東日本の太平洋側で発生している。梅雨前線に伴う豪雨の場合も太平洋や東シナ海から、水蒸気が流れ込むことが多いのだが、２００４年の新潟・福島豪雨と福井豪雨では、水蒸気の流れが日本海上を回って本州の日本海側に到達することで、梅雨前線にそって豪雨が発生した。このようなことは梅雨期にときどき発生する。実際、04年以外にも新潟県を中心とした豪雨として、１９９８年8月に新潟市で日降水量が２６５㎜と１８８６年の観測開始以来最大の雨となり、浸水などの大きな被害が発生している。２００５年6月28日には新潟県上越市で３３０㎜の豪雨、11年には「平成23年7月新潟・福島豪雨」と気象庁が命名した豪雨が発生している。この豪雨では福島県で７００㎜、新潟県で６００㎜を超える降水が観測された。これは新潟県の7月の月平均降水量の2倍にも達する降水量である。このような大雨が太平洋側でなく、日本海側で発生することは驚きである。

次に台風についてであるが、日本の場合、１９８１～２０１０年の30年の平均では、台風の発生数は25・6個、接近数は11・4個、そして上陸数が２・７個である。さらに接近数は本土へのものと、沖縄・奄美地方へのものに分けられ、前者は５・５個、後者は７・６個である。[4] ここで「接近」とは台風の中心が国内の気象官署のどれかから３００km以内に入ることを指す。また、「上陸」とは台風の中心が、日本の主要四島のどれかの海岸線に達してはじめてカウントされる。沖縄本島をはじめとして主要四島以外の島に上陸しても、気象庁は「通過」とよんで、上陸としてカウントしない。

２００４年の台風は上陸数が、平均を大きく上回る10個と極端に多いことで特徴づけられる。【図１－１】に示すようにこの年の台風は九州から東北地方北部まで広い範囲に上陸している。また台風コンソン（第4号）以外は北西進から北東進に転向している。これは太平洋高気圧の西側を回る台風の特徴である。一方、台風の災害という観点から考えると、上陸数より接近数のほうが重要である。なぜなら台風は上陸しなくても接近するだけで、しばしば大きな災害をもたらすからである。実際04年は全国への接近数は19個で、１９６０年および66年と並んで第１位である。本土への接近数では、２００４年が12個と記録の残る１９５１年以降では最も多い。これに次ぐのは10個の接近数で、55年、そしてここで災いの年とよぶ２０１８年の２年だけである。04年と18年は、日本がいかに台風の影響を受けたかがわかる。

２００４年の台風のうち、気象庁が災害をもたらした気象事例として取り上げている台風をまとめると【表１－１】のようになる。表には台風コンソンを除く大きな被害をもたらした９個の台風を挙げてある。コンソンは６月11日に高知県に上陸したが、人的被害の記録はない。【表１－１】の９個の台風で、２１５人の死者・行方不明者が出た。台風災害だけで１年に２００人を超える犠

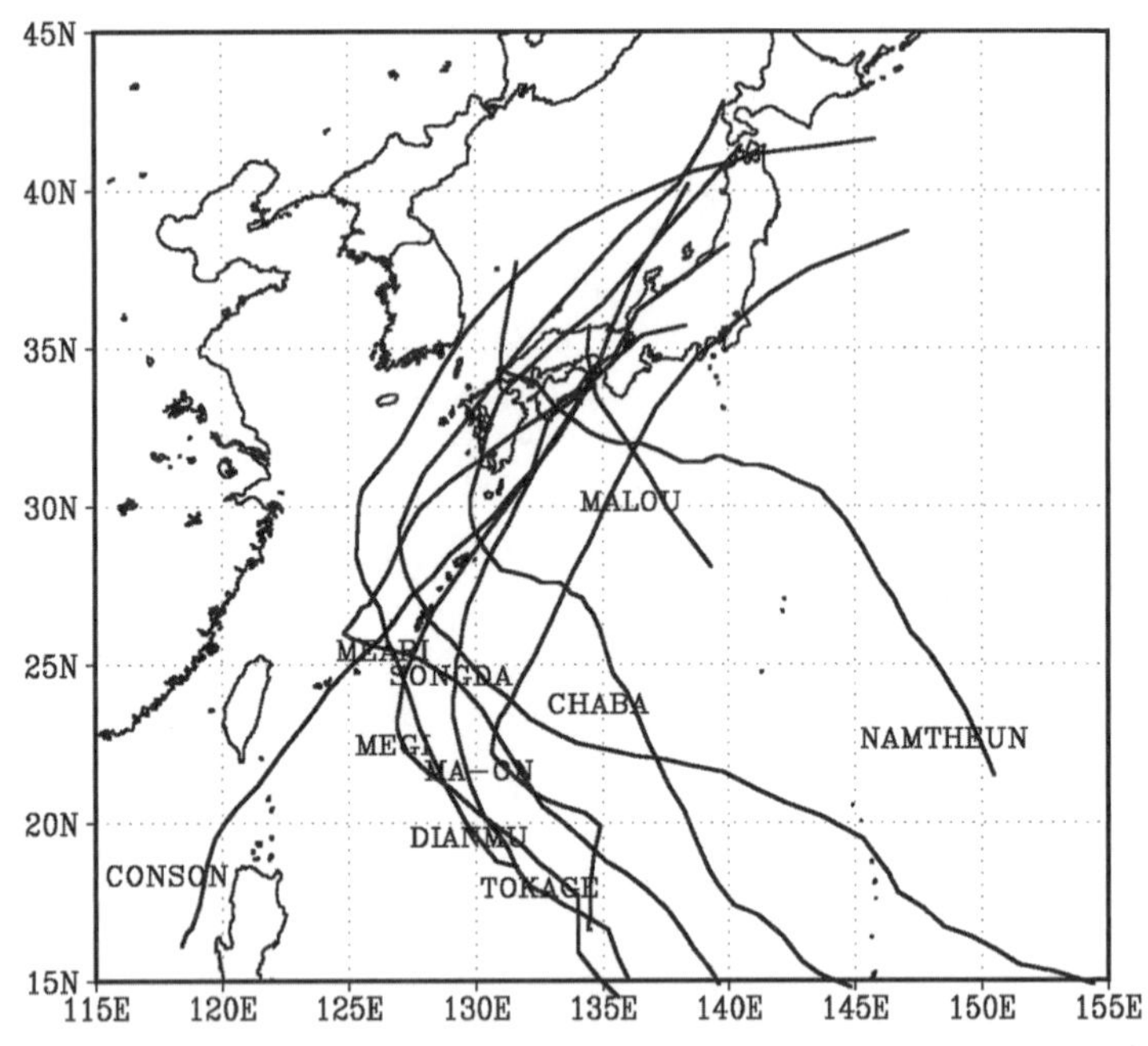

【図１－１】2004年の日本に上陸した台風10個の経路。それぞれの国際名を経路の近くに示した（以下の図表も、特に明記のないものはすべて筆者作成）。

牲者が出たのである。これで日本はほんとうに防災先進国といえるのだろうか。台風に対してあまりに無防備ではないのだろうか。

これらの台風のうち、特に被害が大きかったのは、ソングダー（第18号）とトカゲ（第23号）である。風による被害が大きいものを風台風、雨による被害が大きいものを雨台風という言い方をすることがある。【表１－１】を見るとソングダーは住家浸水より住家損壊のほうが多く、風による被害が多かったことが分かる。沖縄、九州、中国、および北海道地方で記録を更新する最大瞬間風速50m/s以上の猛烈な風が吹き荒れた。札幌では記録的強風が観測され、北海道大学のポプラ並木の木が根元か

台風	死者・行方不明者（人）	住家損壊（棟）	住家浸水（棟）	上陸日	上陸点	特徴
ディアンムー（第６号）	5	224	61	６月21日	高知県	太平洋側で300〜400mmの大雨
ナムセーウン（第10号）	3	120	2442	７月31日	高知県	徳島県で１日に1317mmの大雨
マーロウ（第11号）				８月４日	徳島県	近畿南部、三重で大雨
メギー（第15号）	10	833	2551	８月20日	青森県	四国で600mm 超の雨
チャバ（第16号）	17	10177	46220	８月30日	鹿児島県	大型、強い勢力で上陸。瀬戸内海に高潮被害
ソングダー（第18号）	46	64993	21086	９月７日	長崎県	広島で60.2 m/s、札幌で50.2m/s など猛烈な風
メアリー（第21号）	27	2522	20816	９月29日	鹿児島県	三重県宮川村で1時間雨量139mm、総降水量が尾鷲市で900mmを超える
マーゴン（第22号）	9	5516	8310	10月９日	静岡県	静岡県石廊崎で最大瞬間風速67.6m/s
トカゲ（第23号）	98	21350	54347	10月20日	高知県	広域に浸水等で甚大な被害。人的被害多数

【表１－１】2004年の台風のうち上陸し大きな災害をもたらしたもの（気象庁資料より）。住家損壊は全壊・半壊・一部損壊の総数。浸水は床上・床下の総数。

【図１－２】2004年10月21日、台風第23号に伴う豪雨で由良川が氾濫したため、洪水の中に取り残されたバスの屋上で救助を待つ乗客。朝日新聞社提供。

ら多数倒壊した。まさに風による災害をもたらした風台風であった。

それに対して台風トカゲは、住家浸水のほうが多く、豪雨とそれによる洪水、土砂崩れによる災害が多発した雨台風であった。この台風は西日本を中心に甚大な災害を発生させた。京都府福知山市から舞鶴市を流れる由良川や兵庫県豊岡市を流れる円山川が氾濫し大水害となった。この水害で水没したバスの屋上で乗客が救助を待つというショッキングな映像（【図１－２】）が災害報道で流れ、この水害の甚大さが日本中に印象付けられた。豊岡市はこの水害を教訓に、豪雨時に避難をするためのさまざまな工夫を続けているという。

なぜ、この台風では日本海側にこれほどの豪雨が発生したのだろう？　台風トカゲは高知県に上陸したあと、大阪府南部に再上陸し、その9時間後には関東地方で温帯低気圧になっている。日本海側の豪雨も台風の東側で太平洋側から流れ込んだ水蒸気がもとなっている。西日本は紀伊半島から四国にかけての山地と中国山地の2枚の屏風がある。太平洋側から入り込む水蒸気が日本海側に達するためには、この2つの山地を越えなければならない。これには特別なメカニズムが必要である。台風トカゲが接近した時、日本付近には秋雨前線が停滞していた。台風と梅雨前線・秋雨前線の組み合わせは、豪雨の発生する典型的気象状況だ。台風中心の東側で南風によって日本本土に流れ込む水蒸気が、秋雨前線付近の上昇気流で持ち上げられ大雨となったことは十分考えられる。さらに私たちのコンピュータシミュレーションから、台風周辺の上昇気流によって、高度5㎞付近の零度層（融解層）より上空で、多量の雪粒子が形成され、それが近畿地方の上空の南風で日本海側まで運ばれて豪雨を発生させたことが分かった。台風トカゲでは、このような特別なメカニズムがはたらいて豪雨が起こり、大洪水となったのである。

寺田寅彦

ところで、私が子供だったころ、「天災は忘れたころにやってくる」という言葉をよく聞いたものである。災害の少ない瀬戸内式気候の地域で育ったので、あまり大災という事態にぴんとこなかったが、この言葉は記憶によく残っている。この言葉は寺田寅彦（1878〜1935年）の言葉といわれている。寺田は物理学者でありながらも、多くの随筆を残した文筆家でもある。しかしどの文章にもこの言葉そのものは出てこない。実際には弟子の中谷宇吉郎（なかや）（1900〜62年）が後に寺田の考えをその言葉にして広めたということらしい。物理学者だった中谷も師の寺田と同様に多くの文章を残しており、中谷が55年に書いた「天災は忘れた頃来る」という文章のなかに、次のように記している。

「実はこの言葉は、先生（注：寺田寅彦のこと）の書かれたものの中には、無いのである。しかし話の間には、しばしば出た言葉で、且つ先生の代表的な随筆の一つとされている『天災と国防』の中には、これとまったく同じことが、少し違った表現で出ている」[5]

ここで出てくる随筆「天災と国防」は本書でもこの後何度か引用する重要な随筆である。寺田の生家は高知市にある。私も30年近く前に訪れたことがあるが、簡素な平屋建ての家屋の庭に石造りの碑があり、そこには「天災は忘れられたる頃来る」と記されていた。よく耳にしたフレーズと言いまわしが微妙に違っていたので、碑に書かれてあった言葉が印象に残っている。

最近は激甚災害が毎年のように起こり、「忘れられたる頃来る」とは言えなくなってきた感がある。私は大学の講義や一般向け講演で災害について話すとき、寺田寅彦を知っているかと尋ねることにしている。年配の方には知っている人が多いが、残念なことに最近の学生諸氏はほとんど知らない。そこで私は彼らに夏目漱石（1867〜1916年）は知っているだろうと問う。さすがに漱石はたいていの学生が知っている（なかには知らない学生がいることにむしろ驚かされるが）。漱石は寺田と時代がほぼ同じで親交があった。小説『吾輩は猫である』に登場する水島寒月（かんげつ）という理学士について、次のような場面がある。

「寒月君はいかんと見ればどうだ。かたじけなくも学問最高の府を第一位に卒業して毫（ごう）も倦怠の念なく長州征伐時代の羽織の紐をぶら下げて、日夜どんぐりのスタビリチーを研究し、それでもなお満足する様子もなく、近々の中（うち）ロード・ケルヴィンを圧倒する程な大論文を発表しようとしつつあるではないか」[6]

ここでスタビリチー（stability）というのは、〝安定性〟という意味で、おそらくどんぐりをコマのように回すか、やじろべえのように支えたとき、ちょっとした摂動、すなわち微小なゆらぎに対して、元の状態に戻る性質のことである。この安定性という言葉は「大気の安定性」といった表現にも使われ、本書でも重要な概念として出てくる。

また、ロード・ケルヴィンとは、イギリスの物理学者で熱力学、流体力学、電磁気学などさまざまな分野で多くの偉業を残し、その名前は絶対温度の単位ケルビン「K」に残されている。ケルヴィン卿を圧倒するのだから相当の大論文なのだろう。もちろんこれはフィクションなのだが、寺田寅彦は東京帝国大学（現在の東京大学）を首席で卒業し、電気火花の研究、墨流しの実験などさまざまな研究を行っており、水島寒月のモデルであったことが容易に想像される。寒月は理学士でこれから博士論文を書くという設定であったが、いうまでもなく寺田寅彦は博士であった。ただ、中谷宇吉郎は随筆「寒月の『首縊りの力学』その他」（1936年）で、「寺田先生自身は、寒月のモデルなどというものはないということをよくいっておられた」[7]と書いている。本当のところは夏目漱石のみぞ知るというところだろうか。

寺田寅彦は死去する前年の1934年11月に、前出の「天災と国防」という随筆を残している。80年以上も前に書かれた文章であるが、現代でも重要な示唆に富む内容が多く含まれている。むしろ今の時代だからこそ読み返して学ぶべきものが多く書かれているといってもよい。この随筆が書かれたころは、満州事変（31年）や日本の国際連盟脱退（33年）など、軍部が台頭した時代であった。寺田は戦争に突き進む日本を憂いつつも、それとともに自然災害の脅威の大きさを説いている。これに描かれている9月21日の近畿地方大風水害というのは34年9月の室戸台風である。その前に北陸地方の水害があったことが記載されているが、おそらく2004年の新潟・福島豪雨のような梅雨前線の豪雨による水害と推測される。これらに函館の大火を含めて、次のように述べている。
「一家のうちでも、どうかすると、直接の因果関係の考えられないようないろいろな不幸が頻発することがある。（中略）国土に災禍の続起する場合にも同様である。しかし統計に関する数理から考えてみると、一家なり一国なりにある年は災禍が重畳しまた他の年には全く無事な回り合わせが来るということは、純粋な偶然の結果としても当然期待されうる『自然変異（ナチュラルフラクチュエーション）』の現象[8]であると。ここで自然変異というのは、「自然のゆらぎ」という意味で、通常の状態とは異なった状態が確率的に起こることを指している。すなわち本書でいう「災いの年」というのは、ある確率で必ず起こるものであるということを寺田は述べている。２００４年と18年の多くの自然災害を見れば、まさにその通りと納得できることを、この随筆で指摘している。

この文章はさらに続いて、もう一つの重要なことを述べている。
「悪い年回りはむしろいつかは回って来るのが自然の鉄則であると覚悟を定めて、良い年回りの間に充分の用意をしておかなければならないということは、実に明白すぎるほど明白なことであるが、またこれほど万人がきれいに忘れがちなこともまれである。（中略）少なくも一国の為政の枢機に参与する人々だけは、この健忘症に対する診療を常々怠らないようにしてもらいたいと思う次第である」

すなわち防災において最も重要なことは、平時からの備えであり、行政は平時から災害に対する備えを十分しておかなければならないことを指摘している。残念ながら現代においても、平時からの災害に対する備えができているかというと、全く不十分といわざるを得ないのが現状ではないだろうか。

2018年の災害

2018年もまた災いの年であった。寺田寅彦のいう「悪い年回り」であり、多くの激甚災害が発生し、多数の人命と財産が失われた。災害のあと農業や工業の生産活動に大きなダメージが残り、経済活動にも大きな影響を及ぼした。2月には大雪、6月に大阪の大震災、6月下旬から7月上旬にかけての北海道と西日本の豪雨、さらにそれに続く猛暑が追い打ちをかけた。この北海道と西日本の豪雨を含む「平成30年7月豪雨」では、04年の10個の台風による死者数を超え、平成が始まってはじめて200人を超える犠牲者数となった。一つの水害で200人を超える犠牲者が出たのは1982年の長崎豪雨以来である。

台風による災害も多数発生した。7月には台風ジョンダリ（第12号）が東日本から西日本にかけて逆走をした。8月は7個の台風が接近し、シマロン（第20号）、チェービー（第21号）が相次いで兵庫県に上陸した。台風チェービーに伴う高潮で関西国際空港が水没したのが9月4日である。この台風は翌5日には北海道にも大雨をもたらした。そして6日、北海道で初めての震度7の地震「平成30年北海道胆振東部地震」が発生した。それによって全道がブラックアウト（停電）し、新千歳空港は閉鎖、鉄道、バスなどすべての交通と流通が停止した。その後、私たちが航空機観測を行った台風チャーミー（第24号）が上陸した。このときJR東日本は、首都圏のJR史上初めて「計画運休」を実施した。運休の周知についての課題は残されたが、気象情報によって運行の可否を決めるという画期的な判断だった。

この年の夏、7月から9月にかけて、私の勤める名古屋大学宇宙地球環境研究所にバングラデシュから客員教授が来た。ベンガル湾に面するバングラデシュでは、サイクロンとよばれる熱帯低気圧の上陸で、しばしば大きな災害が発生する。1970年と91年には、それぞれ30万人と14万人の犠牲者が出た。そこから来た教授は、これらの次々と起こる災害を目の当たりにして、日本はなんと自然災害の多い国なのだろうと驚きを隠せない様子だった。2018年の異常な気象は豪雪から始まった。春には桜の開花も異常に早く、東日本から西日本にかけての地域では、卒業式のころに桜が開花し、4月の入学式にはすでに散り終わっていた。関東地方では記録のある1951年以降68年間で、はじめて6月に梅雨が明けるなど季節の進み方も異常であった。以下の節ではこの年の激甚気象をおおよそ発生順に振り返り、いったいそれらがどのようなものだったのか、そしてなぜそのようなことが起こったのかを考えてみたい。

豪雪

2018年の最初の激甚気象は北陸地方の豪雪であった。17年12月~18年2月は寒さの厳しい冬であったのだが、その原因は太平洋熱帯域で発生していたラニーニャ現象と考えられている。ラニーニャ現象はエルニーニョ現象と反対で、熱帯域の偏東風が通常よりも強く、西太平洋熱帯域の海面水温が高くなる。このため、そこでの対流活動がより活発になる。その結果、日本付近では偏西風が南に蛇行し、日本付近には寒気が流れ込みやすくなり、ラニーニャ現象が発生すると厳冬になる傾向がある。そのような気候状態のなか、1月下旬と2月上旬に2度の豪雪が発生した。

日本でみられる降雪は大きく分けて、温帯低気圧によるものと、北西季節風の寒気吹き出しによるものに分けられる。温帯低気圧は日本の太平洋側を西から東へ移動するときに、関東平野など主に太平洋側に降雪をもたらすので、南岸低気圧による降雪とよばれる。一方、北西季節風は大陸から吹き出す寒気流で、主に日本海側に降雪をもたらす。18年1月下旬から2月上旬は、これら2つの降雪現象が連続して起こったため、太平洋側でも日本海側でも大雪となった。

まず、1月22日から27日の大雪についてであるが、22日に四国沖から関東地方の南岸を温帯低気圧が発達しながら東に移動した。この南岸低気圧が関東平野をはじめとする関東甲信地方に大雪をもたらした。同日には東京都千代田区で日最深積雪が23cmとなる大雪となった[9]。低気圧が東に抜けると西高東低の強い冬型の気圧配置になり、上空には強い寒気が流れ込んだ。日本海上には大陸の沿岸から日本列島にかけて多数の筋状の雪雲が発生し、日本海側に大雪を降らせた。これは大陸から吹き出した寒気流中に、積乱雲が列を成したものである。この雪雲は通常高さが3km程度であるが、北陸地方は大陸からの距離が長く、また暖かい対馬暖流が流れているため、特に発達した積乱雲が大雪をもたらしやすい。日本海上の雪雲は雪を降らせるだけでなく、暴風も伴っており、この期間も西日本から北日本にかけて、道路の通行止めのほかに、鉄道、航空機、船舶の欠航などの交通障害や停電などが発生した。

2月3日から8日の豪雪は、北西季節風により日本海側を中心に発生した。このときも強い冬型の西高東低の気圧配置で、上空には非常に低温の寒気が流れ込み続けた。この期間、石川県加賀市で177cm、福井市で144cmの降雪量となった[10]。これは1981年（昭和56年）のいわゆる「五六豪雪」以来の記録的な大雪である。この豪雪によりJR信越本線の普通電車が15時間にわたって停車し、430人が閉じ込められた。また、福井県北部の国道8号線では車約1500台が動けなくなり、救助を待つなど多くの災害が発生した。

【図１－３】2018年２月４日12時（日本標準時）の気象衛星ひまわり８の可視画像。

このとき日本海上には多くの筋状の雪雲だけでなく、さまざまな現象が見られた。【図１－３】は２０１８年２月４日12時（日本標準時）の気象衛星ひまわり８の可視画像であるが、能登半島の北西に直径約７００㎞の渦が見られる。これは日本海上に発生したメソスケール低気圧である。メソスケールとは数㎞から１０００㎞程度の規模を表し、このような低気圧は小低気圧、あるいはポーラーロウとよばれる。これらについては第２章で詳しく説明するが、日本海沿岸に上陸して豪雪や突風をもたらす危険な現象である。この豪雪の期間にはこのような小低気圧がいくつか見られた。

また、【図１－４】は２０１８年２月７日午前１時30分（日本標準時）の気象衛星ひまわり８の赤外画像で、日本海上には筋状の雪雲のほかに、２本の太い雲の筋が見える。これらは「日本海寒帯気団収

【図１－４】2018年２月７日午前１時30分（日本標準時）の気象衛星ひまわり８の赤外画像。

束帯」（JPCZ：Japan sea Polar air-mass Convergence Zone）とよばれる非常に発達した積乱雲の列で、その上陸地点には豪雪がもたらされる。通常は１本しか見られないが、このときは２本あるというめずらしい事例である。この名称は東京大学海洋研究所（現、大気海洋研究所）の教授であった浅井冨雄先生が１９８０年代に命名されたものであるが、どういうわけか最近になってマスコミでしばしば用いられるようになった。

このとき北側のＪＰＣＺの雲は新潟から山形にかけて、南側のものは兵庫から福井にかけて大雪をもたらしている。この図の時間のあと、北側の帯状の雲に渦状の擾乱（じょうらん）が発生し、石川県付近に上陸し暴風雪をもたらしている。このようにさまざまな現象が日本海上に発生しこのときの豪雪と暴風をもたらしたのである。

平成30年7月豪雨——北海道の豪雨

札幌の6月は美しい。寒くもなく暑くもなく、乾いた空気の中、新緑がきらきらと光っている。いたるところにラベンダーやリラ（ライラック）の花が咲き、街は花盛りとなる。7月、初夏にかけてポプラの綿毛が舞い始め、夏に降る雪のようで、外を歩くと童話の世界に迷い込んだようだ。やがて8月になると数日の暑い日の後、すぐに涼しい風が吹き秋へと季節が移っていく。以前、札幌ではエアコンなど不要であった。年によってはリラの花が咲くころ、オホーツク海高気圧の勢力が強く、「リラ冷え」とよばれる寒々とした日が続くことがある。また、6月にぐずついた天気が続き、「蝦夷梅雨」とよばれることもある。しかし気候学的に北海道には梅雨も秋雨もない。降水の多くは冬の雪でもたらされる。もちろん台風による災害もまれだった。私が学生時代を過ごした1980年代の札幌はそのような気候であった。

ところが最近では7月から8月にかけて、暑い日が多くなった。札幌でもエアコンなしに夏は過ごせなくなってきた。これは明らかに地球温暖化と都市化の影響で、北海道でも気温の上昇が肌感覚として分かるほどである。都市化の影響が小さい網走、根室、寿都（すっつ）の3地点の平均から、北海道の年平均気温の上昇率は、100年あたり0・9℃と見積もられているが、1951年以降についての変化率は100年あたり1・6℃の上昇となる。都市化の影響を強く受ける札幌では100年あたり1・9℃も上昇している。[11] 札幌でもエアコンが必要となるわけである。1970〜2019年の期間だけ見ると、年平均気温は100年あたり3・5℃上昇し、年最低気温は100年あたり9・4℃も上昇している。このペースで気温が上昇すると、今世紀後半の札幌では、「昔は2月に大通公園で、さっぽろ雪まつりというのをやっていたのにね」といわれるようになるかも知れない。

一般的に高緯度ほど地球温暖化の影響が顕著となる。北海道は日本の中でも最も温暖化が顕著に表れる地域である。気温、降水、台風、植生、海洋、生態系などすべてが今後大きく地球温暖化の影響を受けることが予想される。また、北海道における豪雨や台風に伴う気象災害は今後さらに激甚化するだろう。2016年に3個の台風が太平洋側から上陸したことや、18年の梅雨前線の停滞に伴う大雨はその一端を表すものと考えられる。このような前線の停滞は、この年だけではない。たとえば16年7月下旬から8月上旬にかけても同様な停滞前線により、北海道に大雨がもたらされている。これらを見ると、北海道に梅雨はないという言説は、もはや過去のものと思える。少なくとも北海道において、梅雨や台風に伴う豪雨に対して対策を真剣に考えなければならない時代に入ってきたことは、平成30年7月豪雨の教えるところである。

実際、2018年6月30日から7月4日にかけて、北海道付近に前線が停滞していた。この前線は南からの水蒸気の流入が顕著で、北海道に大雨をもたらしており、梅雨前線とよんでもよいだろう。このとき梅雨前線の南には、次節で述べる異常に早い関東の梅雨明けをもたらした高気圧が張り出していた。

このときは、道央を中心として豪雨となった。1時間あたりの降水量は記録的ではなかったが、24時間、48時間、72時間の降水量は道央地域を中心として、多くの地点で観測史上第1位を記録した。24時間雨量よりも48時間、さらに72時間雨量になるほど、観測史上第1位となる観測点が増えている。これは短時間の強い雨というよりは、長時間にわたって降水が持続することで大雨となったことを示しており、梅雨の特徴をよく表している。まさに北海道で梅雨前線による豪雨が発生したのである。

関東甲信地方の早い梅雨明け

「梅雨明け」の日は自然現象が決めるわけではない。雨や曇りの多い梅雨という天候から、太平洋高気圧がおおって晴天で暑い天候への変化は、太平洋高気圧が急速に張り出して突然起こることもあれば、緩やかに、ときには行ったり来たりしながら季節が進行していくことで起こることもある。1993年、日本がはじめて米を輸入した大冷夏の年は、梅雨が終わったことさえはっきりせず秋になってしまった。梅雨明けというのは自然現象ではなく、人が勝手に定義するものである。かつて気象庁は二宮洸三長官の時代、梅雨明けをある幅を持って発表した時期があった。二宮氏の学者としての高い見識によるものである。しかしながら、長官が代わって、気象庁はふたたび日単位で梅雨明けを定義するようになってしまった。国民はその幅を持った梅雨明けを受け入れられなかったのだ。ただし、現在でも気象庁は梅雨明けについての注釈として「5日間ほどの幅があり、その中日を梅雨明けとする」としている。国民はこの日に梅雨が明けたと宣言してほしいのである。それは梅雨という好ましくない天候が終わることで、人の気持ちが転換されるだけでなく、梅雨明けということの経済的効果も大きいからである。

気象庁によると2018年の関東甲信地方の梅雨明けは6月29日ごろと、1951年以降ではじめて6月中に梅雨が明けた。関東甲信の平年の梅雨明けは7月21日で、この3週間以上の早い梅雨明けは確かに驚きであった。しかし、気象学的問題の本質は別のところにある。梅雨明けの早さという点では、2001年は7月1日で18年と2日しか差がない。前の年の17年は7月6日であり、

7月1日から1週間以内の梅雨明けはめずらしくない。関東甲信地方の早い梅雨明けに対して、北陸、東海、近畿、中国、四国、九州北部、九州南部の梅雨明けはすべて7月9日であった。問題の本質はここにある。すなわち、関東甲信の梅雨明けは西日本豪雨の前であり、それ以外の地方はすべて豪雨の後であった。このことから関東甲信の梅雨明けが、西日本豪雨のプロローグであったように思えてならない。

梅雨が明けるというのは、一般的に太平洋高気圧の勢力が強まり、停滞する梅雨前線が高気圧に取って代わられるということである。気象庁は関東地方では大雨にはならないが、西日本が大雨に見舞われることを予想して、関東甲信地方は梅雨明けしても、それ以外の地方は梅雨明けと判断しなかったのだろう。重要な点は太平洋高気圧が関東甲信地方までしか勢力をのばすことができなかったことである。その結果、太平洋高気圧の西端を回って南から流れ込む暖かく湿った気流が西日本にもろに吹き込むことになる。西日本豪雨については次節でもう少し詳しく述べることにする。

太平洋高気圧は真夏の暑い天気をもたらすだけではなく、梅雨に伴う降水もコントロールする。さらに西日本豪雨の後の猛暑もこの太平洋高気圧がもたらすことになる。このように太平洋高気圧は日本の暖候期の天気を左右する大きな要因となっている。

平成30年7月豪雨——西日本豪雨

「三日三晩、雨は降り続き、川という川は溢れ、田畑も家もなにもかも水につかってしまった」。そんな日本昔話に出てくるような場面が、現実となったのが西日本豪雨であった。梅雨のことを韓国では Jangma(チャンマ) とよぶ。これは〝長い間降る雨〟という意味だと韓国からの留学生が教えてくれた。

２０１８年の西日本豪雨はまさに長雨であった。さらにそれは強い雨でかつ広域に降る雨だった。そのため九州から岐阜県にかけて、多くの地域で大洪水が発生し、多くの人命と財産が失われた。これは平成における最大の、しかもわが国の自然災害史に残る大災害であった。

災害の大きさを特徴づける数量には様々なものがあり、犠牲者の数、被害家屋の数、総被害額、損害保険の支払額などが代表的である。２０１８年の西日本豪雨の場合、内閣府の資料[12]によると、18年10月６日時点で死者・行方不明者２３２名、建物の被害は全半壊２万６３３棟、浸水家屋（床上・床下）２万９７６６棟と、甚大な被害となっている。一つの豪雨で１００人を超える犠牲者となったのは、１９８３年の島根県を中心とした「昭和58年７月豪雨」（死者・行方不明者１１７人）以来である。ただし、２００４年の台風トカゲ（第23号）、11年の台風タラス（第12号）などのように、犠牲者数が１００人近くになった災害はある。この死者数は【表１－１】に示した04年の９個の台風による犠牲者の合計を上回っており、２００人を超える犠牲者は１９８２年７月の長崎豪雨（犠牲者２９９人）以来である。これらのことから西日本豪雨が風水害としてはいかに甚大なものであったかが分かる。犠牲者のうち約半数が広島県で、広島県、岡山県、愛媛県の３県の犠牲者数が全体の約９割を占めた。市町村別では、岡山県倉敷市が最も多く、犠牲者数のおよそ４分の１近くとなった。また今回の災害では、60歳代以上が約７割を占めており、高齢者の犠牲者が多かった点が特徴である。

西日本豪雨は九州北部から中国・四国地方、近畿地方、さらに岐阜県にわたるきわめて広い範囲で災害が発生した。災害は多様な形態で発生している。最も顕著であったのは土砂災害で、九州北部、四国、中国から近畿地方の広範囲におよんだ。浸水および河川やため池の決壊も多数起こった。

人的被害に加えて、家屋の被害も甚大で、停電、断水、鉄道の運休、高速道路の通行止めなどさまざまな被害が発生した。

県単位で最も多くの犠牲者が出た広島県の、6月28日〜7月8日の総降水量は５００〜６００㎜で、特に7月5日と6日に多くの雨が降っている。広島県では強い雨が長い期間続いたことで総降水量が大きくなり、多くの地域で土砂災害が発生した。広島県での死者の多くはこの土砂災害によるもので、水害による死者がほとんどを占める岡山県と対照的である。

広島県の土砂災害地域は、花崗岩(かこうがん)が風化した真砂土(まさど)とよばれる崩れやすい地質でできており、大雨により真砂土が「表層崩壊」を起こし、大量に流出して土砂災害となった。花崗岩はマグマが固まってできた火成岩の一つであり、地下深部でゆっくりと固結して形成される深成岩である。このため粒子の大きな鉱物で構成されており、表面から風化して砂状となり崩れやすくなる。風化は岩石表面から進むので、花崗岩の内部には、風化にいたる前の岩石部分が残される。これが今回、ブロック状の巨大な石、コアストーンとなって、土砂と一緒に流れ落ちて被害を大きくした。

広島県は同様の災害を、２０１４年8月20日に発生した豪雨で経験している。この豪雨は気象庁が名称を付けた「平成26年8月豪雨」の一部である。このときは非常に強い線状降水帯が広島市付近に発生し、安佐北区、安佐南区を中心として土石流や崖崩れにより75人が犠牲となった。このころからマスコミでは線状降水帯という言葉が、豪雨の原因としてしばしば用いられるようになった。線状降水帯とは、激しい雨をもたらす積乱雲の列である。西日本豪雨でもタイプは異なるが、形態的には線状降水帯とよべる降水システムが豪雨をもたらした。雨の降り方は異なるが、真砂土の崩壊により大きな災害となった点は、14年の広島豪雨と共通している。

そもそも花崗岩質の地質は崩れやすい。花崗岩は日本全国、特に西日本に広く分布しており、同様の危険性のある地域は他にもたくさんある。花崗岩は御影石(みかげいし)ともよばれるが、これは神戸市の御影が産地として有名であったからで、六甲山などは花崗岩が多く露出している（ちなみに、阪神線、阪急線とも御影駅という駅名がある）。また、私が住む東海地方にも広く分布しており、1972年の「昭和47年豪雨」では、愛知県豊田市で土砂災害が発生し、32人が犠牲となっている。このように豪雨に伴う真砂土の表層崩壊は、日本の多くの地域に潜在する災害リスクなのである。

岡山県では、犠牲者のほぼすべてが水害によるものであったことは触れたが、特に甚大な水害が発生したのは、倉敷市真備(まび)町で、高梁川(たかはしがわ)とその支流である小田川が合流する地域であった。南にある瀬戸内海まで直線距離で10㎞もない瀬戸内式気候の地域であるが、真備町の南側、すなわち高梁川が流れ行く側には丘陵があり、水の溜まりやすい地形となっている。小田川はこの丘陵と平野の境を流れており、堤防の決壊は真備町のある平野側で起こった。高梁川に流れ込む小田川は高梁川より傾斜が緩く、合流地点の水位が上昇したために小田川の流れが滞り、水位が上昇するという、いわゆるバックウォーター現象が起こったことも堤防の決壊につながったという指摘もある。

さらに小田川に流れ込む高馬川(たかまがわ)と末政川(すえまさがわ)でも決壊が起こり、浸水の被害を増大させた。特に末政川は左岸と右岸の両方の堤防が決壊するという通常ではあまり見られない堤防の損傷が起こった。このような河川からの氾濫を外水(がいすい)氾濫とよぶが、さらに居住区に降った雨が排水されないで起こる内水氾濫も加わったと考えられる。

このとき岡山県南部の6月28日〜7月8日の総降水量は7月の月降水量平年値の2〜2・5倍に達した。しかし西日本豪雨の全体からすると、相対的に降雨量の少ない地域であり、倉敷では7月

4日～7日の4日間の総降水量は292㎜で、特徴的な線状降水帯も見られていない。広島の7月5日～8日の4日間の総降水量が458・5㎜であったのと比べても6割あまりである。西日本豪雨の中でも比較的雨の少なかった倉敷市で、最も水害がひどかったことは災害予測の難しさを示している。洪水は雨の量だけではなく、降った地域の特性によって決まるということである。

倉敷市は真備町周辺の洪水・土砂災害ハザードマップを整備しており、2017年に最新のものを公表している。今回の水害における浸水範囲や5ｍにおよぶ浸水深の予測は、それにかなり近いものとなっており、精度のよいハザードマップが作成されていた。残念ながら、それは十分生かされなかったようだ。実際、倉敷市のハザードマップは読みにくい。浸水深が2ｍなのか5ｍなのかという、きわめて重要な情報が読み取りにくくなっている。水だからといって水色で浸水深を表すのではなく、危険水位は赤などの危機感のわく色で示すなどの工夫が必要である。情報は発信するだけでは不十分で、必要とする人に届くことが、さらに必要とする人が理解できることが重要である。

広島県、岡山県についで犠牲者が多かった愛媛県では、土砂災害と水害の両方によって犠牲者が発生した。水害のうち肱川（ひじかわ）の流れる大洲（おおず）市で発生した洪水は、甚大な被害をもたらした。肱川には、「肱川あらし」とよばれる、他では見られない神秘的自然現象がある。大洲盆地でできた霧が強風とともに肱川に沿って伊予灘に流れ出る現象で、「川を下る白い龍」とよばれる。肱川あらしは、大洲盆地や肱川周辺の地形、伊予灘の海況、その地域の気候などが組み合わされることで発生する現象である。多くの条件のなかでも大洲盆地と肱川の河口の間の高低差が10ｍほどしかないことが最も重要である。第3章で詳しく説明するが、大きな高低差の下降運動では空気の温度は大きく上昇する。大洲盆地と肱川河口の高低差が小さいことで、そこを流れる気流の温度はほとんど上昇しないので、霧は蒸発せずに流れていくことができる。緩やかな川であることで、伊予灘から温かい海水が肱川に入り込むことも霧の維持に寄与している。肱川あらしは自然の絶妙な条件により発生する奇跡の自然現象である。

一方で、大洲盆地と肱川の河口の高低差が小さいということは、それだけ肱川の水はけが悪く、雨が降ると大洲盆地は水が溜まりやすいということである。大洲市も浸水ハザードマップを整備しており、今回の浸水域や浸水深はよく対応していた。その点でよく整備されたハザードマップであった。それでも大洲市では4人の死者が出た。

大洲市の洪水の特殊性は、肱川上流にある野村ダム（西予市）と鹿野川ダム（大洲市）で安全とされる基準の6倍の量を放流する「異常洪水時防災操作」をしたことで、下流の大洲市の洪水をより大規模なものにした点である。この放流はダムの決壊を避けるために必要な操作で、法的に適正であったということである。しかしながら法的に正しい操作をしたかどうかだけを議論していたのでは、問題の本質を見失うことになる。本質的に重要な点は、次の2点が満たされていたかどうかである。

一つは、豪雨時に異常洪水時防災操作をする際は、その結果、〝何が起こるのか〟が重要で、たとえばある地点では5mの浸水になるなど具体的に起こりうることを、災害時ではなく平時に十分、住民に周知されていたかどうかである。もう一つは、異常洪水時防災操作を行う前に、要援助者を含むすべての人が避難をするために必要な時間を確保できるように、すべての人に情報を発信し、かつ、その情報が届いていたかどうかである。情報は発信することと必要な人に届くことでは雲泥の差がある。それが人命に関わることであればなおさらである。情報はそれを必要とする相手に届いてはじめて意味がある。大洲市の洪水時における異常洪水時防災操作では、これら2つが両方とも満たされていただろうか。この点は徹底的な検証が必要である。

さて、このような激甚災害をもたらした豪雨がなぜ起こったのだろう。

2018年8月10日午後、大手町、皇居そばにある気象庁本庁の5階大会議室で、臨時の異常気象分析検討会が開かれていた。これは大学や研究機関の第一線の研究者が参加して行われる気象庁の検討会である。いかに第一線の研究者とはいえ、3時間ほどの検討会で豪雨をもたらした理由を説明できるほど容易な問題ではない。検討会メンバーは、何週間も前から個別の検討内容をインターネットにより共有し、事前に非常に多くの議論を重ねて検討会の日に臨んでいた。検討会当日は、むしろその議論のまとめを行ったのである。私は検討会メンバーではなかったが、豪雨災害を伴う異常気象ということで、雲・降水の専門家として臨時に参加させていただいた。そしてこの日、2018年の豪雨と猛暑の両方の異常気象についての検討内容は、座長の中村尚(ひさし)・東京大学教授が気象庁とともに取りまとめ、マスコミや気象庁のホームページを通じて公表された[13]。

それによると西日本豪雨は、関東甲信地方の異常に早い梅雨明け、梅雨前線の異常な北上による北海道の豪雨、さらに豪雨後の猛暑などの一連の異常気象の一つとして捉えられている。また西日本豪雨は、強い雨が広域にわたって長期間持続したことで特徴づけられる。この広域性と持続性は梅雨前線が西日本に停滞したことで説明される。梅雨前線は太平洋高気圧とオホーツク海高気圧のせめぎ合いにより、これらの間に形成されるもので、梅雨前線が持続するためにはこれらの高気圧が発達し維持されることが必要である。

この発達と維持で要因となるのがジェット気流だ。夏季の中緯度には、2つのジェット気流が形成される。このうち南側の亜熱帯ジェット気流はユーラシア大陸の中央上空を蛇行しながら流れている。かつてシルクロードがあったあたりの上空を蛇行し、その大蛇行が太平洋高気圧の日本の南東側への張り出しの原因となったと異常気象分析検討会は説明している。シルクロードに沿って起こる亜熱帯ジェット気流の波状の蛇行パターンは、遠く地中海付近から続いており、それが日本の夏の気候を左右している。これはシルクロードテレコネクションとよばれている。「テレ」は遠隔、「コネクション」は結合を意味し、テレコネクションは、大気中で発生する現象が遠くの原因とつながっていることを指す。

もう一つのジェット気流は寒帯前線ジェット気流で、ユーラシア大陸の北極寄りを流れている。同様にこれが大きく蛇行したことで、オホーツク海高気圧が発達したと考えられている。これらの2つの高気圧が非常に勢力を強めたことで、その間の梅雨前線が強化し長期間持続したのである。シルクロードテレコネクションに伴う亜熱帯ジェット気流の大きな蛇行は、6月末ごろの関東甲信地方の過去68年間で最も早い梅雨明けをもたらしたということで、西日本豪雨と一連のものと考えることができる。

梅雨期の太平洋高気圧は、梅雨前線の形成だけでなく、その太平洋側の水蒸気の流れを決定する要因となる。高気圧は大気下層に時計回りの流れを伴っているので、太平洋上で西に張り出した太平洋高気圧の西端では、南からの流れが形成される。この流れは亜熱帯域の多量の水蒸気を梅雨前線に運び込み豪雨の原因となる。２０１７年の九州北部豪雨では、東シナ海まで張り出した太平洋高気圧により、東シナ海上を吹く南西風が多量の水蒸気を九州北部に運び込み豪雨をもたらした。２０１８年の場合は、この張り出しが四国沖付近まであったことが、西日本全域に豪雨が発生する要因の一つとなった。このとき太平洋高気圧の西端を回る流れは、東シナ海や沖縄諸島付近の南西風と合流して西日本の広い範囲に多量の水蒸気を供給し続けることになったのである。

太平洋高気圧の西への張り出しが四国沖付近まであったことのもう一つの重要な効果は、南西諸島から台湾にかけての領域で大気中の水蒸気量を極端に増大させたことである。高気圧の内部には下降気流があるため、その下では雲の発達が抑制される。梅雨期の太平洋高気圧は大気のふたのような役割をするので、暖かい海面から大気に供給される水蒸気は、海面からたかだか１～２㎞の下層に閉じ込められる。大気の下層だけでも水蒸気量は多いので、この水蒸気が流れ込むと２０１７年の九州北部豪雨のような梅雨末期の豪雨をしばしば発生させる。

２０１８年の西日本豪雨の発生時は、太平洋高気圧があまり西へ張り出さず、沖縄本島から南西諸島にかけて、高気圧のふたがはずれた状態となった。さらに南シナ海から流れ込む水蒸気と、海から大気に与えられる水蒸気が大気を不安定にさせ、積乱雲活動が非常に活発となった。積乱雲は高度15～16㎞まで発達し、大気下層の水蒸気を対流圏上層まで運び上げ、上空まで大気を湿らせた。すなわち大気はより多くの水蒸気を含むようになった。実際、２０１７年の九州北部豪雨のときの、東シナ海上の地上から対流圏上部までの総水蒸気量は地面１㎡あたり、60～70㎏であったのに対して、西日本豪雨のときの東シナ海から沖縄諸島付近では、70～80㎏もあった。これは台風の中心付近に匹敵するほど多量の水蒸気量である。この多量の水蒸気が太平洋高気圧の西側の南西風や南風で、九州から西日本に流入し続けた。そして停滞していた梅雨前線はその水蒸気をほとんどすべて雨に変換して地上に降らせたのである。このため多量の降水が長時間持続し、甚大な災害が発生する結果となった。

西日本豪雨のときに降水が最も多かったのは、最も甚大な災害が発生した広島県、岡山県、愛媛県の3県ではない。気象庁の観測によると最大雨量は高知県安芸郡馬路村の1852・5㎜で、高知県と徳島県では1300㎜を超える観測点がいくつもあった。それに次いで岐阜県郡上市ひるがのが1214・5㎜で、岐阜県では約1200㎜の総降水量となった。また、九州の宮崎県と佐賀県では900㎜を超える観測点もあった。これらの地域では強力な線状降水帯が形成され持続し、降雨強度の非常に大きな降水をもたらした。おそらく、これらの地域ではその積乱雲群に伴い、活発な雷活動が起こっていたと考えられる。

一方で、広島県や岡山県などでは、線状降水帯も観測されたが、広域に広がる降水域のなかにできた比較的背の低い降水帯であり、高知県や岐阜県の線状降水帯とは性質を異にするものであった。2018年10月末に仙台で行われた気象学会では、この点が話題となり、西日本豪雨では雷活動が不活発であったという報告があった[14]。西日本豪雨と一口に言っても地域によって雨の降り方は多様であり、災害の起こり方との関係も単純ではなかった。

猛暑

前節でも触れたように、「平成30年7月豪雨」が発生した2018年7月は猛暑であった。埼玉県熊谷市で18年7月23日の日最高気温が41・1℃と、13年8月12日に高知県四万十市で記録した41・0℃の日本記録をぬりかえた。この日の翌日、7月24日、私は群馬県伊勢崎市にいた。熊谷市と伊勢崎市は県が異なるが、直線で25kmほどしか離れておらず、23日の最高気温は39・2℃、24日も37・7℃であった。

この日、私は明星（めいせい）電気株式会社でドロップゾンデの打ち合わせのために伊勢崎工場を訪問した。明星電気は気象の観測装置、特に高層気象観測で使用する気象ゾンデを長年にわたって製作している国内唯一の電機メーカーで、その功績をたたえて、公益社団法人日本気象学会は2017年度の岸保・立平賞という社会貢献を顕彰する賞を授与した。気象学会にはさまざまな顕彰があるが、民間企業が気象学会の賞を受賞するのはこれがはじめてである。

工場に到着後、正門の受付の外でしばらく担当者が来るのを待っていた。受付嬢が暑そうな私を見てかわいそうに思ったのか、「暑いでしょう」と言ってうちわを貸してくれた。それをありがたく受け取って顔を扇いだのだが、うちわからの風が熱風となって顔にやってきた。体温より気温の方が高いのである。うちわで扇ぐとそれだけ多くの熱い空気が顔に当たり、その風が顔表面にある薄い〝低温〟の空気層をはぎ取り、空気の熱が直接顔に運ばれる。その結果、身体は加熱される。そのことを実体験してすぐに、私は丁重にうちわをお返しして、耐えがたい暑さを我慢することにした。その後すぐに担当者が来てくれたからよかったが、あと10分も遅ければ、会議室の代わりに病院に行くことになっていたかもしれない。

この日の14時の熊谷の湿度は39％。前日23日の14時は25％と、この猛暑の期間、非常に乾いていることが分かる。その日、伊勢崎市で見た空はほとんど雲がなく、水蒸気の多い夏の午後に決まって発生する入道雲は皆無であった。これは高気圧が非常に強く、関東平野付近では大気がゆっくりと下降していることを表している。それによって上空の高い〝温位〟の乾いた空気が降りてきて、地上が高温・乾燥になっているのである。この温位とは何か、そしてなぜ下降気流があると気温が上がるのかについては、第3章で詳細に説明する。

ただ、高気圧のゆっくりとした下降気流が直接地面まで到達することは考えにくい。その暖かい空気を地面にまで運ぶメカニズムが必要である。おそらく高度1㎞ぐらいまでは大気境界層とよばれる乱れた層があり、その乱れが大気下層をかき混ぜて、地表面まで上空の熱を運んだのだろう。

もう一つの可能性はフェーンである。このとき関東平野は弱いながらも北西風であった。すなわち山側から風が吹いており、フェーン現象によって上空の熱（正確には高温位の空気。第3章参照）が地面に運ばれた可能性がある。このとき風上側ではほとんど雨は降っていなかったが、雨が降らなくても発生するフェーンを「乾燥フェーン」、あるいは「力学的フェーン」とよぶ。これは山の影響により強制的に上空の空気が引き下ろされるものである。いずれにしても高気圧の発達が猛暑の原因となっている。前節で紹介した気象庁の臨時の異常気象分析検討会では、この高気圧の発達もシルクロードテレコネクションに伴う偏西風の蛇行によるものであり、関東地方の異常に早い梅雨明け、北海道の豪雨、さらに西日本豪雨などの激甚気象と一連の現象と説明している。

総務省消防庁によると2018年5月〜9月の5カ月間の熱中症による救急搬送者数は、9万5137人で、17年の同時期と比べると、4万2153人も増えている。[15] 都道府県別の多い順は、東京都、大阪府、愛知県となっている。熱中症増加の原因は都市部の高温化と地球温暖化、一方で人間の暑熱環境に対する耐性の低下と考えられるが、なかでも都市部の平均気温の上昇は地球全体の平均気温の上昇に比べるとはるかに大きい。いずれにしても人間活動が作り出した猛暑が熱中症を起こしている。気象庁はこの猛暑を「命の危険がある暑さ。一つの災害と認識している」というきわめて強い表現で熱中症への注意を促した。気象庁は保守的で、基本的に客観的事実の発表をするだけだったが、18年の災害時はこれまでにない強い表現で災害への注意を促すようになった。私は「今年、気象庁は大きく変わったな」という印象を受けた。

東日本の2018年7月は特に暑く、月平均気温は平年より2・8℃高くなり、1946年の統計開始以来1位の高温であった。2018年の夏は日最高気温が35℃以上の猛暑日が多い年であった。たとえば私の住む名古屋では、名古屋地方気象台での7、8月の観測から、猛暑日が36日あり、1995年の32日を大きく超えた。特に8月3日は名古屋の観測史上はじめて40℃を超える40・3℃を記録した。これは名古屋の日最高気温の記録として、42年の39・9℃を更新した。ちなみに東京の猛暑日は12日、日本国内の観測史上最高気温41・1℃を記録した埼玉県熊谷市は33日で、意外なことに名古屋のほうが猛暑日の日数は多い。

気象庁のホームページには、各観測地点の観測史上1位の値のランキングがある[16]。日最高気温で見ると、上位1～3位までが2018年の7月および8月に発生している（19年もこれは更新されなかった）。これだけでもこの夏がいかに暑い夏であったかが分かる。また、上位21個の記録のうち、21世紀に入って以降のものは16個が占めており、すべて40℃以上である。一方、気温の低い方からの記録では、第11位の北海道占冠（しむかっぷ）の氷点下35・8℃（01年1月14日）のみが21世紀で、それ以外はすべて20世紀に起こっている。これらも地球温暖化の一端を表しているのだろう。この記録を見るときに注意すべきことは、各観測点での1位を並べたという点である。たとえば岐阜県多治見市は07年8月16日の40・9℃が5位にランキングされているが、第9位の山梨県甲府市の40・7℃と同じ日最高気温が、多治見市では18年の7月18日と7月23日に記録されている。

8月10日に行われた異常気象分析検討会（臨時会）をもとにして、気象庁は２０１８年７月の高温の原因を次のように説明している。日本付近は太平洋高気圧と上層のチベット高気圧の張り出しにおおわれ、背の高い高気圧がもたらす下降気流とその結果として起こる晴天によって日射が地表面を加熱したことで高温の状態が持続した。これらの高気圧の発達は、亜熱帯ジェット気流の蛇行とフィリピン付近の対流活動の活発化により説明される。後者は対流域で持ち上げられた空気が、太平洋高気圧付近に下降するという関係にあるためで、「ＰＪ（Pacific-Japan）パターン」とよばれる。さらにこれらに加えて、地球温暖化に伴う全球的な気温上昇と、18年の春頃から続く北半球中緯度域における対流圏の著しい高温も7月の気温上昇に寄与しているということである。

台風

豪雨や猛暑とともに、２０１８年は台風によっても甚大な災害がもたらされた年であった。18年の台風の発生数は29個で、平均発生数と比べると多い。また、この年の上陸数は5個で、１９５１年以降5番目に多い。ただし台風プラピルーン（第7号）、ソーリック（第19号）、コンレイ（第25号）のように上陸直前で台風とみなされなかったものもあり、防災という観点からは、上陸数より接近数でみるべきである。２０１８年の場合、全国への接近数は16個と多い方であり、特に北海道、本州、四国、九州の主要四島への接近数は10個と、１９５１年以来では２００４年の12個に次いで、また１９５５年の10個と並んで2番目に多かった。

またこの年は、強い台風が多かったことでも特徴的だった。気象庁は地上風速が54m/s（１０５ノット）以上の台風を「猛烈な台風」と定義している。【図１－５】は猛烈な台風の数を、台風の風

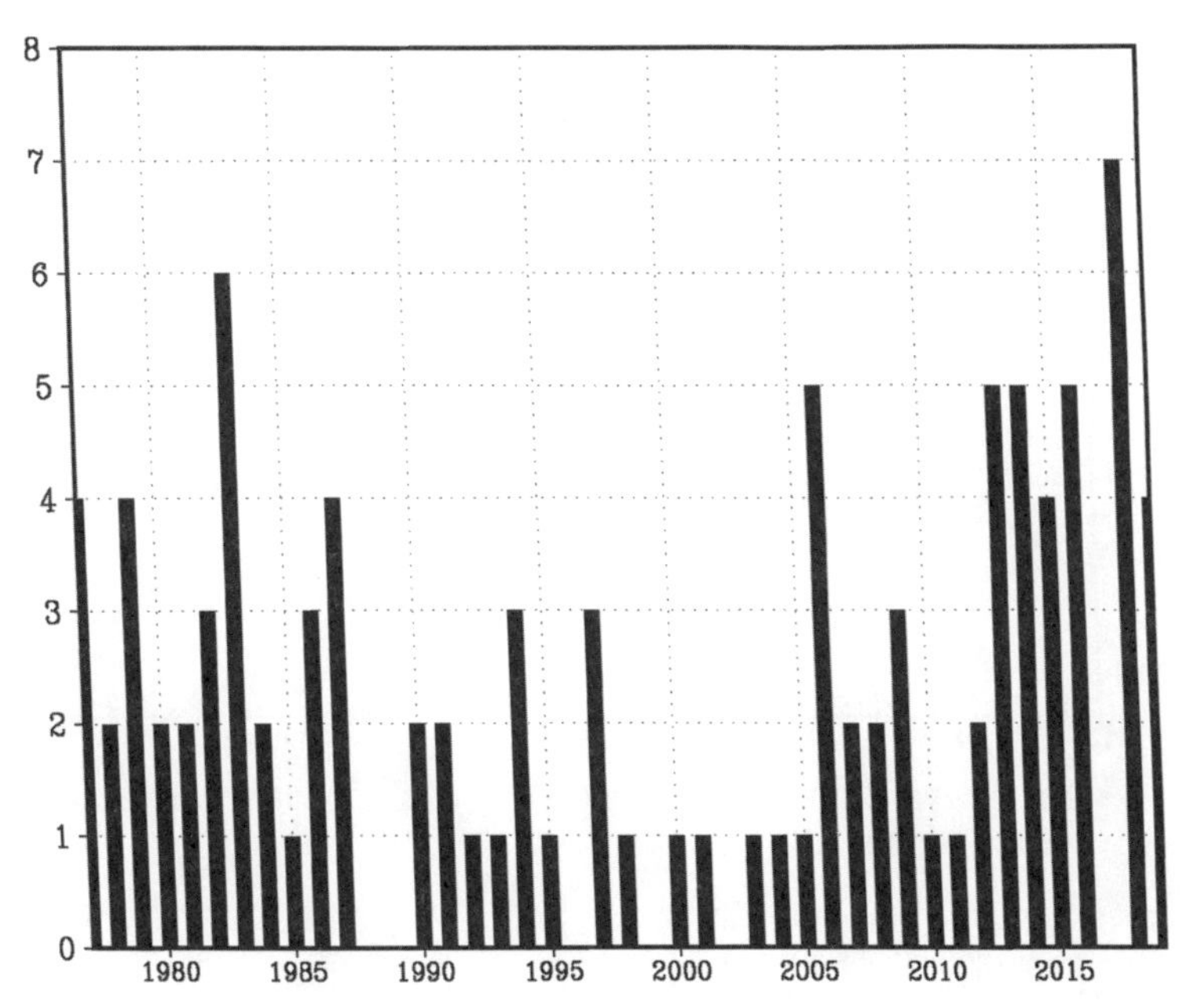

【図1－5】1977～2019年の気象庁のベストトラックデータからカウントした、「猛烈な台風」（地上風速54m/s〔105ノット〕以上の台風）の数の年変化。

速データのある1977年以降について数えたものである。2018年は7個の猛烈な台風が発生しており、この数はデータのある期間で最も多い。猛烈な台風のような非常に強い台風では、地上風速の推定値には誤差が大きいという問題点があることは認めるとしても、この年、極めて強い台風が多数発生していたことは事実である。台風災害の概要をまとめてみよう。

　台風ジョンダリ（2018年第12号）は、きわめて奇怪な進路を取り、逆走台風として記憶に残る台風である（【図1－6】）。ジョンダリは本州の南、北緯20度付近で発生し、その直後から北東に向かった。偏東風の吹くことが多いこの地域で、北東に向かうことはまれである。北緯30度

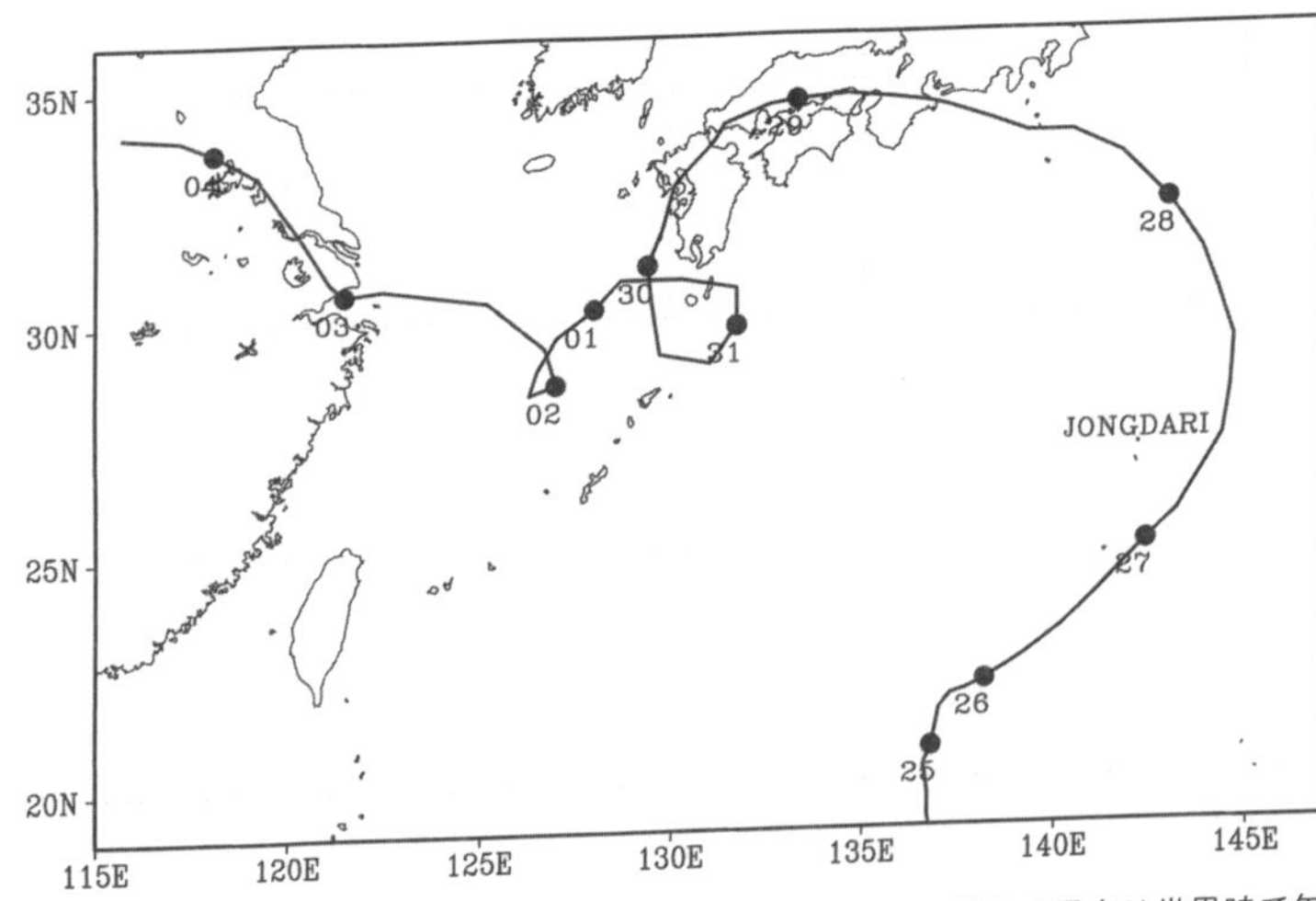

【図１－６】2018年７月の台風ジョンダリ（第12号）の経路。線上の黒点は世界時で午前０時（日本標準時で午前９時）、そばの数字は日。

付近から北西に進路を変え、7月29日の午前1時ごろ三重県伊勢市付近に上陸し、さらに中国地方を縦断し九州北部を抜けて、東シナ海に入った。中緯度に位置する本州付近では偏西風が吹くので、台風は東に移動するが、全く逆方向に進んだのである。さらに東シナ海を南下し、九州と奄美大島の間で1回、さらに東シナ海上で1回ループを描くと、その後、大陸に上陸し消滅した。すべてが異例のルートを取る台風だった。台風は周辺の大規模な風によって移動する。ジョンダリの場合は、太平洋上に寒冷渦（かんれいうず）とよばれる反時計回りの大規模な流れがあり、このような動きをしたと考えられている。寒冷渦によって進路がコントロールされる台風はまれである。

それではなぜ、逆走台風が危険であるのか？　台風は進行方向に向かって右側が危険半円、左側が可航半円とよばれ、移動速度の大きな台風ほどこの非対称性が顕著になる。これは右側では台風固有の渦による風と移動速度が足し合わされ風が強くなるのに対して、左側ではこれらが互いに逆向きとなり、風が相殺して弱められるからである。可航半円では比較的風速が弱く、船などの航行が可能である。本州の太平洋側を東に進む台風であれば、本州はこの可航半円に入るので風による災害は少ない。一方、ジョンダリのような、逆走する台風の場合、本州の太平洋側は危険半円に入り、強風による災害の可能性が高まる。実際、伊豆半島の東側は、西から来る通常の台風に対しては災害が起こりにくいが、東から太平洋上を通過した台風ジョンダリにより、非常に強い東〜南東風が吹き、静岡県熱海市の沿岸にあるホテルは高波による大きな被害を受けた。また、愛知県や三重県では電柱が折れたり傾いたりしたほか、農業用ハウスの被害など、強風による災害が多発した。

8月に九州に上陸した台風リーピ（2018年第15号）は、それほど強い台風ではなく、大きな被害が出なかったが、8月に上陸したもう1つの台風シマロン（18年第20号）は、23日午後9時ごろ徳島県に上陸し、瀬戸内海に抜けて、24日午前零時前に兵庫県姫路市に再上陸して、同日未明に日本海に抜けた。このとき台風ソーリック（18年第19号）が朝鮮半島を通って、日本海に入った。これら2つの台風は日本海で温帯低気圧に変わり、北海道付近を通過して、北海道に影響を及ぼした。シマロンは上陸時に気象庁の階級で「強い台風」であり、暴風と大雨による災害が発生した。特に近畿地方では豪雨となり、和歌山県では1時間に120㎜以上の雨が降り、8月24日未明に熊野川が氾濫した。暴風による被害については、兵庫県淡路島では、高さ約60mの発電用風車が倒壊するなどの被害が発生したほか、強風による負傷者や家屋の損壊が多数発生した。

それに続く台風チェービー（2018年第21号）はさらに強い暴風を伴う台風で、関西国際空港の高波・高潮災害、暴風によるタンカーの関西国際空港連絡橋への衝突、多数の車両や家屋の損壊、新千歳空港の被災、さらに台風の豪雨発生の後に起こった平成30年北海道胆振東部地震の土砂災害の遠因となるなど、災害史に残る台風となった。台風チェービーは気象庁の台風の階級の「非常に強い」クラスで9月4日に徳島県に上陸し、瀬戸内海を経て同日神戸市に再上陸した。このクラスで日本に上陸するのは1993年の台風ヤンシー（第13号）以来、25年ぶりである。

チェービーの特徴は、進路の東側には極めて強い暴風が吹いたが、それとは対照的に西側は比較的風が弱かったことである。海上にある関西国際空港では58m/s、神戸空港では45m/sの最大瞬間風速が観測された。乗用車が吹き飛ばされ、電柱も折れ曲がる風速である。この暴風によって、関西国際空港周辺では多数の船が錨を下ろしたまま強風で引きずられる「走錨」を起こし、そのうち一つのタンカーが連絡橋に衝突した。陸上の大阪では47m/sの最大瞬間風速であったのに対して、たかだか西に50km程しか離れていない兵庫県三木（みき）市では27m/sという大きな風速の違いがみられた。40～50m/sを超える暴風は、チェービーの進路の東側で、和歌山、大阪、枚方、京都のように帯状に分布している。多くの映像が残されているように、この暴風で多くの建物が損壊し、大阪府、愛知県、三重県、和歌山県および滋賀県で14人の死者が出た。

当初、台風チェービーは1959年の伊勢湾台風（国際名ヴェラ）とよく似た経路を取り、紀伊半島に上陸するという予想で、伊勢湾台風の再来かと心配された。結果的には進路がやや西となり、61年の第二室戸台風（国際名ナンシー）とよく似た進路を取り、第二室戸台風がそうであったように大阪を中心として暴風による甚大な被害をもたらした。台風ナンシーも徳島に上陸後、神戸に再上陸し、その後急速に速度を上げて日本海に抜け、暴風で近畿地方に甚大な災害をもたらした。さらに時代をさかのぼると50年にジェーン台風がほぼ同じ進路を取っている。

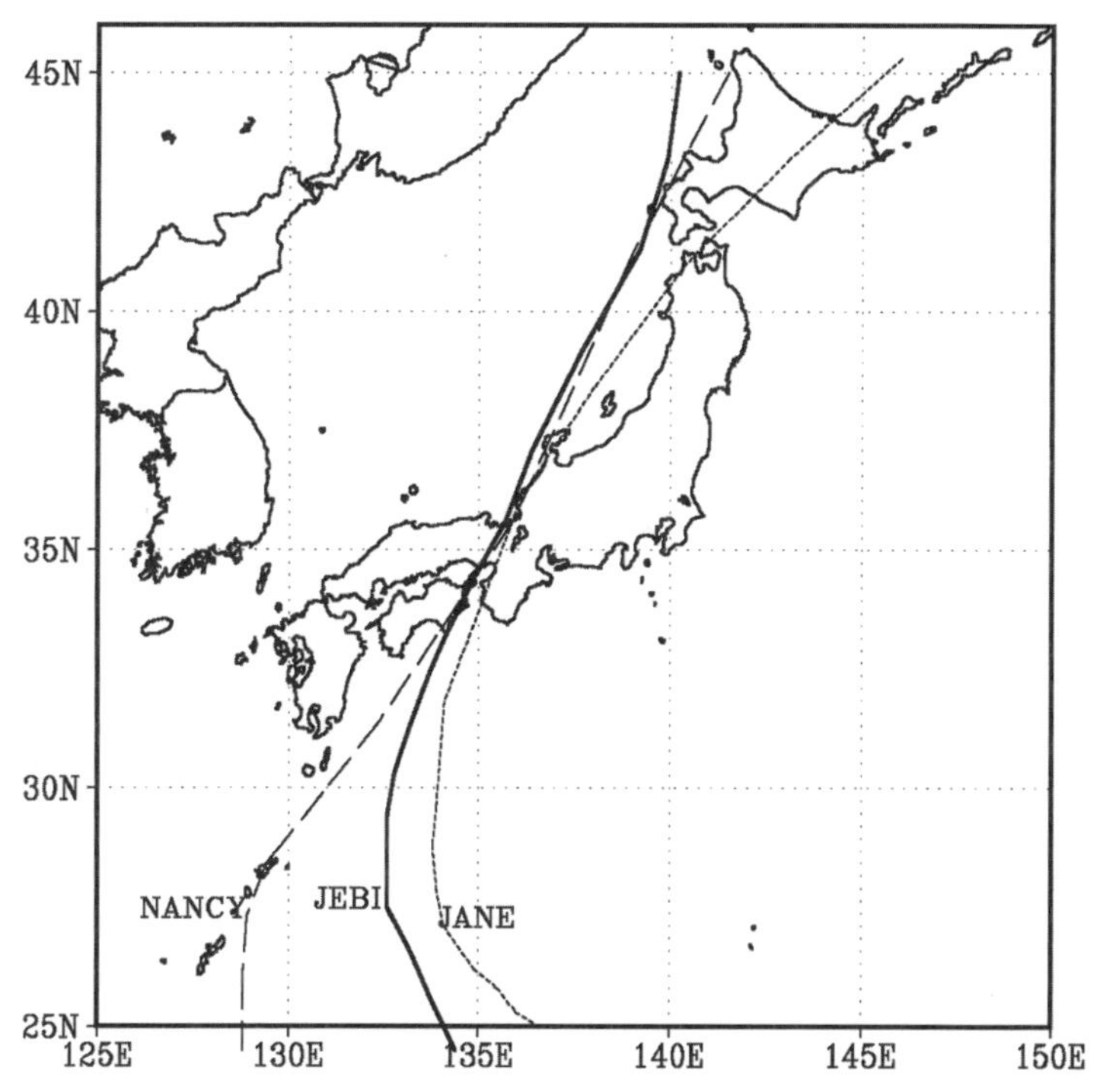

【図1－7】台風チェービー（2018、実線）、第二室戸台風（ナンシー、1961、長破線）、および台風ジェーン（1950、破線）の経路。

これら3つの台風、ジェーン（1950年）、ナンシー（61年）そしてチェービー（2018年）がよく似た進路【図1－7】をたどり、同様な暴風災害をもたらしたことは、長い時間の間には、よく似た台風が再来することを示している。実は「天災と国防」に出てくる室戸台風も、四国から近畿、さらに北陸にかけてよく似た経路をとり、これらの地域に甚大な災害をもたらしている。伊勢湾台風が伊勢湾と東海地方に最悪のシナリオであったように、これら3つの台風と室戸台風は大阪湾と近畿地方にとって最悪のシナリオである。このことに教訓があるとすれば、最悪のシナリオは起こりうること、さらに最悪の台風は再来するということである。

9月はじめに上陸した台風チェービーとよく似た上陸地点を取ったのが、9月30日に和歌山県田辺市付近に上陸した台風チャーミー（2018年第24号）である。台風チャーミーは沖縄の南東、北緯20度付近にあるとき4日間にわたって停滞し、西に進んで大陸に行くのか、進路を北東に転向して日本に向かうのかの予測が分かれた台風であった。そのときは強度も非常に強く、気象庁の階級で「猛烈な台風」であり、また、スーパー台風（1分平均風速で67m/s〔130ノット〕以上の地上風速をもつ台風）でもあった。上陸時は「強い台風」まで弱まったが、それでも暴風により5人が死亡し、197人のけが人が出た。さらに東海地方などの中部電力管内では延べ119万戸の停電という、20年ぶりの大規模な被害が発生し、その後数日にわたって停電が続くという災害となった。

一方、この台風接近時に、JR東海とJR東日本が計画運休を実施したことは画期的なことであった。台風に伴う計画運休はJR西日本が2014年と、18年の台風チェービーの接近時に実施したことがあった。激甚災害が発生する昨今、防災という観点から今後このような対応が必要になってくるだろう。そのとき運休情報の周知ということが、大きな問題となる。またそのためには、より精度の高い台風予測が不可欠となることはいうまでもない。

台風チャーミーはその進路から、伊勢湾では伊勢湾台風を超える高潮が心配された。また、台風チェービーと同様に進路によっては大阪湾の高潮も心配された。結果的に伊勢湾では30日に2・2mの潮位となり、伊勢湾台風のときの3・89mを下回った。台風の接近時が満潮の後だったことや、風速が伊勢湾台風に比べて弱かったことが、予想より低い潮位にとどまった原因と考えられる。高潮の予想が難しい理由は、台風の進路のわずかな誤差や、風向や風速によって大きく潮位が変わるからである。今回はたまたま幸いにして大事にいたらなかっただけのことで、台風に伴う高潮災害は、進路によっては非常に大規模になることがあるので、平時からの対策と台風接近時の注意が必要である。

台風チャーミーが上陸しようとしていたとき、次の台風コンレイ（第25号）が発生し、チャーミーと同様に大陸に進む進路と、日本に向う進路を取るという不確実性の大きな2種類の進路予報が出された。いずれにしても連続する台風により台風災害が続発することが心配された。結果的にコンレイは九州の西から北を通って日本海に入り、上陸することはなかったが、最低中心気圧９００hPaというこの年の最も低い気圧を記録した。この台風は温帯低気圧化した後、北海道南部の渡島半島を通過し、10月6日〜7日に北海道に強い雨をもたらした。この場合、気象庁の分類では、上陸ではなく接近となる。２０１８年はこれで終わりではなく、10月に台風イートゥー（第26号）が発生し、こちらも最低中心気圧９００hPaを記録した。この台風はフィリピンに上陸し、日本への直接の影響はなかったが、イートゥーもこの年最も強い台風で、コンレイと並んでスーパー台風であった。このように18年は台風に脅かされ続けた年であった。

地震と台風

さまざまな自然災害に対する防災では、地震と台風はそれぞれ別々に検討される。日本は地震も台風も多い国であるが、ある一地点で考えると、どちらも〝まれ〟な現象だからだ。しかし想定外の災害は、まれな現象が、さらにまれに重畳することで発生する。台風と強い地震が同時に起こることはないと考えるのは、人間の勝手な希望的観測であり、これらが同時に起こっても何ら不思議ではない。それは台風と地震の間に何らかの連動メカニズムがあるということではなく、まれな現象どうしが、同時期に発生することは、ある確率で起こりうるからだ。そして強い地震と台風がほぼ同時にある一地点で起こるということは、それほどまれではないということを実際の例が示している。昔から恐ろしいものは、地震、雷、火事、台風という（現代では親父（おやじ）は恐ろしいものから落ちてしまった）。これらが同時に起こるのはもっと恐ろしい。だから防災においては、強い地震が台風のときに起こることを想定することが必要である。

固体地球の表面の地殻とマントル上部の硬い層をリソスフェアとよび、その下の温度が1000℃を超えて流動しやすいマントルの部分をアセノスフェアという。リソスフェアは大小多くの部分に分かれており、それらをプレートとよぶ。プレートはアセノスフェアの流動に伴って移動しているため、プレートどうしがぶつかり合い、火山の噴火や地震が発生する。このようなプレートの運動により、これらの地球物理学的現象を説明しようとする考えがプレートテクトニクスである。アセノスフェアを含むマントルは、地震のS波という横波が伝わることから固体であるが、長い時間で見れば流体のような振る舞いをする。流氷が海水に浮かんで移動しお互いに衝突するように、プレートはアセノスフェアの上に浮かんで移動しお互いに衝突しているのである。日本列島は北アメリカプレートとユーラシアプレートの上にあり、相対的に密度の大きい太平洋プレートとフィリピン海プレートがこれらのプレートの下に沈み込んでいる。ただ、これらのプレートの境界はすべて確定しているわけではなく、たとえば北日本が乗っている北アメリカプレートもさらに小さなプレートに分かれているという説もある。

プレートはぶつかり合うことで、プレートの端や内部に大きな力がかかり、ひずみを蓄積していく。このひずみが限界を超えてエネルギーが解放されることがある。多くの場合、これは短い時間に起こり、地震を発生させる。このようなひずみの解放はプレート境界でもプレート内部でも起こる。前者がプレート境界地震で、２０１１年３月11日の東日本大震災をもたらした東北地方太平洋沖地震や、将来、発生が心配されている南海トラフ巨大地震などがそれにあたる。一方、プレート内部で発生するものは、プレート内地震とよばれ、最近、日本の内陸で発生したものには、１９９５年１月17日の阪神・淡路大震災をもたらした兵庫県南部地震、２００４年10月23日の新潟県中越地震、16年４月に発生した一連の熊本地震、18年６月18日の大阪府北部の地震、そして18年９月５日の北海道胆振東部地震などがある。

４つのプレートの境界に位置する日本はプレートのせめぎ合いにより常に巨大な力がかかっている。このため容易にひずみエネルギーが蓄積し断層が形成され、地震が起こる。１８９１年の濃尾(のうび)地震でできた根尾谷(ねおだに)断層は、上下方向に６ｍ、水平方向に８ｍずれたことで有名である。プレートは常に運動しているので、地震はある周期で繰り返し発生する。特に活断層とよばれる過去数十万年の間に繰り返し活動した断層運動は今後も地震を発生させる。日本中いたるところに断層があるが、そのうちでどれが活断層かを区別することが重要である。世界的に見ても日本列島は、地震の多い地域である。

北海道胆振東部地震は石狩低地東縁断層という活断層付近で起きたが、当初は活断層とは別物と評価され、その後、活断層との関係が否定できないと修正された。活断層については、いまだにすべてが分かっているわけではない。日本の内陸で発生する地震は直下型地震であり、プレート境界地震に比べて局所的であるが、震央付近は激しい揺れとなる。この地震では震源に近い北海道厚真町で、北海道で初めての震度7という激しい揺れを観測した。その結果、厚真町やその周辺では大規模な土砂崩れが起こり、多くの人が犠牲となる災害が発生した。地震の後の報道写真を見ると、山の斜面という斜面があたかも巨大な爪で引っかかれたかのように、いたるところで土砂崩れが発生していた。これは台風チェービー（2018年第21号）の雨で地盤が緩んだ直後に地震が発生したことで土砂崩れが大きくなったと指摘する専門家もいる。ただしチェービーは4日の夜から5日にかけて北海道の西海岸に沿って比較的速い速度で北上したため、北海道の太平洋に面する胆振地方における9月4日~5日の2日間の総雨量は、登別で17・5㎜、厚真で13㎜であった。これが地震に伴う土砂崩れにどのように関係したのかは今後の研究が必要であるが、少なくとも台風の通過と地震がほぼ同時期に発生し、土砂崩れで、多くの犠牲者が出たことは事実である。

新千歳空港から関西国際空港に向かおうとしていた人は、台風チェービーによる関西国際空港閉鎖のため新千歳空港で足止めされているところに、新千歳空港が地震で閉鎖となったことでさらに身動きがとれない状態が長引いた。

台風災害と最大震度7の地震という、どちらもまれにしか起こらない災害がほぼ同時に発生するということを想定外と考えてはいけない。2004年10月23日に発生した最大震度7の新潟県中越地震でも大規模な土砂災害が発生した。このとき台風トカゲ（第23号）により、新潟県長岡市では10月20日~22日の3日間で116㎜、同県小国では139㎜という大雨が降っている。18年の北海道胆振東部地震のときと同じように、雨で緩んだ山地斜面が震度7の揺れで崩れた可能性が指摘された。

2004年の新潟県中越地震のとき、地震に伴う土砂崩れのなかに一台の車が埋まった。その救出の様子は、空気のゆらぎが分かるほどの遠方から撮影した映像により日本中に流された。救助にあたったのは東京消防庁のハイパーレスキューの隊員である。彼らは、いつあるとも知れない余震とそれに伴う土砂崩れの危険の中、自らの命も顧みず、救助にあたった。そして92時間を経て一人の男の子が救い出された。私の記憶が正しければ、年齢は2、3歳だったと思う。隊員に救出され抱き上げられた男の子の様子を捉えた望遠カメラの映像は、今でも私の脳裏に焼き付いている。

一方、北海道胆振東部地震のとき札幌の西、積丹(しゃこたん)半島の山々を越えた日本海沿岸にある泊原子力発電所は、震度2であったにもかかわらず外部電源喪失が10時間近く起こり、福島第一原発の事故を想起させた。今回の地震ではたまたま津波の発生がなかったが、もし1993年7月12日に大津波を起こした奥尻島地震（北海道南西沖地震）のような日本海側の地震で、しかもその規模が事前予測よりも大きかったら、日本海側沿岸の泊原発に押し寄せた津波によって非常用電源も喪失し、福島第一原発事故の再来となっていたかも知れない。北海道の西岸沖には北アメリカプレートとユーラシアプレートの境界があると考えられており、予測を越える地震も起こりえることは十分想定しておく必要がある。ここで日本の地震学者の名誉のために明記しておくが、見識ある地震学者（および政府の地震調査委員会）は一般の想定を越える大津波が福島沖で発生し得ること、および過去にも起きていたことを事前に何度も主張していた。それを真剣に受け止めず、対策を講じなかったことがこの事故を引き起こしたことは明白である。

寺田寅彦の「天災と国防」には次のような一節がある。

「わが国の地震学者や気象学者は従来かかる国難（注：大地震や台風のこと）を予想してしばしば当

局（注：政府や行政機関のこと）と国民とに警告を与えたはずであるが、当局は目前の政務に追われ、国民はその日の生活にせわしくて、そうした忠言に耳をかす暇がなかったように見える。誠に遺憾なことである」

この状況は今も改善しているようには思えない。むしろ経済を優先するために、悪くなっている部分もあるのではないだろうか。

第2章　なぜ日本は激甚気象が多いのか

日本の気候と気象災害

日本は自然災害のデパートメントストアである。その品揃えの数と種類の多さは、世界中のどこよりも勝っている。このデパートでは誰も売ってほしくないにもかかわらず、むりやり商品を売りつけて、高い代金を要求してくる。しかも悪いことに手を変え、品を変え、何度も売りつけてくるのである。さらに、その繰り返しの時間が年々短くなり、払わなければならない代償は大きくなる一方だ。このような日本の自然災害の特殊性について、第1章で紹介した「天災と国防」で、寺田寅彦は次のように述べている。

「日本はその地理的の位置がきわめて特殊であるために〈中略〉、気象学的地球物理学的にもまたきわめて特殊な環境の支配を受けているために、その結果として特殊な天変地異に絶えず脅かされなければならない運命のもとに置かれていることを一日も忘れてはならないはずである」

ここで気象学的地球物理学的というのは、気象だけではなく、地震や火山などの地球物理学的にも特別であるという意味である。寺田はさらにヨーロッパ諸国と比較して、次のように続けている。

「地震津波台風のごとき西欧文明諸国の多くの国々にも全然無いとは言われないまでも、頻繁にわが国のように劇甚な災禍を及ぼすことははなはだまれであると言ってもよい」

台風、梅雨、豪雨、豪雪などの気象学的災害に加えて、プレート境界に位置していることで地震、津波、火山など地球物理学的災害が日本では絶えず発生する。そのような特殊な環境はヨーロッパにまったくないとはいわないが、世界的に見ても日本は自然災害が最も頻繁に発生する国であることを述べている。

日本は地理的に中緯度にあり、そのほとんどの地域は温帯気候に属し、南は亜熱帯、北は亜寒帯まで広がっている。温帯は熱帯や寒帯に比べて暮らしやすく、文明が発達しやすい気候帯である。気温だけでなく昼夜もほぼ半分ずつで暮らしやすい。夏はほとんど白夜で、冬は一日中太陽が昇らない極夜の北極圏や、日最高気温が40℃を超える熱帯内陸部に比べれば、ほとんどの部分が温帯にある日本は、確かに〝気候学的〟には人間の活動によい地域である。しかし一方で〝気象学的〟に見ると、中緯度は南の暖気と北の寒気がせめぎ合い、大気が渦巻いている激しい変動帯なのである。さらに日本列島はユーラシア大陸の東にあり、かつ太平洋の西端に位置している。北太平洋西部は地球上で最も暖かい海であり、日本の西には日本海と東シナ海がある。また、日本列島はほとんどが山地で、その中心を脊梁（せきりよう）山脈が北端から南端まで貫いている。これらの地理的位置、海陸分布および地形が日本の激しい気象の原因となっている。本章ではこれらの原因について、具体的な激甚気象の例を挙げながら、地球規模から積乱雲規模、すなわち大規模から小規模へと順に解説する。

その前に一つ付け加えておきたいことは、国民性、あるいは地域特有の文化というものは、気候によって大きく影響を受けるということである。日本のように変化に富む気候や激しい気象は、確かに時として激甚災害をもたらすが、そのような気候・気象によって形作られてきた国民性や文化という貴重なものもある。寺田寅彦は同じ「天災と国防」のなかで、日本の災害の多さを指摘するとともに、次のようにも述べている。

「わが国のようにこういう災禍（注：地震や台風、豪雨など）の頻繁であるということは一面から見ればわが国の国民性の上に良い影響を及ぼしていることも否定し難いことであって、数千年来の災禍の試練によって日本国民特有のいろいろな国民性のすぐれた諸相が作り上げられたことも事実である」

ここでは国民性のどの部分か、どのようなすぐれた諸相かについては具体的には述べられていない。察するに、日本人は、自然に対する畏敬・畏怖の念をもち、農耕民族として常に天候に注意を払いつつそれに従う。それでもいかんともし難い激しい気象については、過ぎ去るのをただ待つという諦観と、その災害後の復興をあきらめないという我慢強さを有している。また、復興を他者と協働して行うことで人と人の強い絆を築いてきた。日本の自然にはやおよろずの神々がいて、それに対する畏敬の念が、他者への優しさや秩序を尊ぶ精神につながっているのかも知れない。そういった国民性を指しているのではないだろうか。四季のはっきりしている日本の自然は美しく、季節とともにめぐりゆく命に満ちあふれている。冬には枯れ果てて、雪に埋もれて何もなくなった野山が、春になると吹き出すように萌える草木で満ちあふれる様を目の当たりにするだけでも、人は自然や生命の神秘に対する不思議と驚きを禁じ得ない。

地球の風はなぜ吹くのか

太陽からおよそ1億5000万kmにある太陽系第三惑星、地球はそのほとんどのエネルギーを太陽からの放射により受け取っている。これを「太陽放射」という。これが地球大気の運動のほとんどのエネルギー源である。この大気の運動をコントロールする地球の特性を3つ挙げるとすると、重力があること、西から東へ自転していること、そして球体であることである。これらの、誰もが当たり前のこととして知っている3つの特性が、大気の運動を大きくコントロールしている。地球大気の大規模運動、すなわち「風」は自由に吹いているのではない。これらの地球の特性によって、駆動され、強くコントロールされて運動しているのである。

地球もニュートンの万有引力の法則に従い、その質量に比例した引力を持つ。この引力と地球が自転していることで生じる遠心力を合わせたものを「重力」とよぶ。この重力は強いので、大気は固体地球に拘束されて、宇宙に流れ出ていかないだけでなく、鉛直方向(重力の方向)の運動には大きなエネルギーを必要とする。大気の大きな流れは、ほとんど水平方向の運動で、たとえばトランプの束を両手にはさんで水平にずらしたときのトランプ1枚1枚の動きが大気の運動のイメージである。例外的に大気のなかで鉛直に大きな運動を起こすのが積乱雲である。この雲は重力に抗して地表付近から10kmを超える高度まで激しい鉛直運動を起こしている。そのためには巨大なエネルギーが必要となるのだが、それは水蒸気の持つエネルギーである(これについては第4章で詳しく説明する)。

一方で、重力があることで、暖かい大気は上昇し、冷たい大気は下降するという運動が起こる。この運動は「対流」とよばれ、地球大気ではさまざまなスケールで起こっている。対流は、放射や伝導と並んで熱を伝える主要な形態の一つであるが、伝導に比べるとはるかに効率のよい熱の伝わり方である。対流は重力があることではじめて発生する運動で、無重力空間では起こらない。もし重力がなければ、大気は分子拡散と熱伝導によってゆっくりと熱を伝えることしかできなくなる。

冷たい空気が上空にあるということは、運動を起こす能力、〝ポテンシャル〟があることを意味する。すなわちエネルギーがある状態ということで、そのようなエネルギーをポテンシャルエネルギー（位置エネルギー）とよぶ。実際、冷たい空気と暖かい空気を、仕切りをはさんで容器に入れ、突然、その仕切りを取り去ると、冷たい空気が暖かい空気の下に潜り込み、暖かい空気は冷たい空気の上をはい上がるという運動が起こる。すなわちポテンシャルエネルギーが運動エネルギーに変わったということである。

実際の大気中で経験する現象として、海陸風（かいりくふう）などが身近なものとしてあげられる。海陸風とは、陸は暖まりやすく、かつ冷えやすく、海はその逆のため、昼は海から陸へ、夜は陸から海へ吹く風のことである。あるいは冬に暖かくした部屋の扉を開けると、足下に冷たい空気が流れ込むことを経験する。天井付近に手をかざすと、それと逆向きの暖かい空気の流れがあることに気づくだろう。これらの風も、ポテンシャルエネルギーが運動エネルギーに変わることで起こる流れである。これらの運動は特に「水平対流」とよばれることがある。

次に、地球が球体であることの重要性を説明しよう。それを理解するために、もし地球が太古の人々が思っていたように、無限に広い平板であったらどのような気象になっていたかを考えると分かりやすい。このように考えることは気象学の分野外の人には突拍子もないことのように思われるかも知れないが、気象学者はしばしばそのように考えたり、平板の地球を仮定して実験をしたりす

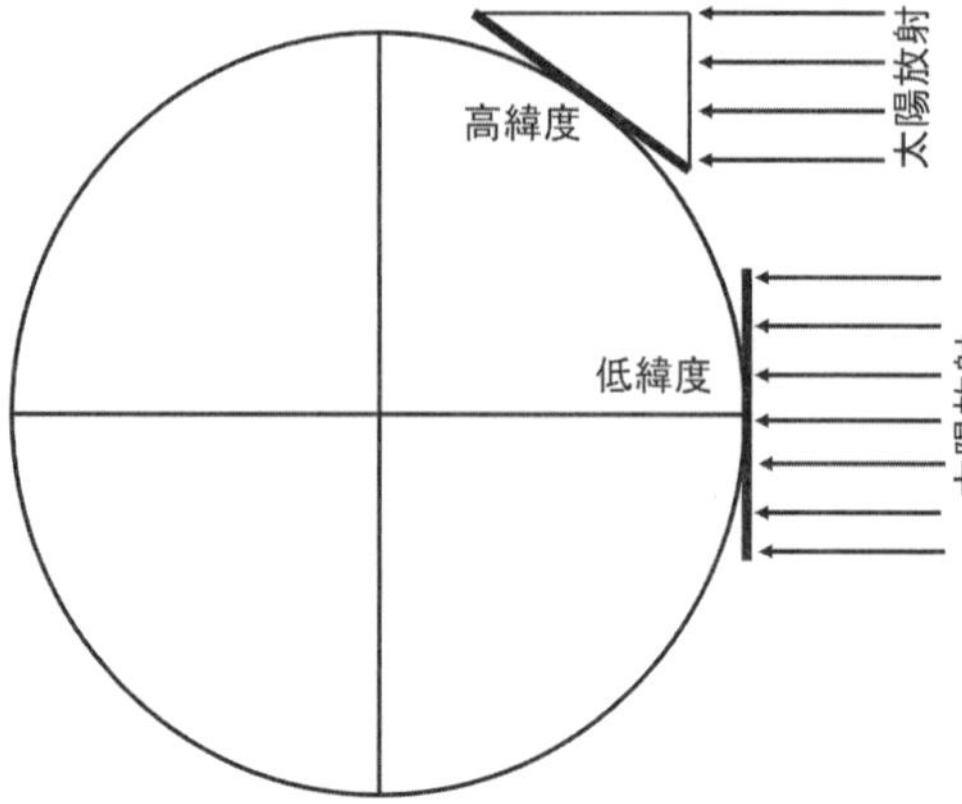

【図２－１】地球が球体であることで、単位面積あたりに受ける太陽放射の量が低緯度より高緯度の方が少ないことを説明する図。地球に接する面の大きさは、低緯度と高緯度で同じである。

る。さらにいえば、地球が回転していることを無視することもある。そのようなことを意識的に、あるいは無意識に前提として、気象学者はしばしば研究を行っている。一般の人からするとかなり変わった人種かもしれない。

　もし地球が無限に広い平板であったら、すべての地域に昼間は同じだけ太陽放射が入り、地面はどこでも均等に加熱されることになる。ちょうど春分や秋分の日の赤道域のような状態がすべての地域に起こる。地球上のすべての領域でほとんど同じ気温になり、夜も均等に冷却される。海陸分布や地形により局所的な気温の不均一はできるかも知れないが、大規模な気温の不均一は発生しない。その結果、局所的な空気の循環が起こるだけで、地球規模の大気大循環は起こらない。ただし、無限の平板を考えているので、地球規模ということに意味はないが、実際の地球に起こっているような規模の循環ということである。さらに平坦な海洋上に熱帯低気圧は形成されるかも知れないが、実際の地球の中緯度に見られる温帯低気圧は発生しなくなる。この理由については次節で説明する。

　現実の地球は丸いので、【図２－１】に示すように単位面積あたりの太陽放射による加熱量は、低緯度で大きく、高緯度で小さい状況が発生する。このため地球には常に、南北方向に温度の不均一が形成され、それを解消するために、大気や海洋の大規模な運動が発生するのである。

低緯度で高温、高緯度で低温という温度分布があるときに起こる、最も大きな運動は何であろう？　地球の大気大循環として、それをはじめて考えたのは、イギリス人のジョージ・ハドレー（1685〜1768年）という18世紀の物理学者・気象学者である。ハドレーは、暖かい熱帯では空気が上昇し、極向きに流れる。一方で、高緯度で下降した冷たい空気は熱帯に向かって流れる。そのようにして、半球規模の子午面循環（南北循環）が起こると考えた。

確かに海陸風や暖かい部屋と冷たい部屋の間の空気循環と同じように、ハドレーが考えた半球規模の大循環は合理的に思える。そしてもし地球が自転していなかったら、あるいは自転がきわめて遅かったら、ハドレーの考えた大循環のように地球の大気は運動していただろう。しかしガリレオ・ガリレイが主張したとおり、地球は回っているのである。しかも24時間で1回転というかなり大きな速度で回転しているので、ハドレーが考えたとおりには大気は循環しない。それは次のように説明できる。

地球の半径は約6400㎞なので、赤道の長さは約4万㎞である。これは赤道上に静止している空気の塊は、1日で4万㎞移動していることを意味し、その時速は約1700㎞/h、秒速にすると460m/sになり、音よりも速い速度で運動していることになる。一方、地球は丸いので北極に近づけば近づくほど、東西方向の緯度線は短くなり、北緯60度で半分の長さになり、北極点ではゼロになる。つまり北緯60度で地表は、約230m/sで東に向かって移動している。

赤道という地球の軸から最も遠いところで、地球に対して静止した空気塊（くうきかい）（仮想的なひとまとまりの空気。大きさは指定しない）を極に向けて移動させると、地軸からの距離が短くなり、空気塊は赤道より遅い速度の地表に相対的に東に向かって運動をすることになる。その速度は極に近づくほど、すなわち地軸からの距離が短くなればなるほど大きくなり、地軸からの距離が半分になる北緯60度では、宇宙空間に対して920m/sになる。物理学ではこれを角運動量保存則という。回転の軸からの距離とその点での円周方向（接線方向）の速度をかけたものを「角運動量」という。空気塊が半径方向に移動してもこれは保存されるので、距離が短くなれば速度が大きくなるのである。身近なところでは、アイススケートの選手が大きく手を広げてゆっくり回転しているところから、手を身体に引きつけると高速回転をするという〝現象〟に見られる。気象では台風の強化メカニズムや竜巻の発生メカニズムの説明にも用いられる。その結果、北緯60度では地表面に対して690m/sという音速を超える西風になるはずである。

しかし、物理学の原理としては正しいが、実際に高緯度で音速を超える西風が吹くことは観測されたことがない。つまり自転している地球では、ハドレーが考えたような赤道から北極まで空気が一つの流れでつながっているという循環は起こらない。実際には赤道域で上昇した大気は亜熱帯域で下降するという、低緯度で閉じた循環となっている。亜熱帯域で下降する大気は亜熱帯高気圧を形成し、そこから赤道域へ吹き込む空気は、より速い速度で地表が東に動いている赤道域へ流れ込むので、風は地表に相対的に遅い運動となる。すなわちそれが東風の貿易風（偏東風）となる。このような暖かい赤道域で上昇し相対的に冷たい亜熱帯域で下降するという循環は、ハドレーが考えた循環の低緯度版といえる。それで現在では、この循環は「ハドレー循環」とよばれており、低緯度において極向きに熱を輸送する役割をしている。

中緯度は渦に満ちあふれている

それでは中緯度にはもう一つ別のハドレー循環が、極向きに熱を輸送しているのだろうか？ 残念ながらそうではない。もしそうであれば中緯度の気象はもっと穏やかであっただろう。実際には日本が位置する中緯度とは、大気中に渦が満ちあふれ、それによって激しい気象がもたらされる領域なのである。そしてその理由は、前節に述べた地球の3つの特性のためである。

まず、地球大気とは非常に薄い膜であることを知っていただきたい。確かに空を見上げると、上空を飛ぶ旅客機ははるかに高いところを飛んでいるが、それでもたかだか10㎞程度である。半径6400㎞の地球では、月や気象衛星からみると空気の層は薄くて見えないほどである。大気とはそのように非常に薄い膜である。その薄い膜のなかに起こる大規模な低気圧などの渦は、鉛直軸、すなわち重力の方向を軸として回転する水平の薄い渦となる。地球は丸いので、この鉛直軸は赤道では地球の回転軸と直角になる。このため赤道では鉛直軸についての地球の自転の効果はゼロとなる。一方、中緯度では鉛直軸の向きが自転軸の向きに近くなるので、地球の自転の効果が現れる。これは中緯度の大気の大規模な運動を大きくコントロールしている。その効果が「コリオリ力」であるが、これについては、89ページで詳しく説明する。

中緯度は地球が丸いために起こる南北方向の温度差が最も顕著になるところでもある。北が冷たく南が暖かいという温度の不均一は、地球の重力によるポテンシャルエネルギーを持つことと同じになる。すなわち中緯度は大規模な運動が起こるポテンシャルが最も大きな領域である。そのため中緯度付近では寒気と暖気がぶつかり合い、これらのせめぎ合いが発生し、その結果、中緯度の気

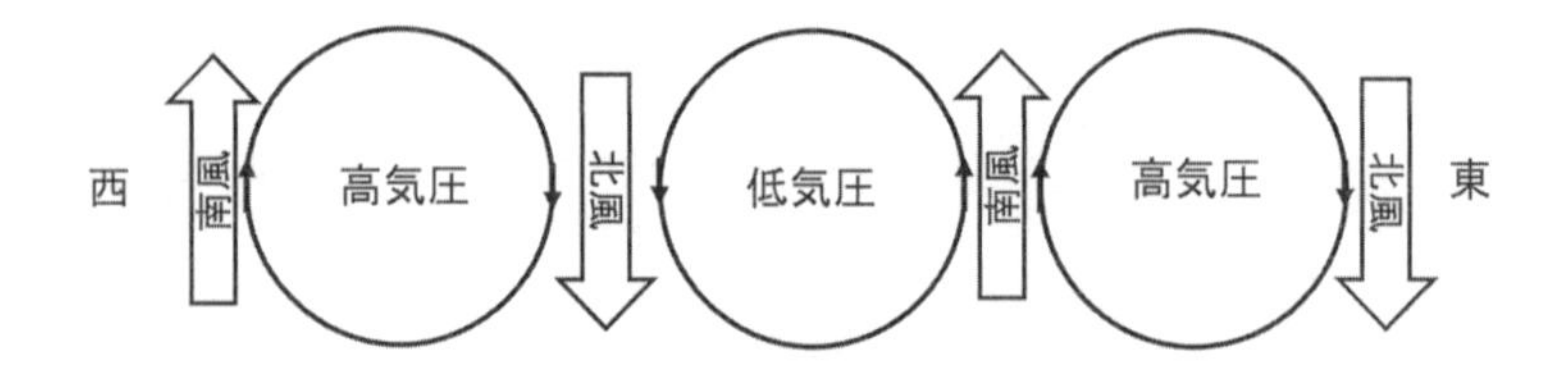

【図２－２】高低気圧波が中緯度で熱を南北方向に輸送する模式図。時計回りの高気圧と、反時計回りの低気圧が東西に並ぶように形成される。それらの間の南風は南側の暖気を北向きに輸送し、北風は北側の寒気を南向きに輸送する。東西方向に平均すると、熱が北向きに輸送される。

象は熱帯に比べると激しくなる。このとき形成されるのが温帯低気圧である。温帯低気圧は南北方向の温度差によるポテンシャルエネルギーがエネルギー源となって発生するので、陸上でも、あるいは水蒸気がなくても発生する。この点が、水蒸気がエネルギー源となって海上でしか発生しない台風などの熱帯低気圧と決定的に違う。低気圧と対になって形成されるのが高気圧で、これらが中緯度で東西方向に並んで形成される。このためこれらを高低気圧波とよぶことがある。

温帯低気圧は中緯度の天気を支配するだけではなく、中緯度における南北方向の熱の輸送を担っている。【図２－２】に示すように、北半球において低気圧の西側には北風があり、そこで寒気が下降している。一方、東側には暖かい南風が吹き、その暖気は上昇している。高気圧ではこれが逆になるので、結局、高低気圧波は、南から北へ暖気を、北から南へ寒気を移動させることで、高低気圧波全体として、南から北に熱を運んでいることになる。逆にいうと、熱を北に運ぶために、中緯度では温帯低気圧が形成されるのである。

そしてそのような温度の南北差の大きな領域に日本は位置するので、常に温帯低気圧の影響を受けることになる。日本はそのような温帯低気圧の通り道に位置しているのだから、それによってさまざまな災害がもたらされるのである。

ついでながら、暖気は北側に向かって上昇し、寒気は南側に向かって下降するので、中緯度で地球を一周平均すると、北側に上昇気流、南側に下降気流という見かけの循環が現れる。暖かい側で上昇し、冷たい側で下降するというハドレー循環とは逆に、この循環は見かけ上、暖かい南側で下降し、冷たい北側で上昇するという変わった循環のように見え、「間接循環」あるいは「フェレル循環」とよばれる。ただし、これは見かけのことであって、個々の温帯低気圧の構造を見ると、冷たい空気が下降し、暖かい空気が上昇する、すなわちポテンシャルエネルギー（位置エネルギー）が運動エネルギー、すなわち風という運動に変換されている。このように気象学では見かけと実態が異なるということがしばしばあるので、一歩踏み込んで理解することが必要である。

ここまでは山も海もない地球を考えてきた。もう少し正確にいうと、大気の大循環の本質だけを考えるために、近似的に陸地や海洋の分布を除いた地球、すなわち東西方向に一様な地球を考えてきた。実際の地球には大陸や大洋があり、大陸の東岸と西岸では気候や気象が大きく異なる。中緯度を西から東へ見ていくと、ユーラシア大陸、太平洋、北米大陸、大西洋のように大陸と大洋が交互に配置されている。日本付近は大陸と海洋の分布から、南北温度傾度が大きくなりやすい地域にあり、温帯低気圧が発達しやすく、なかには爆発的に発達する温帯低気圧もしばしば見られる。この東西の海陸の分布が日本付近の気候と気象をより厳しいものにしている。次節では日本が大陸の東岸に位置していることが、さらに激しい気象の多い地域となることの理由を見ていく。

大陸の東岸で低気圧は爆発する?

カナダの西海岸、米国との国境に近いところにバンクーバーという美しい街がある。その緯度は北緯49度、北海道の稚内(北緯46度)より少し北である。まだ私が札幌で暮らしていた頃、冬にバンクーバーを訪れたことがあった。札幌は1mにもおよぶ積雪で、すべての草木は雪の下に埋もれていたのに、バンクーバーでは芝生が青々としていて驚いた。大陸の東岸と西岸ではそれほど気候が異なるのである。大陸の西岸は西岸海洋性気候とよばれ、冬は温暖で夏は涼しい。おそらく地球上で最も生活しやすい気候区であろう。一方で、大陸の東岸は、夏の暑さも冬の寒さも厳しい地域である。日本はそのような地域に位置している。

中緯度では偏西風が吹いているので、大陸の西岸では温度変化の小さい海から風が吹いてくるが、東岸では温度変化の大きい陸から風が吹いてくる。大陸の東岸の気候が厳しいのはそれだけが理由ではない。より大きな原因は海洋にある。それは北太平洋と北大西洋に共通して、海の西側にある強い北向きの暖流、黒潮とメキシコ湾流の存在である。どちらの海にも大洋をぐるりと一周する流れがあり、そのうちの西側の流れが最も強い。そしてこの暖流は、南の熱を北向きに運ぶ役割を担っている。大気による北向きの熱輸送と海洋によるそれは、ほぼ同じ程度といわれている。黒潮は幅およそ100km、最大流速は2m/sに達し、太平洋全体からすると非常に細く強い流れである。このような大洋の西岸に強い極向きの流れができることを「西岸強化」とよび、黒潮やメキシコ湾流を「西岸境界流」という。

大洋の西側にだけ強い北向きの流れがあるのも、地球が球体であるからで、これについてはストンメルという海洋学者が理論的に説明している。低緯度から中緯度に熱を運ぶ黒潮やメキシコ湾流は、日本や米国東岸地域の水平温度傾度を大きくするだけでなく、中緯度で暖かい海から熱と水蒸気を大気に供給する役割をしている。前節で説明したように南北方向の温度差は、温帯低気圧を発生・発達させる。大陸の東岸は温帯低気圧が発達しやすい地域であることが分かっている。さらに最近の研究で、黒潮が温帯低気圧の発生や発達に大きく寄与していることが分かってきた。秋から冬、そして春にかけての日本付近で南北温度傾度が大きくなる季節に、爆発的に発達する低気圧、〝爆弾低気圧〟がしばしば日本付近で発生し、大きな災害をもたらすことがある。

日本付近と北米大陸東岸付近は、地球全体から見て多くの爆弾低気圧が発生・発達する地域となっている。これは英語で、〝bomb〟、まさに〝爆弾〟とよばれることがある。爆弾低気圧とは1日で24㍱以上気圧が低下する低気圧のことで、温帯低気圧としては急速に発達するものである。正確には北緯60度における気圧低下を基準としており、それ以外の緯度では、気圧の低下量を北緯60度の値になるように補正したものを用いる。たとえば北緯40度では1日あたりの気圧低下量が約18㍱以上となるものを爆弾低気圧という。

爆弾低気圧が知られるようになったのは、20世紀を代表する豪華客船クイーン・エリザベス2世号（ＱＥⅡ）が1978年に大西洋を航行しているとき、急速に発達した低気圧で大きな被害を受けた事故によってである。この船は全長約300ｍ、7万トンの巨大な客船である。そのような大きな船でも、事故に至るほどの強い低気圧であった。この低気圧は1日で60㍱も気圧が低下した。台風でもこれほど大きな気圧低下はまれにしか起こらない。それでこの低気圧はＱＥⅡストームとよばれ、その後、多くの研究が行われた。このあたりの事情については小倉義光先生の一般向けの著書『お天気の科学』[1]に詳しく述べられている。

最近の研究で、爆弾低気圧のなかでも特に急激に気圧低下するものが発見され、これを「スーパー爆弾低気圧（superbomb）」とよぶようになった。２０１８年1月4日、米国東方海上に発生したスーパー爆弾低気圧は、半日で約30hPaという驚くべき気圧低下をみせた。このスーパー爆弾低気圧は、米国東海岸に暴風と豪雪をもたらし、その結果、20人の犠牲者と約11億ドルの経済損失が発生した。立正大学の平田英隆博士は、このスーパー爆弾低気圧とメキシコ湾流について、高解像度数値シミュレーションを行い、暖かいメキシコ湾流から大気に供給される膨大な熱と水蒸気が、この低気圧の急激な発達を引き起こしたことをあきらかにした。[2]このような急激に発達するスーパー爆弾低気圧は、異常な暴風や豪雪を突然もたらすという点で非常に危険である。

爆弾低気圧は暴風を伴っており、風による災害をもたらす激甚気象の一つである。[3]最近の研究で北海道付近を爆弾低気圧が通過することが増えていることが示されている。冬季に爆弾低気圧が北海道付近を通過するとき、激しい暴風雪がもたらされる。強い風により、降り積もった雪が吹き上げられ、降ってくる雪と混ざり合って地吹雪となる。激しい風と雪で周囲は白一色の世界となり、視界がほとんどゼロとなる。ホワイトアウトとよばれる状況で、自分の足下さえ見えなくなることがある。こうなると方角がまったく分からなくなり、自分のたどるべき道も見えなくなる。動くことができずにじっとしていると、みるみるうちに雪に埋もれてしまい、むやみに動くと道路からはずれ雪の深みにはまり動けなくなる。倉本聰氏のテレビドラマ「北の国から」のなかに、地吹雪に巻き込まれてしまうシーンがあるので、ご覧になった方もあるかも知れない。そこには地吹雪という暴風雪の恐ろしさがよく描かれている。地吹雪のほんとうの恐ろしさは経験した者でないと分か

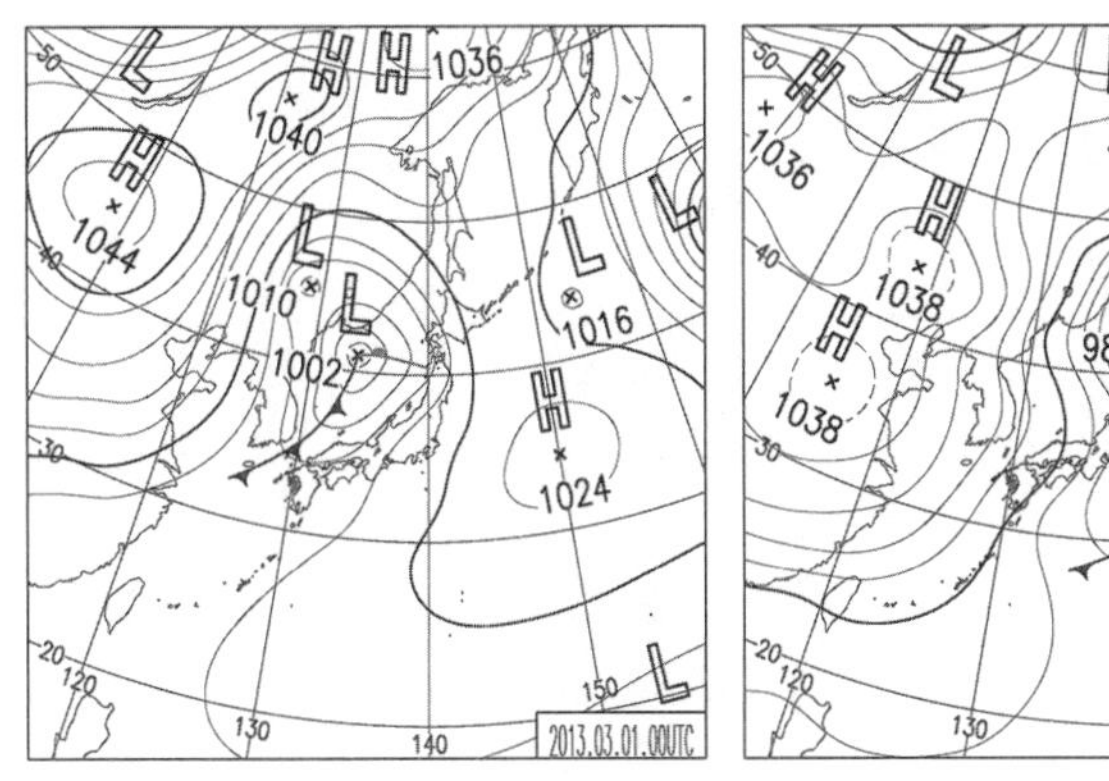

【図２－３】爆弾低気圧が北海道付近を通過した2013年3月1日と2日の日本標準時で午前9時の気象庁天気図。

らない。きわめて危険な気象で、屋外に出ること自体が命の危険に身をさらすことになる。

激しい地吹雪をもたらす爆弾低気圧は、しばしば大きな災害を発生させる。急速に発達する爆弾低気圧は、急激に天候を悪化させ、暴風雪をもたらすので、避難が間に合わず巻き込まれて遭難する。２０１３年３月２日、前日に関東地方に春一番の強風をもたらした低気圧が、日本海で急速に発達しながら北海道を通過した。【図２－３】に示すように３月１日午前９時の時点では日本海上で１００２hPaだった低気圧が、３月２日午前９時には９８２hPaまで発達している。すなわち１日で20hPaも中心気圧が低下する爆弾低気圧であった。その結果、北海道の東部では激しい暴風雪に見舞われた。３月２日、北海道の東部にある湧別（ゆうべつ）町では、地吹雪に巻き込まれ、その中で父親が幼い娘を抱いたまま亡くなるという、あまりに痛ましく悲しい事故が発生した。地吹雪で車が動けなくなり、救助を求めて知人宅を目指したが、おそらく方角が分からず雪に埋もれてしまったのだろう。雪の中で娘の身体を温めながら、救助を待っていた。夜までにはまだ時間のある午後3時ごろのことである。しかし激しい地吹雪で周囲は何も見えなかったと思われる。消防が車を発見したのが午後9時半ごろ。このとき消防は捜索している父親の携帯の位置情報を携帯会社に要請したのだが、捜査権がない消防には位置情報を提供できないと断られたという。警察が位置情報を携帯会社から入手したのは深夜、すでに消防は捜索を打ち切っていた。翌朝、捜索開始からわずか30分ほどで父娘は発見された。乗り捨てられた車からわずか300mほどのところだった。娘さんは父親の暖かさの中で生きていた。

もしすみやかに位置情報が提供されていたら、もう少し違った状況になっていたのではと思えてならない。命が今まさに失われようとしている緊急のとき、その命に勝る規則や約束事があるだろうか。確かに位置情報は個人情報であり、むやみに流出させられては困る。しかしそのような状況で、位置情報を提供することの意味は理解されていたはずだから、即座に提供することはそれほど難しかったのだろうかと当事者でない者には思えてしまう。

今回の事故は、災害時における判断について重要な教訓を与えている。命の危険が迫る災害時に、規則や約束事にしばられて現場での臨機応変な判断をせず、命が失われることが日本ではしばしば起こる。災害時でも平時と同じように規則や約束事を守ろうとしてしまうため、現場判断ができないのである。災害という非常時では、とにかく命を守るために何をするべきかだけを考えるべきである。非常時でも規則にしばられてしまうのは、それに従っていないと強く非難されることへの恐れがあるためだ。近年の日本の非寛容性が、そのような現場判断を避けることのバックグラウンドとしてあるのだろう。

北海道での災害が起こる前日、3月1日、爆弾低気圧が発達しながら日本海を進んでいたとき、九州北部から関東地方の広い範囲にかけて、春一番が吹いたと気象庁が発表した。東京都の大島で20時40分に最大瞬間風速32・2m/sの南風が観測された。この日、大島では未明から翌日まで10〜20m/sの南〜南南西の風が吹き続いた。また、気温は午前3時に7・5℃（東南東の風）であったのが、2時間後の午前5時には13℃（南西の風）と、風向が南寄りになるとともに、未明にもかかわらず一気に5・5℃も上昇した。その後14時に16・9℃（南西の風）まで上昇し、日中を通して14℃以上の暖かい気温を維持していた。

この「春一番」というのは冬の終わりから春のはじめの頃、発達した温帯低気圧に伴って吹く暖かい南風のことである。気象庁は、「立春から春分までの間に、広い範囲で初めて吹く、暖かく（やや）強い南よりの風」というように定義している。２００７年2月14日の春一番に伴って、青森県の八甲田山では雪崩が起こり、遭難者がでた。また、和歌山や静岡をはじめとして日本各地で突風による災害が発生した。このように春一番は、その名前の穏やかな印象とはうらはらに、強風災害や、昇温による雪崩などの災害を引き起こす危険な気象である。特に爆弾低気圧のような急発達する低気圧は、顕著な春一番をもたらすことがある。通常、このような低気圧は明瞭な寒冷前線や温暖前線を伴っていることが多い。寒冷前線は風と気温が急変するところで、しばしば積乱雲が発達する。積乱雲は強風や強い雨をもたらし、場合によっては竜巻やダウンバーストなどの突風を発生させることがある。

あまり知られていないが、長崎県壱岐市郷ノ浦町には「春一番の塔」がある。春一番とはもともとこの地方の漁師の用いていた言葉が広がったものである。春先に吹き荒れる強風で、多くの漁師が海難事故で亡くなった。この塔はその慰霊の碑であり、海難事故が起こらないことを祈るとともにに、災害の記憶をとどめるためのものである。

モンスーン

日本の気象が厳しい理由には、モンスーン、すなわち季節風領域にあるということもある。モンスーン（monsoon）はアラビア語の mausim という「季節」を意味する言葉が語源とされている。陸地と海洋では暖まりやすさや冷えやすさが異なる。これは専門的には陸と海の比熱が異なることによる。陸地は夏に暖まりやすく、冬に冷えやすいが、比熱の大きい海洋は夏と冬の温度変化が陸より小さい。このため、夏季には相対的に冷たい海洋から暖かい陸地に向かって風が吹き込み、冬季には相対的に冷たい大陸から海洋に風が吹く。このような季節ごとに反転する大規模な風系をモンスーンとよぶ。日本語では「季節風」というが、モンスーンとは単に大規模な風系の変化だけではなく、雨季も含む気象の季節変化を意味している。

そもそも中緯度に四季があるのは、地球の軸が公転面に対して、垂直ではなく、23度26分傾いているからである。このため太陽は南緯23度26分の南回帰線から北緯23度26分の北回帰線の間を1年に一往復している。私の住んでいる名古屋はほぼ北緯35度にあるが、夏至のときは北緯12度付近の熱帯に近い太陽高度となり、冬至のときは北緯58度の亜寒帯付近の太陽高度となる。すなわち中緯度は1年のうちに熱帯から亜寒帯までの太陽高度を経験しているのである。これが中緯度の四季をもたらし、大陸と海洋の接するところではモンスーンを発生させている。

地球上で最も大きな大陸、ユーラシア大陸と、最も大きな大洋の太平洋にはさまれた東アジア地域には顕著なモンスーンがみられる。このためこの地域をモンスーン気候区ということがある。この東アジアのモンスーンによって毎年起こる雨季を、日本では梅雨とよび、中国や台湾では同じ漢字、「梅雨」を用いて、Meiyuとよぶ。ちょうど梅の実が実る頃に降る雨なのでこのようによばれる。いずれにしてもモンスーン循環の変動に伴って季節的に降る長雨である。

東アジアのモンスーン循環や梅雨は複雑で、中国の南西部にあるチベット高原という巨大な山岳の影響をさまざまな面で受けている。チベット高原は4000mを超える高地であるので、大気に大きく突き刺さった陸地とみることができ、その陸地が太陽放射で加熱されると、大気に対して加熱源となり、東アジアの大気の循環に大きな影響を与えている。また、中国ではチベット高原と対照的に、東に四川盆地という低地がある。これらの地形によって、低気圧が形成されて豪雨をもたらすことがあり、「南西渦」とよばれて多くの研究がある。この渦は衛星でみると雲の集団のように見えて、それが東シナ海を越えて移動してきて九州付近の豪雨をもたらすこともある。

梅雨といえば、九州以外の地域では、しとしとと降る雨が長く続き、じめじめとした気候の印象が強い。一方で2017年の九州北部豪雨や18年の西日本豪雨にみられるように、梅雨末期にはしばしば激しい豪雨が発生し、甚大な災害がもたらされることがある。日本に限らず、韓国、台湾、中国などでも同様の豪雨災害が発生している。実は梅雨前線と一口によんでも、西の九州と東の関東地方ではかなり性質が異なる。東の関東地方などでは梅雨前線をはさんで、南北の温度傾度が大きいが、九州付近では温度傾度ははっきりせず、むしろ水蒸気量に南北方向の違いが顕著になる。そのためこれを水蒸気前線とよぶことがある。[4] 第4章で詳しく説明するが、気象学では温度と水蒸気の両方を考慮した量を「相当温位」とよぶ。温度差は小さいが水蒸気量の南北差が大きな九州以西では、梅雨前線を相当温位でみると分かりやすい。

また、梅雨前線は寒冷前線のような比較的一様な前線と異なり、いくつかの階層構造が形成されることが知られている。前線にそって小低気圧が形成され、そのなかに積乱雲の群、クラウドクラスターが形成される。さらにそのなかに線状降水帯などの降水の集中するところが形成される。ただし、そのような階層構造はいつも形成されるわけではなく、梅雨前線に伴う豪雨は多様で複雑である。

梅雨末期の豪雨として私が強く印象に残っているのは、1982年7月23日に発生した長崎豪雨である。これは長崎大水害とよばれることがある。また、気象庁は23～25日の大雨として「昭和57年7月豪雨」と命名している。このとき長崎県長与町で観測された1時間あたりの雨は187㎜で、気象庁の1時間降水量の記録153㎜（千葉県）をはるかに超えている。気象庁の観測で7月23日午後6時から翌日24日午前3時までの長崎市の総降水量は499・5㎜という信じがたい豪雨となった。これによる死者・行方不明者は299人、負傷者705人、長崎県内の総被害額は約3161・1億円にのぼった。[5] このときの消防と住民の緊迫した生々しいやりとりが、小倉義光先生の前出の『お天気の科学』[1] の冒頭に描かれている。長崎市の中島川にかかる頑強な石造りの眼鏡橋が流されたのだ。石橋が流されるような豪雨とはどれほどすごい雨だろうと思ったことが強く印象に残っている。まだ私が大学で気象学の道に入る前のことであった。

この長崎豪雨は梅雨末期の豪雨の気象学的研究におけるエポックメイキングな災害だった。この豪雨を受けて、東京大学海洋研究所（現、大気海洋研究所）の浅井冨雄教授（現、東京大学名誉教授）による九州北部における梅雨末期の豪雨観測プロジェクトが行われた。この観測に当時大学院生だった私も参加するという貴重な体験をさせていただいた。しかし梅雨の観測は困難を極めた。19

87年の観測では観測期間に雨はほとんど降らず、毎日晴天に向かって観測気球を打ち上げていた。その観測期間中の強い日差しで私は真っ黒に日焼けして、観測から大学に戻ると「雨の観測じゃなかったの？　何をしてきたの？」と友人たちに揶揄されたことを覚えている。

翌年、1988年の梅雨期にはさらに長期間の特別観測が実施されたが、このときも雨はほとんど降らなかった。私がいた熊本の観測現場に陣中見舞いに来られた浅井先生の困られた顔が印象に残っている。幸いにして観測のまさに終わろうとしていたとき、長崎から熊本にかけて大雷雨が発生し、この年はなんとかよいデータを取ることができた。梅雨期だからといって、いつも雨が降るわけではないのである。このとき、私は「観測」と書いて、「待つ」と読むのだということを学んだ。

最終的に観測は成功したのだが、梅雨末期の豪雨の理解とその予測はまだまだ未解明な点が多く残されている。このとき参加した、中堅、若手の研究者の多く、さらに私のように当時大学院生だった者は、その後、大学教授や気象研究所の主任研究官となり、日本の雲・降水の研究の牽引役となってきた。このように多くの人材を輩出した点でも、このプロジェクトは高く評価されている。私はこのとき浅井先生が言われた「豪雨は大気の破壊現象である」という言葉が印象に残っている。近年の豪雨を観ると、この言葉がより深い意味を持つように思われる。

西太平洋は地球上で最強の熱帯低気圧の発生地域

梅雨と並んで日本の激甚気象として最大のものが台風である。古来、日本は台風の強い影響を受けてきた。台風が日本の記録にはじめて出てくるのは、おそらく日本最古の歴史書、日本書紀（7

20年）であろう。その巻第七の「日本武尊の東征」で、日本武尊が相模から上総へ船で向かうとき、暴風が起こり、弟橘媛が海に入り暴風を鎮め無事にわたることができて、東国の各地を平定したという記述がある。原著に「暴風」という漢字が2カ所みられる。もちろん暴風は他の原因もあるが、地理的にもこの暴風が台風である可能性は高い。このように日本書紀の時代から記録に残るほど、日本は台風の影響を受けてきた。

台風の記述がある古典としてよく知られているのは、源氏物語と枕草子である。どちらも今から1000年あまり前に書かれたもので、それらの中には「野分」という言葉で暴風が描かれている。また、鎌倉時代中期に蒙古襲来として記録されている文永の役（1274年）と弘安の役（1281年）では、大艦隊として襲来した元の大軍が、暴風雨によって撤退した。それにしても蒙古襲来のとき都合よく台風が来てくれたものだと思われるかも知れない。当時の戦争は現代のものと違って、おそらく数カ月におよぶ長期戦であっただろう。台風シーズンには台風が一度も九州北部地域を通過しない方がむしろ不思議といえる。これについては『台風の正体』（筆保弘徳他）の冒頭で興味深い考察がなされている。[6] これもまた日本が、古来、台風の影響を強く受けてきた地域であることを示す例である。

台風とは熱帯低気圧の一つで、経度180度以西の北太平洋および南シナ海で発生する地上風速およそ17m/s以上のものをいう。東太平洋と北大西洋の熱帯低気圧はハリケーンとよばれる。また、南太平洋とインド洋の熱帯低気圧はサイクロンとよばれる。経度180度を越えて東太平洋から入ってきたハリケーンが台風とよばれるようになった例は少なくない。同様に南シナ海の台風がそのままインド洋のベンガル湾に入ると、サイクロンとよばれるようになる。東西太平洋の境界と異なり、南シナ海とベンガル湾の間には陸地があるので、台風は低緯度のマレー半島の細い部分しか通過できない。このため、そのような例は極めてまれであるが、本書を書いているとき２０１９年の台風パブーク（第1号）が、タイランド湾からマレー半島を越えて、アンダマン海に入ってサイクロンとよばれるようになった。このように、ハリケーン、サイクロン、そして台風というのは地域によって決められた名前であって、気象学的現象としては同じ熱帯低気圧である。

地球上で台風などの熱帯低気圧はどこにでも発生するのではなく、海面水温が約26〜27℃以上の海上にしか発生しない。熱帯低気圧のエネルギー源は海から大気に与えられる熱と水蒸気である。このため熱帯低気圧は海が暖かいほど数が多く、また、より強いものが発生する。海が暖かいとは単に海面水温が高いということではなく、海洋上部の海水温度が高いことが本質的に重要である。一つの目安として、海面から水温26℃の深さまでの海水層が保持している熱の量が多いほど〝暖かい〟、すなわち熱帯低気圧に与えうる熱エネルギーが多いと考える。そして北太平洋西部の熱帯域は地球上で最も暖かい海、すなわち台風を発生させる熱エネルギーが多い海域なのである。

このように西部熱帯太平洋が暖かいのは、熱帯太平洋上を吹く偏東風（貿易風）が、太陽放射で暖められた暖かい海水を西へ西へと吹き寄せるからである。このため西太平洋は暖かい海水の層が厚くなっている。すなわち台風に与えられる海洋の熱エネルギーが多い海域となっている。この偏東風が弱まり、暖水の西への吹き寄せが弱まるのが、エルニーニョ現象である。その結果、暖かい海域が太平洋中央部に移動し、西太平洋の暖かい海水の層は薄くなる。それとは逆に偏東風が通常より強くなり、より多くの温かい海水が吹き寄せられる状態をラニーニャ現象という。このとき西太平洋の暖水層はより厚くなる。エルニーニョ・ラニーニャ現象は、海洋の状況を変えることにより、台風の発生数や強度に影響するだけでなく、太平洋高気圧や偏東風・偏西風を変えることで、台風の進路に大きく影響する。一般にエルニーニョ現象のときは、台風の発生は東に偏りやすいといわれている。

台風の年間平均発生数は25・6個と北大西洋のハリケーンやインド洋ベンガル湾のサイクロンに比べて顕著に多い。また、1951年以降の記録では、79年の台風ティップ（第20号）が記録した最低中心気圧870hPaが、ハリケーンやサイクロンを含む地球上のすべての熱帯低気圧のうち最も低い中心気圧である。このように西太平洋は熱帯低気圧が最も多くかつ最強のものが発生する海域で、それに面している日本が台風の影響を強く受けることは自然なことなのである。さらに70ページで述べたように日本の南岸には西岸境界流の一つの黒潮が流れている。黒潮にそって進む台風は勢力を維持したまま日本に接近・上陸しやすく、黒潮があることも日本に強い台風が上陸する原因となっている。

【表2－1】には日本損害保険協会による、損害保険の支払額の上位10位をリストアップしてある。[7]これをみると10件のうち3位の関東地方の大雪を除いて、9件すべてが台風によるものであることが分かる。第1位は1991年の台風ミレーユ（第19号）で、これが保険金の算定の基準となっている。90年にもスーパー台風フロ（第19号）が大きな災害をもたらしており同じ19号でまぎらわしいが、ミレーユは青森のりんごに大きな被害をもたらしたので、〝りんご台風〟とよばれた。ちなみにこの台風でも落ちなかったりんごは、〝落ちないりんご〟として、翌年の受験シーズンにもてはやされた。

また、2004年の台風が3個も入っていることは注目に値する。1991年の台風ミレーユに

順位	災害名	地域	年月日	支払額（億円）
1	平成３年台風第19号（ミレーユ）	全国	1991年９月26日～28日	5,680
2	平成16年台風第18号（ソングダー）	全国	2004年９月４日～８日	3,874
3	平成26年２月雪害	関東中心	2014年２月	3,224
4	平成11年台風第18号（バート）	熊本・山口・福岡等	1999年９月21日～25日	3,147
5	平成27年台風第15号（ゴーニー）	全国	2015年８月24日～26日	1,642
6	平成10年台風第７号（ヴィッキー）	近畿中心	1998年９月22日	1,599
7	平成16年台風第23号（トカゲ）	西日本	2004年10月20日	1,380
8	平成18年台風第13号（シャンシャン）	福岡・佐賀・長崎・宮崎等	2006年９月15日～20日	1,320
9	平成29年台風第21号（ラン）	全国	2017年10月21日～23日	1,217
10	平成16年台風第16号（チャバ）	全国	2004年８月30日～31日	1,210

【表２－１】一般社団法人日本損害保険協会調べによる風水害等による保険金の支払額の上位10位（2018年12月31日時点）。括弧内は台風の国際名。

よる支払額は５０００億円を優に超えている。実際の被害額は保険の支払額の少なくとも数倍に達するということなので、台風による被害は１兆円をはるかに超えることがある。ちなみに第９位の災害名「平成29年台風第21号」のランは、「まえがき」に書いた私たちが航空機で眼に入って観測を行った台風である。これについては第６章で詳しく述べる。

【表２－１】は２０１８年の多くの災害を受け、その後改訂された。その改訂版によると、18年の台風チェービー（第21号）の保険金支払額が1兆円を超え、27年ぶりに第1位が塗り替えられた。さらに台風チャーミー（第24号）と西日本豪雨が、第6位と第7位となった。その結果、保険金支払額の上位10位までに、第1章で災いの年としてでてきた04年と18年の台風4件がランクインしたことになる。今後の改訂で19年の台風ハギビス（第19号）による被害がどこに位置づけられるかは現時点では未発表であるが、これもまたこの表を書き換えることになるかも知れない。いずれにしても日本における風水害の主要な原因が台風であることには変わりない。日本は台風がうようよしている西太平洋の西端に位置しており、台風が風水害の主要原因となるのは自然なことなのである。

なぜ豪雪が発生するのか

「雪月花（せつげつか）」（白居易の詩の一節）という言葉が示すように、雪は月や花と並んで美しいものの代表である。中谷宇吉郎は雪の結晶の美しさに魅せられ、北海道帝国大学（現在の北海道大学）で雪の研究を行い、世界で初めて人工雪の結晶を作成した。雪の結晶には様々な形があり、六角形の板状、樹枝状、六角柱状さらに針状のものなどが代表的である。中谷は、これらの結晶形が気温と大気中の水蒸気の量によって決まることを発見した。そして米国気象学会は、その結果をまとめた図を「中谷ダイヤグラム」と命名している。これにもとづき降ってくる雪の結晶が上空の大気の状態を示していると考えて、中谷は「雪は天から送られた手紙である」とそのことを詩情豊かに表現した。中谷は基礎科学だけでなく、「人の役に立つ科学」を重視し、寒冷地における雪や氷による災害やそれらの防災の研究を行い、さらに雪氷学という新しい学問分野を開拓した。

一方で雪が激しく降る豪雪では、視程（してい）障害、積雪荷重、交通障害、雪崩などさまざまな災害をもたらす。世界的に見ても日本ほど緯度が低い地域で、これほど多量の降雪がある地域は他にない。特に北陸地方などの日本海側の地域は、昔から豪雪に悩まされてきた。１９６３年の「三八豪雪」、81年の「五六豪雪」などの昭和の豪雪だけではなく、最近でも、気象庁が甚大な災害として命名した「平成18年豪雪」が２００５年12月〜06年1月を中心として発生している。この豪雪では、死者１５２名、負傷者２１４５名という大きな被害が発生した。この冬は全国的に低温で、度重なる降雪により新潟県津南（つなん）町では記録を更新する４１６cmの積雪が記録された。豪雪もまた日本における激甚気象の一つである。

このような豪雪が毎年のようにもたらされるのは、日本海が日本列島の北西側にあることが原因である。すなわちユーラシア大陸と太平洋に比べてもう一段規模の小さい海陸分布が、豪雪という日本の激甚気象の発生原因となっている。日本海には黒潮の分枝である対馬暖流が対馬海峡を通って流れ込んでいるので、日本海の北緯40度より南側は暖かく、厳冬期でも海面水温は常に10℃以上ある。特に対馬暖流が流れる山陰から北陸沿岸では、海面水温が10数℃に達している。一方で大陸の東岸では冬季に寒気の流出が頻繁に起きる。シベリアなどの大陸上で冷やされた空気は氷点下20〜30℃に達する。この寒冷で乾燥した季節風が、暖かい日本海上に流れ出すと、海から大量の熱と水蒸気が大気下層に与えられ、活発な積乱雲が発生する。このような状況は、西側の大陸上に高気圧、東の太平洋上に低気圧が位置する西高東低の気圧配置のときに起こり、気象衛星でみると日本海上には多数の筋状の雲が形成される。この筋状雲（すじじょううん）は積乱雲の列で、海上にあるときから活発に雪を降らしている。さらに日本列島の脊梁山脈によって、その雲のほとんどの水分は日本海側に降雪として落とされるので、日本海側の地域が大雪となる。

強い寒気流の中ではその流れの方向に積乱雲が並ぶことで筋状雲が形成される。このような雲は日本海上だけでなく、寒気吹き出しが起こる高緯度の海上では、地球上のさまざまな地域で形成される。カナダの東岸沖、ノルウェーの西岸沖、バレンツ海（北極圏）、ベーリング海（太平洋の最北部）、東シナ海などではしばしばみられる。一方で日本海はこれらの海域にはない多様な降雪システムが発生する特殊な海域である。その大きな原因が朝鮮半島の付け根の北側、北朝鮮と中国の国境にある、白頭山（ペクト山）である。この山は標高２７４４ｍ、長径が２００㎞ほどの孤立山体で、この山体があることでその風下の日本海上に特有の現象が発生する。

大陸上の寒気は非常に低温で大気下層を流れるので、この孤立山体がその流れを白頭山の北側と南側からの流れに分流する。さらに山体の風下の日本海上ではこれらの２つの流れが合流しぶつかり合う。このような気流のぶつかり合いを「収束」とよび、山体の風下から北陸にかけてこの収束が帯状に形成されるので、これを「収束帯」とよぶ。これは寒気が吹き出したときにだけ形成される日本海固有の現象で、第1章で出てきた「日本海寒帯気団収束帯」ＪＰＣＺである。

収束帯はその名前が示すように下層の気流が海上でぶつかり合い強い上昇気流が形成されるので、非常に強力な背の高い積乱雲が発生する。通常の筋状雲の背の高さが2〜3㎞程度であるのに対して、ＪＰＣＺ上の積乱雲は5〜6㎞にも達する。このためＪＰＣＺ上の積乱雲列が次々と上陸する場所では、非常に強い降雪が長時間持続し豪雪となる。また、この強い積乱雲列は活発な雷活動を伴うこともあり、落雷という点でも注意が必要である。

ＪＰＣＺとよく似た収束帯は北海道西岸沖にも形成される。これは「北海道西岸収束帯」とよばれ、北海道と日本海の温度差により形成される。ＪＰＣＺとは形成メカニズムが異なるが、しばしば同時に発生する点が興味深い。北海道西岸収束帯は、北海道の西岸にそって南北に形成されるが、その先端部は石狩湾から石狩平野に入り込み、新千歳空港のある石狩低地帯を通って、太平洋に到達することがある。かつては「石狩湾小低気圧」とよばれ、北海道では「どか雪」という豪雪の原因として恐れられていた。その雪雲は札幌や千歳に豪雪をもたらし、これが入り込むと、札幌から千歳、さらに苫小牧・室蘭を通る道央道は通行止めとなり、さらに新千歳空港は閉鎖されるなど、社会活動が大きな影響を受ける。2019年1月5日にはまさにそのような豪雪が札幌から千歳にかけての地域で発生し、新千歳空港を発着する多数の航空便が欠航となり、年始のUターンラッシュに大きな影響が出た。実は私もその豪雪の影響を受けた一人だった。

上記の北西風の方向に延びる筋状雲は、「縦モードの筋状雲」とよばれ、前述のように日本海以外でもみられる。これに対して北西風の方向にほぼ直交する方向に延びる「横モードの筋状雲」というものが白頭山の風下から北陸地方にかけて形成されることがある。これは日本海に固有の筋状雲で、JPCZの北東側に形成されることが知られている。【図2－4】の気象衛星の画像にその例がみられる。北陸の北西の日本海上にJPCZが形成されており、その北東側、北陸沖に横モードの筋状雲が発生している。規模は小さいが、同様のものが北海道西岸沖にも発生することがある。横モードの筋状雲は、波状に次々と日本海側に上陸し沿岸部に大雪をもたらす降雪システムである。

もう一つの日本海固有の現象に、さまざまな大きさの渦状擾乱がある。これはJPCZにそって発生することが多く、第1章の【図1－3】にみられる水平スケールが500～1000km程度の小低気圧から50～100km程度の小規模渦まで多様である。この小低気圧は、温帯低気圧の寒冷前線の高緯度側の寒気流中に発生するという点で、ポーラーロウとよばれる小低気圧の一つと考えら

【図２－４】2003年1月5日の気象衛星ひまわりの画像。北陸の北西の日本海上に収束帯と横モードの筋状雲、山陰沖と東北沖の日本海上に縦モードの筋状雲、さらに北海道西岸沖に北海道西岸収束帯の帯状雲がみられる。

れている。このような小低気圧は、原因は異なるが、日本海中央部以外に、北海道の西岸沖にもしばしば発生することが知られており、「北海道西岸小低気圧」とよばれる。不思議なことにメカニズムや原因が異なるにもかかわらず、これらの小低気圧はしばしば同時に発生する。【図１－３】には、これら２つの小低気圧が、日本海中央部と北海道西岸沖に直径数百㎞の雲の渦としてみられる。これらの小低気圧や小規模渦状擾乱は豪雪だけでなく、激しい暴風をもたらし、しばしば災害を引き起こす。１９８６年12月28日に兵庫県香住町（現、香美町）の余部鉄橋で発生した山陰本線の列車転落事故や、90年1月のマリタイムガーディニア号というタンカーが座礁した事故は、これらの小低気圧や小規模渦状擾乱に伴う強風が原因といわれている。

コリオリ力

大気中の現象を考えたり、説明したりする上で、コリオリ力とそれに関連した地衡風は避けて通ることができない。コリオリ力とは北半球では、進行方向に向かって、右側直角方向にはたらく〝見かけの力〟であるということ、地球上の大規模な大気の運動では、このコリオリ力によって、地衡風平衡という状態がよい精度で成り立っているということだけ知っていただければ、力学的説明に興味のない読者は本節を読み飛ばしていただいてもかまわない。

気象学の勉強を始めると、あるいは気象予報士試験に取り組むと、最初にぶち当たる壁はコリオリ力である。教科書によっては、「転向力」と書かれている。いずれにしてもこの力を理解することは難しいし、私も講義などで説明するとき苦労する部分である。その理由は2つある。その一つは、地球のコリオリ力を人間の五感で直接感じることができないことである。これに対して、たとえば重力のような力は直接感じることができる。お昼にケーキを3個食べた日、夜に、体重計に乗ってため息をつくのは重力のせいである。もしコリオリ力を重力のように直接感じることができれば、地球は回っていると主張したガリレオ・ガリレイも宗教裁判にかけられることはなかっただろう。

もう一つの理由は、コリオリ力が見かけの力であるということだ。そもそも力というのは加速度の原因である。この点では実際の力である重力も、見かけの力のコリオリ力も同じである。違いはコリオリ力が運動エネルギーを変化させない点である。（ただしすべての見かけの力が運動エネルギーを変化させないということではない。）たとえばボールをピサの斜塔の最上階から静かに手を離して落下させると、その落下速度は1秒間に9・8m/sずつ増加していく。すなわちボールの運動エネルギーが増大していくのであるが、これは重力がボールに対して仕事をして、運動エネルギーを増大させているのである。一方で、コリオリ力は加速度の原因となるにもかかわらず、運動エネルギーを変化させず、単に運動の向きを変えるだけである。

コリオリ力の説明は南北方向の運動と東西方向の運動のそれぞれについて、異なる数式を用いて行われることが多い。しかしここでは数式を用いないで、直感的に理解できるように説明したい。

地球の自転によるコリオリ力の説明に、地球が丸いということは本質的でない。つまり球体の回転の代わりに、平坦な円盤の回転を考えるので十分である。そこでここでは、【図2－5】に示すように、反時計回りに回転する円盤を想定し、その盤上でボールを水平に投げ出すことを考える。ただし、盤の上面は十分なめらかで、ボールは摩擦力をまったく受けないと仮定しておく。つまりボールは回転しなくてもよく、ただ水平に等速で移動するだけの状況を考える。円盤の大きさは特に定めないが、4人が90度ずつ離れて四方向に座って、キャッチボールができる程度の大きさを想像していただきたい。この4人にS氏、E氏、N氏、W氏と名前を付けよう。いうまでもなく地球の東西南北にちなんだ名前である。その他に円盤の外から4人のキャッチボールを眺めているI氏がいるとする。円盤の外は回転していないので、I氏がいるのは慣性系（Inertial system）とよばれ、地球を宇宙から見ていることに対応する。

ここで、〝最も分かりやすい状況〟として、S氏がボールをN氏に向かって投げ出す場合を考えるのだが、S氏からその反対側のN氏が最初にいた場所にボールが到達する間に、円盤がちょうど180度回転するような状況を考える。このS氏がN氏にボールを投げ出すことは、地球上の南北運動を考えていることに対応する。S氏がボールを投げ出すと、摩擦がまったくないので、円盤の外にいるI氏（慣性系）からは、ボールが一定の速度で直線運動をするのが見える。ニュートンの教えるところでは、物体に力が加えられなければ、その物体は静止しているか、一定の速度で直線運動をする。これが高校の物理で習う「等速直線運動」である。

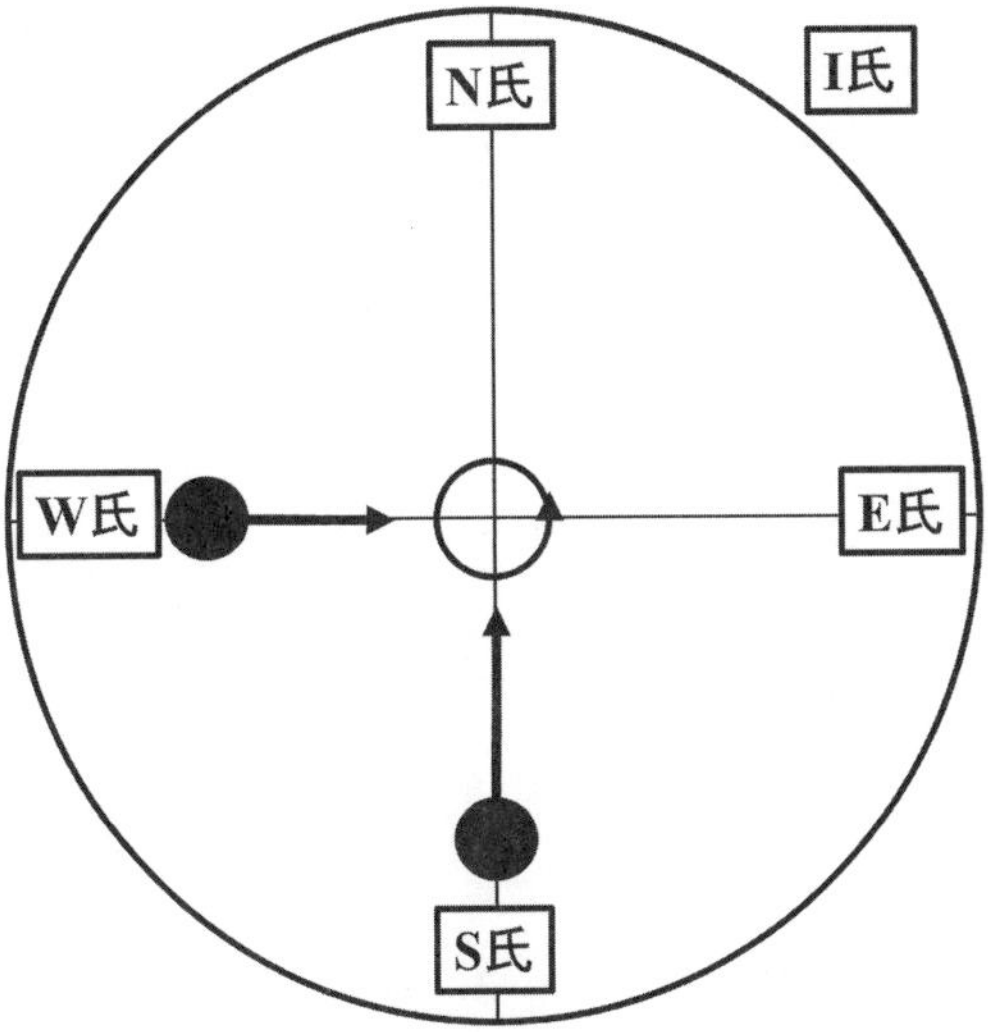

【図２－５】コリオリ力を説明する図。円盤が反時計回りに回転しており、四方に４人が乗っている。黒い丸はＳ氏、またはＷ氏が投げ出す球。

これを回転する円盤に乗っているS氏から見るとどうなるであろう。今の場合、円盤の反対側にボールが到達する間に円盤が半回転すると仮定しているので、ボールが円盤の反対側に到達したとき、S氏はもともとN氏がいたところに来ていることになり、自分で投げ出したボールを自分でキャッチすることになる。さらにS氏がその中間のちょうど90度離れた東側にいたE氏のところに来たとき、目の前をボールが左から右に円盤の中心を通過する様子を見ることになる。これを連続的に見ている状況を考えると、まず、自分から離れる方向に運動していたものが、少しずつ右に方向が変わり、東に来たときは左から右に運動する。そしてさらに回転し、最後は自分に向かってくるボールが見える。つまりボールにはあたかも右回転を起こす力がはたらいて、運動の方向が回転しているように見える。しかし円盤の外から冷静に見ているI氏には、真っ直ぐに同じ速さで進んでいるボールが見えているだけである。すなわちボールの運動エネルギーはまったく変わらない。

このボールの運動はS氏が投げても、他の3人の誰が投げても同じことが起こるので、次にS氏の左側にいるW氏がE氏に向かってボールを投げる様子を、S氏が見ている場合を考える。これは東西方向の運動に対するコリオリ力を考えていることに相当する。S氏にははじめに東に向かうボールが見えるのだが、ボールが円盤の中心に来たとき、S氏はE氏がいたところに来ているので、ボールは自分に向かってくることになる。さらに、S氏がN氏のところに来たとき、E氏がいたところにW氏が到達してボールをキャッチする。このようにボールの進行方向に向かって、右方向に向きが変わっていく様子は、南北方向の運動の場合と何ら変わらない。さらにいえば、どの方向から投げたボールの運動についても同じで、円盤に乗った誰から見ても、ボールは右回転していくように見えるのである。実際には何も力がボールには加えられていないが、見かけ上、ボールにはあたかも右方向に力が加えられているように見える。このように回転する座標系（今の場合は円盤）から見たときに、運動する物体の進行方向が変化していくように見えることを説明するための見かけの力がコリオリ力である。

コリオリ力が見かけの力であるということは、それが大気の運動に重要でないということではない。北半球の温帯低気圧や台風が反時計回りの渦巻である理由はコリオリ力によって説明される。大規模な大気の運動では、コリオリ力と気圧の傾きによる力（気圧傾度力）の2つの力が支配的で、高い精度でこれらの2つの力が平衡している。そのような平衡状態を「地衡風平衡」とよび、その状態の風を「地衡風」とよぶ。北半球では地衡風は高気圧を右手に見て等圧線に平行に吹く。西高東低の気圧配置のとき北風が吹くのはこの理由による。このようなバランスは海洋でも成り立っており、「地衡流」とよぶ。たとえば黒潮は、幅およそ100km、流速1～2m/s程度の強い海流であるが、黒潮の右側（太平洋側）は、左側（日本列島側）より1mほど海面が高くなっている。すなわち日本列島側に向かって傾いた斜面に、その傾きに直交する方向に黒潮が流れている。さらに海洋に時計回りの渦があるとそこは盛り上がり、反時計回りの渦があると凹んでいるのである。このようにコリオリ力は大気や海洋の運動を大きく支配する重要な力である。

積乱雲は左巻き

前節で説明したようにコリオリ力が地球上の流れを支配しているというと、お風呂の栓を抜いてできる水の渦巻は、北半球では反時計回りが多く、南半球では時計回りが多いというまったく誤った議論が出てくることがある。実際には、コリオリ力を人間が感じることができないように、そのような小さな運動にはコリオリ力の効果は現れない。それは積乱雲ぐらいの現象についても同様で、水平・垂直方向ともにたかだか10km程度、寿命1時間程度の積乱雲スケールの現象では、コリオリ力の直接的効果はなく、積乱雲や集中豪雨を考える上でコリオリ力は無視してもよい。それにもかかわらず、激しく発達する積乱雲の内部には、台風や低気圧と同じ向きの反時計回り、すなわち左巻きの渦が存在する。そのような渦のうち特に強いものは「メソサイクロン」とよばれ、直径10㎞程度の渦として観測され、積乱雲を強化する役割を担っている。京都大学防災研究所の中北英一教授のグループは、レーダの速度探知機能（ドップラー機能）を用いて、発達中の積乱雲の内部の渦を検出し、その積乱雲が危険なものになるかどうかという判別に用いる方法を開発した[8]。実際に観測された積乱雲のうち、発達するものはほぼすべて反時計回り、すなわち左巻きの渦をその内部に有していたことが報告されている。この方法は国土交通省のレーダ観測ネットワーク（名称はＸＲＡＩＮ）を用いた、ゲリラ豪雨検出に実用化されている。

本章では日本付近の気象が激しい理由を、それをもたらす原因の大規模なスケールから、小さなものへと順に説明してきたが、積乱雲はそのうちの最小のものである。積乱雲は地球上に発生するさまざまな雲のうち、唯一、強力な地球の重力に抗して高度10数㎞の対流圏上端（対流圏界面）まで鉛直方向に大きな運動を起こす現象である。積乱雲内部の鉛直方向の風速は、10m/sを超えるきわめて大きなもので、強力な積乱雲では30～40m/sに達することがある。この強い上昇気流は大気下層に広がる多量の水蒸気を寄せ集めて一気に上空に運び、激しい雨を発生させる。瞬間的には積乱雲直下の雨は毎時２００㎜を超えることがある。積乱雲は豪雨だけでなく、降雹、雷、ダウンバースト、竜巻などをともなう非常に危険な雲である。また、積乱雲は一つだけ発生するよりも集団化する特性があり、降水を伴う激甚気象のほとんどの原因となっている。

それでは地球の回転を直接感じないほどの大きさにもかかわらず、なぜ積乱雲の内部には地球の

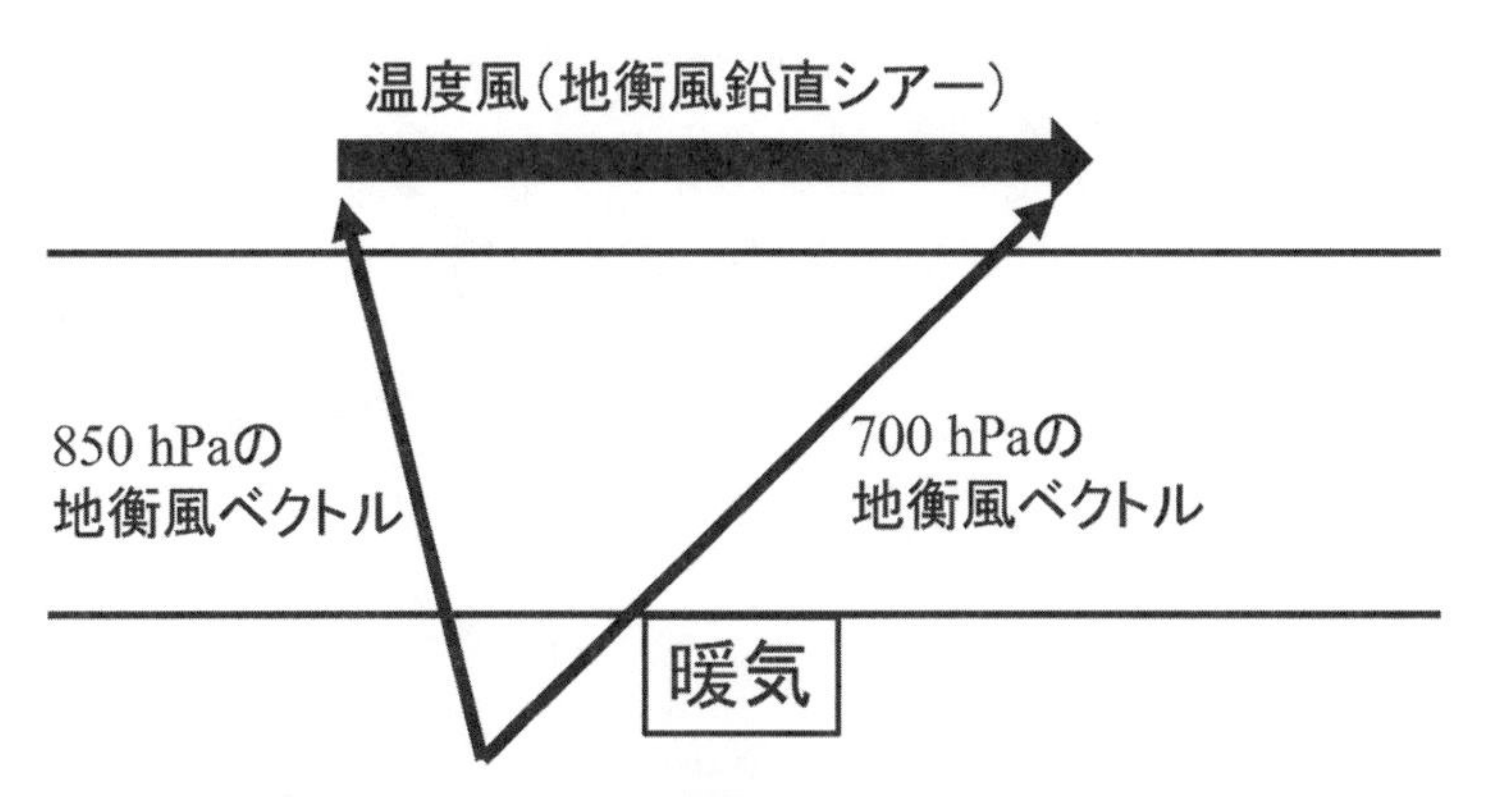

【図2－6】温度風、すなわち地衡風の鉛直シアー（上下方向の風速のベクトル差）の説明。細い矢印は850hPaと700hPaの地衡風ベクトル、太い矢印はこれらのベクトル差、すなわち温度風。細い線はこれらの気圧面の間の平均の温度分布で、温度風ベクトルの向きに対して、右側に暖気、左側に寒気がある。

回転と同じ向きの反時計回りの渦が存在するのか？　それは積乱雲の発生する周辺の大気（環境場）が、積乱雲内部の渦をコントロールするということで説明される。そしてその環境場の風は地球の回転の効果、すなわちコリオリ力によって向きや強さがコントロールされる。

激しい積乱雲が発生するときは、大気の下層に暖湿気が流れ込み大気が不安定になっている。すなわち南側に暖気があり、その暖気が流れ込んでいる状況になる。そのような場合、【図2－6】に示すように、風（地衡風）は高さとともに時計回りに回転するような高度分布となる。下層と上層の風の速度と向きの差を、気象学では「鉛直シアー」とよび、特に地衡風については「温度風」とよぶ。【図2－6】中の太い矢印のように、正確には下層と上層の風をベクトル（ここ

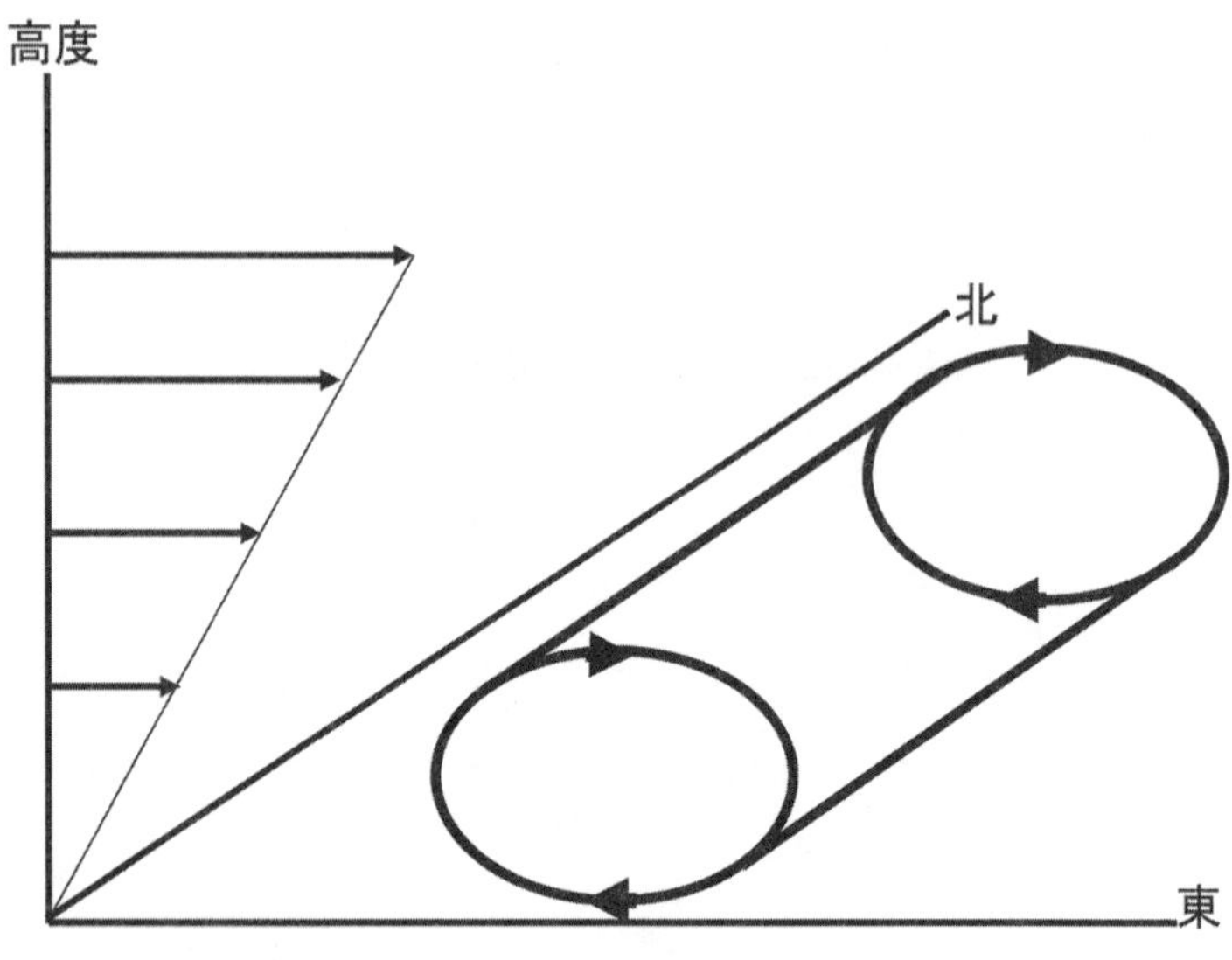

【図２－７】東西方向に吹く風（細い矢印）が高さとともに増大する鉛直シアーがある場が、南北方向に伸びる渦管があるとみなすことの説明図。

では矢印で表す）で表したときのベクトル差である。すなわち温度風とは下層（図では８５０hPa）の風に乗って移動する気球から見た上層（７００hPa）の風のことで、北半球では暖気側を右手にみて吹くことになる。地衡風が高さとともに時計回りに回転するとき、下層の風は暖気側から吹くことになるので、暖かい空気が流れてくる。これは「暖気移流」とよばれる。

このような風が時計回りに回転する場、すなわち暖気移流場に積乱雲が発生する場合を考える。渦というと鳴門（なると）の渦潮のように、縦方向に延びる渦というイメージが強い。しかし地球大気では、その鉛直に延びる渦の管（渦管）が横に寝ている状態が普通である。これを理解するにはやや発想の飛躍が必要であるが、【図２－７】に示すように大気下層に東西風が高さとともに増大するような鉛直シアーがある状態は、南北方向に渦管が横たわっていると気象学では考える。図では下層に東風が吹いているとき、地面付近には南北方向を向いている、南からみると時計回りの渦管が、たとえば巻き寿司が置かれているように存在している。そしてこの渦管というのは積乱雲がその強い上昇気流で持ち上げても、ちぎれたり、回転の向きが変わったりしない。

この渦管を持ち上げると、まだ固まる前の柔らかい金太郎あめを持ち上げるように、渦管は積乱雲の中でUの字を逆さまにした形になると想像できる。渦管の回転の方向が保存されるとすると、逆U字型の縦の部分の一方は反時計回り、他方は時計回りになる。すなわち積乱雲の中にはお互いに逆回転する渦の対が形成される。もし風が高さとともに回転しない場合（つまり風向が一定の場合）は、これらの渦対の回転の強化に選択性はなく、時計回りと反時計回りの渦ができる。しかし【図2－6】のように風ベクトルが高さとともに時計回りに回転する場合、積乱雲の上昇気流と鉛直シアーによって決まる気圧分布が、反時計回りの渦を強化し、時計回りの渦を抑制するようにはたらくのである。その結果、選択的に反時計回りの渦だけが発達し、強い積乱雲の内部には反時計回り、すなわち左巻きの渦が発達する。これが十分強い場合はメソサイクロンとよばれ、激しい積乱雲は左巻きとなる。

日本は竜巻の多発地帯

近年、テレビの気象情報では、気象レーダの画像が普通に出るようになったので、気象レーダは身近なものとなった。積乱雲を高解像度のレーダでみると、内部に雨の強い部分が塊状にあることが分かる。この塊を生物学の細胞という意味のセル（cell）という言葉を借りてきて、降水セルあるいは単にセルとよび、積乱雲の主要な特性を表すものと考える。これを用いて積乱雲のセル構造は、単一セル、マルチセル、およびスーパーセルと分類される。単一セルとは一対の上昇気流と下降気流を含む孤立した積乱雲である。マルチセルは上昇気流が次々と発生し多数のセルが生成消滅を繰り返すことで長時間持続する積乱雲である。そしてスーパーセルとは単一セルのように一対の上昇気流と下降気流を持つが、それが長時間持続できる配置となり、非常に強力なメソサイクロンと上昇気流を内部に持つ積乱雲である。

積乱雲は強大なエネルギーにより発達し、孤立積乱雲（単一セル）でさえ、大きなものであれば、一つの積乱雲で1000万トンの水蒸気を大気下層から上空に持ち上げる。この強大なエネルギーにより、どのタイプのセルの積乱雲でも竜巻を発生させることができるが、なかでもスーパーセルは数十m/sにおよぶきわめて強い上昇気流を長時間にわたって維持することができ、竜巻だけでなく、大きな雹や雷などをもたらすことがある。スーパーセルは最も危険な積乱雲である。

前節で示したように中緯度の大気下層には、水平に延びる渦管がどこにでもある。スーパーセルはこの渦管を強い上昇気流で立ち上げて縦にする。しかしそれだけでは竜巻にならない。スーパーセルはその縦にした渦を強い上昇気流でさらに縦に引き伸ばすことで、強い渦、すなわち竜巻を発生させる。この引き伸ばしによる渦の強化は、スケートの選手が腕を広げてゆっくりと回転している状態から、両腕を身体に引きつけることで高速スピンを始めることと似ている。物理学ではどちらも同じ原理、角運動量保存則によって説明される。これが竜巻の基本的な発生原理である。

「オズの魔法使い」という児童文学をご存じの方は多いだろう。カンザス州が舞台で、少女ドロシーが巨大竜巻、すなわちトルネードによって家ごとオズの国に飛ばされるという話である。この物語ができた背景には、米国ロッキー山脈の東の大平原でしばしば巨大なトルネードが発生することがあるだろう。その発生数は年間1300個程度ともいわれており、ときには街が壊滅するほど強大なものが発生する。日本では陸上と海上のものを区別せず竜巻とよぶが、米国では陸上に発生する強いものをトルネード、海上のものをウォータースパウトとよんで区別している。

日本では年間の竜巻発生数は20〜40個程度である。このように数を比べると、二桁も違うが、単位面積あたりにすると日本の竜巻発生数は米国の半分程度の割合となり、かなり多い方と言える。最近の研究では日本の竜巻をもたらすスーパーセルには様々なものがあることが分かってきている。米国のスーパーセルと比べて、非常に小さいスーパーセルでも強い竜巻を発生させる。このような小さなスーパーセルはミニスーパーセルとよばれ、近年、気象庁のドップラーレーダにより観測されるようになってきた。

米国では1975〜2000年の26年間で1年あたり平均54・6人がトルネードの犠牲となっている。日本の場合は1961〜93年の33年間で1年あたり平均0・58人が竜巻の犠牲者数だ。近年の人的被害としては2006年11月7日に北海道佐呂間(さろま)町で発生した竜巻により死者9人、負傷者31人という被害が出たのが最大である。このように竜巻はときには人的被害をもたらす恐ろしいものであるが、竜巻に遭う確率はきわめて低い。ある人がある場所で竜巻に遭う確率は、場所により発生頻度が異なるので一概にはいえないが、ある計算によると、数十年から数万年に1度程度である[9]。つまり竜巻について必要以上に心配することはないが、発生の危険性のあるときは注意が必要である。大気が不安定なとき、強い積乱雲が発生して竜巻をもたらす。竜巻は忽然と発生する。大気にはそのようなメカニズムが備わっているのである。竜巻は最も規模が小さいが、最も大きな破壊力をもつ激甚気象である。

スーパーセルなどの強大な積乱雲がもたらす突風には、竜巻のほかに激しい下降気流がある。これはダウンバースト、その小さなものはマイクロバーストとよばれる。竜巻やダウンバーストについての研究で世界的に有名な研究者が、それらの強度階級を作成した故藤田哲也・シカゴ大学名誉教授である。これは藤田スケール（Ｆスケール）とよばれ、世界中で用いられている。近年、米国ではそれを改良したＥＦ（Enhanced Fujita）スケールが用いられるようになった。日本でも藤田スケールを日本の建築物を基準に階級を推定できるように改良した、日本版改良藤田スケール（ＪＥＦスケール）が２０１６年から使用されるようになった[10]。Ｆスケールも、その改良版も0から5までの6段階の階級がある。米国では藤田スケールの最も強いＦ５（ＥＦ５）のトルネードが発生し、街を壊滅させるような災害が起こることがある。オズの魔法使いのトルネードは、きっとＦ５の強度だっただろう。日本では記録に残っている竜巻のうち、Ｆ３（ＪＥＦ３）が最大で、Ｆ４やＦ５の竜巻の記録はない。

上記の２００６年に発生した佐呂間町の竜巻はＦ３であった。この竜巻は日高山脈の風下付近で発生したスーパーセルが、佐呂間町を通過するとき、その直前に竜巻を発生させたことが分かっている。竜巻の通ったあとは、ここに本当に家があったのだろうかと思えるほど、家屋が完全に吹き飛ばされていた。この竜巻は佐呂間町のすぐ風上側で突如として発生し、佐呂間町を横断した。このとき佐呂間町から北見市につながる道路の新佐呂間トンネルが作られており、そのための工事事務所のプレハブが、竜巻発生点のすぐ風下の経路上にあった。この竜巻の通過により二棟のプレハブは全壊し、そのなかで工事のために来られていた9人の方が亡くなった。街のための作業に来られていた方々が亡くなったことは、佐呂間町にとっても痛恨の極みであっただろう。その後、新佐呂間トンネルは09年に開通し、私は何年かしてそのトンネルを通って佐呂間町を訪れた。その災害の発生したところには、災害に遭われた方々を悼み、また、災害の記憶をとどめるために、石でできた慰霊碑が建っていた。オホーツク海に近い佐呂間町のある網走支庁は、普段、竜巻がほとんど発生しない地域である。そのようなところでこのような甚大な竜巻災害が発生したことは、竜巻がいつどこで発生するかわからないことを象徴している。

第3章　高気圧はなぜ猛暑をもたらすのか

高気圧がもたらす災害的な猛暑

平成30年7月豪雨の直後から記録的な猛暑が始まった。それまでの大雨とは対照的に、高気圧が張り出して、毎日、晴れ渡り、雨どころか雲さえもほとんどみられないほど快晴と猛暑が続いた。このような両極端な天気ではなく、これらの豪雨と快晴の中間の穏やかな気候にならないものかと多くの人が思ったことだろう。人間にとって一般的に晴れはよい天気である。高気圧は基本的に晴天をもたらすものであるが、それも程度の問題であり、晴れが続いて干ばつや猛暑となれば、やはりそれは災害をもたらすことになる。近年、日本では夏季に猛暑が起こるのは当たり前になりつつあるが、記憶に新しい２０１８年の夏季の猛暑を例としてその発生メカニズムを考えてみよう。

猛暑にせよ豪雨にせよ、極端な気象、すなわち激甚気象は、一つの要因ではなく、いくつかの要因が重なることで発生する。日々起こる気象にはそれぞれ原因があり、それらはある確率で発生する。そのため二つの原因、さらに三つの原因と、重なる原因が多くなるほど発生確率が低くなる。このため激甚気象が発生する確率は低い。

気象庁に「災害と認識している」とまで言わせた2018年の猛暑も、いくつかの原因が重なって発生した。猛暑の原因となった太平洋高気圧の発達は、第1章で触れたようにシルクロードテレコネクションとして現れた、ヨーロッパ付近から伝播してきた大規模な波（このような大気中の波をロスビー波という）によってもたらされたと説明される。問題は夏季の太平洋高気圧が発達するとなぜ猛暑になるのかである。気温が極端に高くなるのは、大気を暖める原因がいくつか同時にはたらくからで、その結果、優勢な太平洋高気圧が張り出すとき猛暑となる。

暑い夏の日差しを遮るものがないとき、雲の陰に入ると少しほっとする。雲は直射日光を遮り、地面が暖められることを緩和する日傘のはたらきをする。高気圧の下ではそのような日傘となる雲がほとんど発生しないのはなぜであろう。空気には含むことのできる水蒸気量の最大値が決まっていて、その量は気温とともに大きくなる。これを「飽和水蒸気量」とよぶ。また、空気中の水蒸気量が飽和水蒸気量より小さいことを「未飽和」という。大気中で空気が下降するとその温度は高くなり、それとともに飽和水蒸気量は増大する。なぜ気温が上昇するのかについては後の節で説明するとして、高気圧の中では下降気流があるだけで、気温が上昇する。それとともに飽和水蒸気量は増大するが、もともとあった水蒸気量は変わらないので、大気は未飽和となり、そこに雲があると、雲粒子が蒸発して消滅する。このため高気圧内では雲が消えて晴天となる。

国内の最高気温41・1℃を記録した2018年7月23日の埼玉県熊谷市では、午前8時から午後5時までの日照時間は9時間だった。すなわちこの日はまったく日差しが遮られることはなかったことになる。これは高気圧内の下降気流によって雲の発生が抑えられたからと考えられる。43ページで述べたように、その翌日、同様の天気の群馬県伊勢崎市の空にはほとんど雲がなく、直射日光が容赦なく地面を加熱していた。

【図3－1】に過去最高気温が記録された2018年7月23日の埼玉県熊谷市における、気象庁の地上気象観測の時間変化を示した。この日、気温は午前5時30分から上昇を始め、午後2時23分の最高気温を記録するまでほぼ一方的に上昇し、3時少し前から低下に転じている。遮る雲が全くないため地表面は太陽放射により加熱され続け、それに接する空気を暖め続けた。

同図の中段には大気中の空気1kgに含まれている水蒸気量（水蒸気の質量）を表している。多くの場合、大気中の湿り具合は相対湿度で表される。これは飽和水蒸気量に対する大気中の水蒸気量の比なので、気温の上昇とともに飽和水蒸気量が大きくなることで、大気中の水蒸気量が変わらなくても相対湿度は低下する。実際、熊谷市の相対湿度は、気温の上昇とともに低下している。相対湿度は洗濯物の乾き具合や肌の乾燥など、感覚的に大気の湿り具合と対応しているという点では便利であるが、温度変化だけでも変わるので、現象を考える上では不便である。

そこでここでは相対湿度ではなく、絶対湿度、すなわち水蒸気量そのものの時間変化を示した。これはどこかから水蒸気が入ってこない限り、気温が変わっても変化しない。熊谷市の大気が地表面からどんなに加熱されても、それだけでは絶対湿度は不変である。ところが、この日は図から分かるように絶対湿度が、気温の上昇が始まった時刻から最高気温が記録された午後2時23分ごろまで、時間とともにどんどんと減少している。これは水蒸気量の少ない空気がどこからか連続的に入り込んできていることを示している。一般に水蒸気量は高さとともに減少しているので、気温の上昇と絶対湿度の減少が高気圧の優勢な状況で起こっていることから、この日は高気圧内の下降気流が持続し、それによって上空の水蒸気の少ない空気が下降していたことが想像される。そしてその

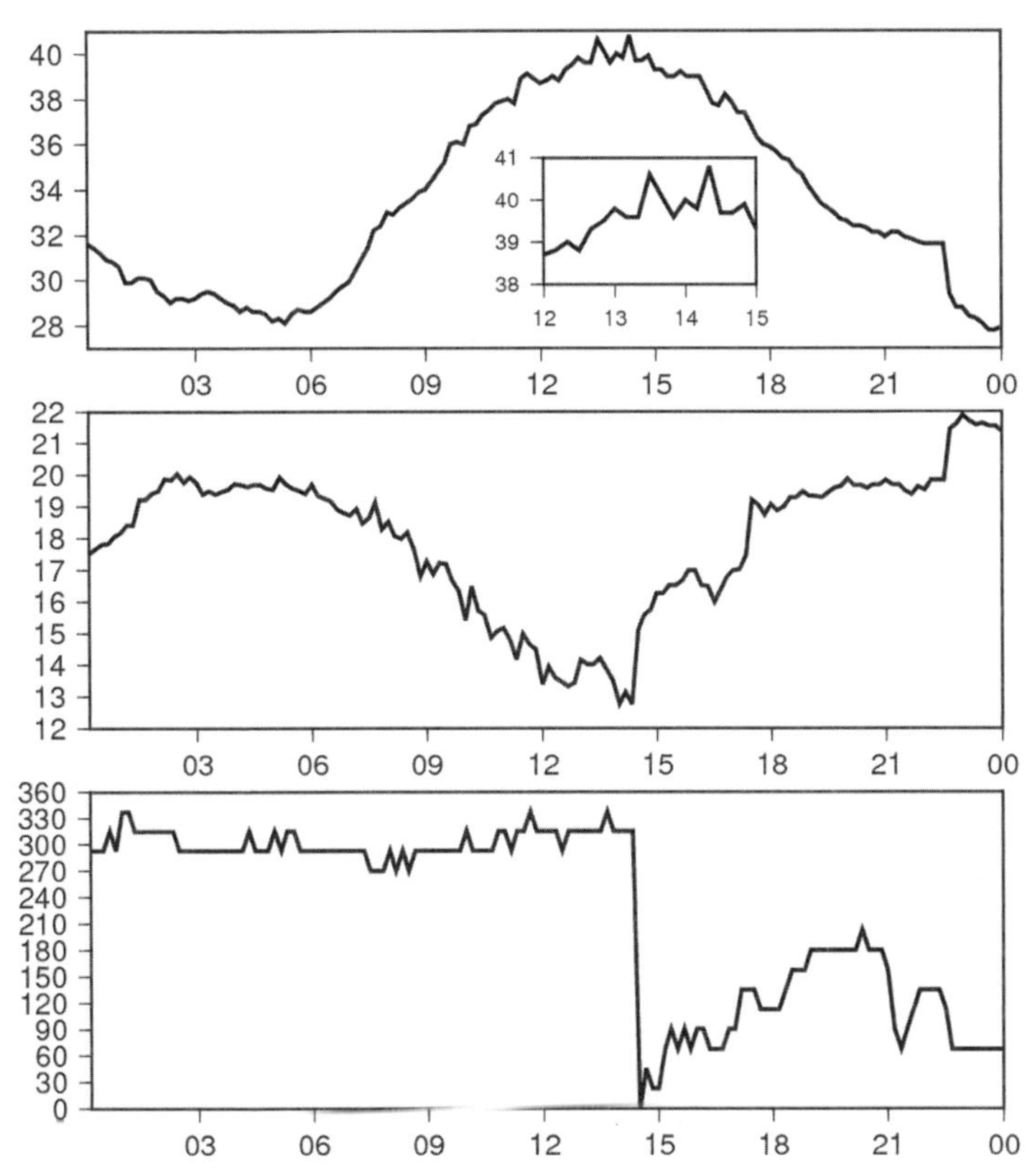

【図３－１】2018年７月23日の埼玉県熊谷市における地上気象の変化。上から、気温（℃）、絶対湿度（空気１kgあたりの水蒸気の質量、g/kg）、風向（度）の０時から24時の時間変化。

下降気流による気温の上昇が猛暑の要因の一つとなっていた可能性が高い。

高気圧の下降気流で暖められた空気が地面に到達するためには、44ページで説明したように、大気境界層内部の乱流や乾いた空気のフェーンが考えられる。【図3-1】の下段に示した風向の時間変化をみると、気温が上昇している午後2時40分ごろまでは風向はほぼ300度前後、すなわち北西の風が吹いている。熊谷市の北西側には高い山が屏風状に南西から北東に延びているので、熊谷市では山側から風が吹いていることになり、フェーンが起こる可能性がある。同図の気温の変化をよく見ると、この日、最高気温となった午後1時30分~2時30分付近に、まるで2本の鬼の角のように40℃を超える時刻が2回あることが分かる。この2回目付近で41・1℃の気温が記録されたのだが、このような間欠的な気温上昇は、フェーン現象によって上空の高温大気が間欠的に地表面に引きずり下ろされていることを想像させる。

大気境界層内部の乱流やフェーン以外にも、大気中に発生する波動も上空の暖かい空気を地表面近くに運ぶことがある。2018年7月の猛暑の場合、熊谷市の北西側の山脈が大気中に波を起こして、その波の下降気流部が地表面まで上空の空気を運んで昇温させた可能性も考えられる。このような風が山を越えるときに発生する大気中の波動を「山岳波」という。

ここまで考えてきたように、この日にみられたような高温は、優勢な太平洋高気圧の内部の下降気流による大気の加熱、晴天下における地表面からの加熱と放射加熱、さらにフェーン現象や大気境界層のなかの対流などが、非常に効果的に協働したことで起こったと考えることができる。

ついでながら午後3時頃から気温が急速に低下している。まだ、日射による加熱は続いているにもかかわらず、である。それとともに風向が、北を回って東、さらに南東風に変わっている。さらに絶対湿度が急速に増大していることから、水蒸気を多く含む空気が入り込んできたことが分かる。ここで何かが起こって、このような変化となったのである。【図3－1】だけから熊谷市で起こったことを想像すると、おそらく東京湾や相模湾から入り込んできた海風が熊谷市に到達したと考えられる。海風は陸地の上を通過しながら暖められるので、海風が入り込んできても、内陸部では不連続な気温低下にはなりにくいが、それでも気温の低下は顕著である。また、海風は陸上の空気よりも多くの水蒸気を含んでいる。実際、より海に近い東京では、このような気温の低下と風向の変化がもう少し早い時間に起こっていることからも、海風の進入により、気温の低下が始まったと考えられる。海風は陸上の気温上昇を抑制する重要な現象である。この日、もし海風が来なかったら、熊谷市の気温はさらに上昇していただろう。

２０１８年の夏季の猛暑は上記のように気象学的に説明することができるが、そのバックグラウンドとして地球温暖化という気候変動が別の要因として考えられる。気象庁[1]は世界の平均気温偏差の経年変化の情報を更新しており、１８９１～２０１９年についてのデータでは、18年の7月の世界の平均気温は１８９１年の統計開始以来、観測史上第5位となっている。上位1位から4位までは、２０１９年、16年、17年、そして15年である。すなわち上位5位はこの5年間で占められている。これは世界の年平均気温でも同じである（1～4位の順序は異なる）。さらに驚くべきことに、21世紀の始まりから19年までのうちの18カ年が上位20位に入っている。これらのことは地球温暖化の進行を明確に表しており、それが猛暑のバックグラウンドとなっていると考えられる。ちなみに第1章で取り上げた04年の年平均気温は当時、第5位だったが、現在は第17位と大幅に下落している。つまり年々高温の記録は更新されているのである。

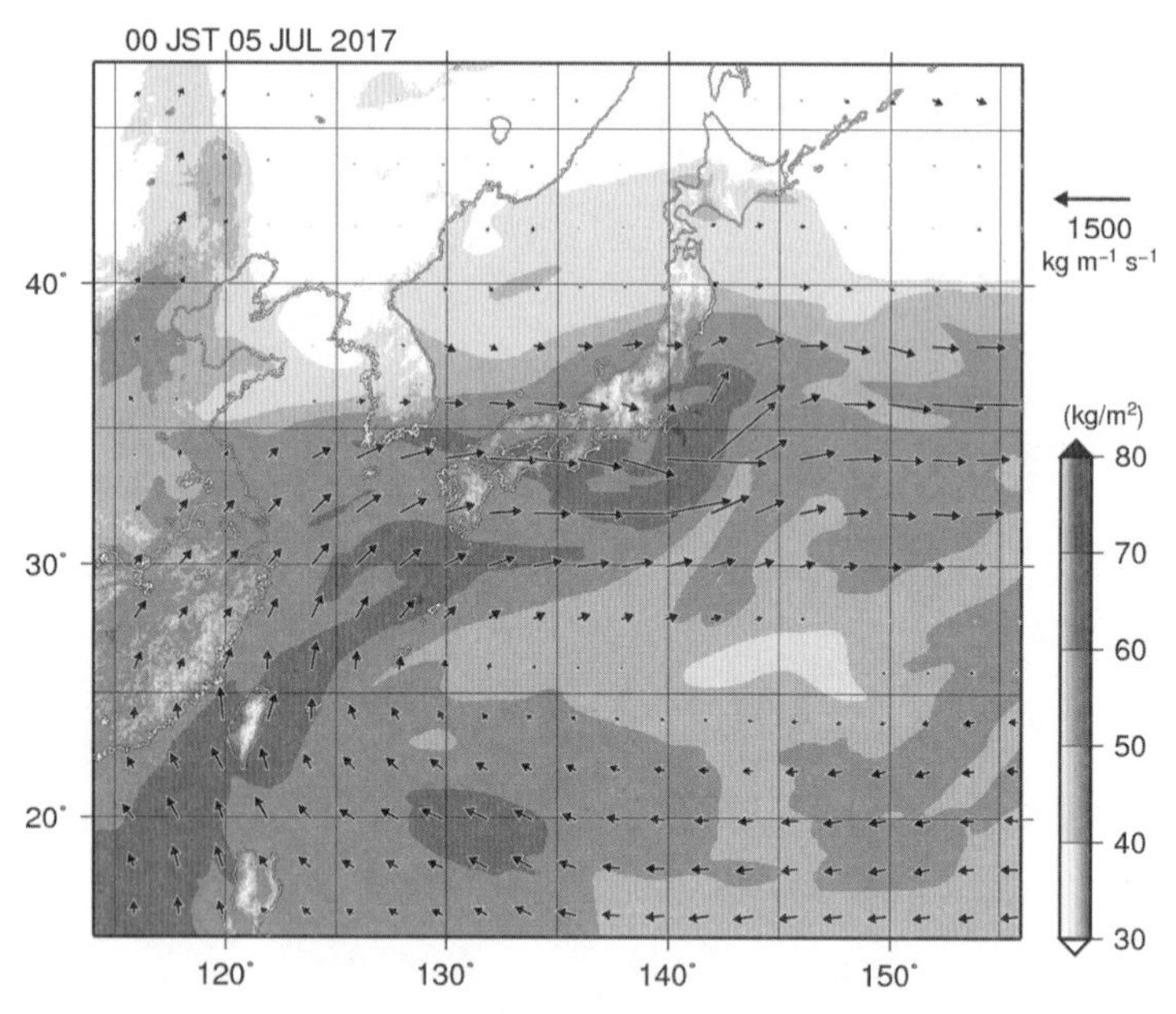

【図3－2】九州北部豪雨が発生した2017年7月5日午前0時（日本標準時）の鉛直積算水蒸気量（グレー階調）と、鉛直平均した水蒸気の流れ（矢印）。

太平洋高気圧のもう一つの役割
――豪雨や台風への影響

太平洋高気圧のように規模が大きく、対流圏上端に届くほど背が高く、しかも長期間同じ場所に停滞する高気圧は、日本の天気を決める要因となっている。太平洋高気圧は夏季に日本を広く覆い、その下降気流により晴天をもたらすだけでなく、梅雨前線の活動や台風の経路をコントロールすることで、日本の激甚気象の原因となることがある。特に梅雨期にどの程度西に張り出すかによって、太平洋高気圧の西端に沿って南から流れ込む水蒸気のパターンが変わってくる。２０１７年の７月に発生した九州北部豪雨と18年７月の西日本豪雨のときの水蒸気の流れのパター

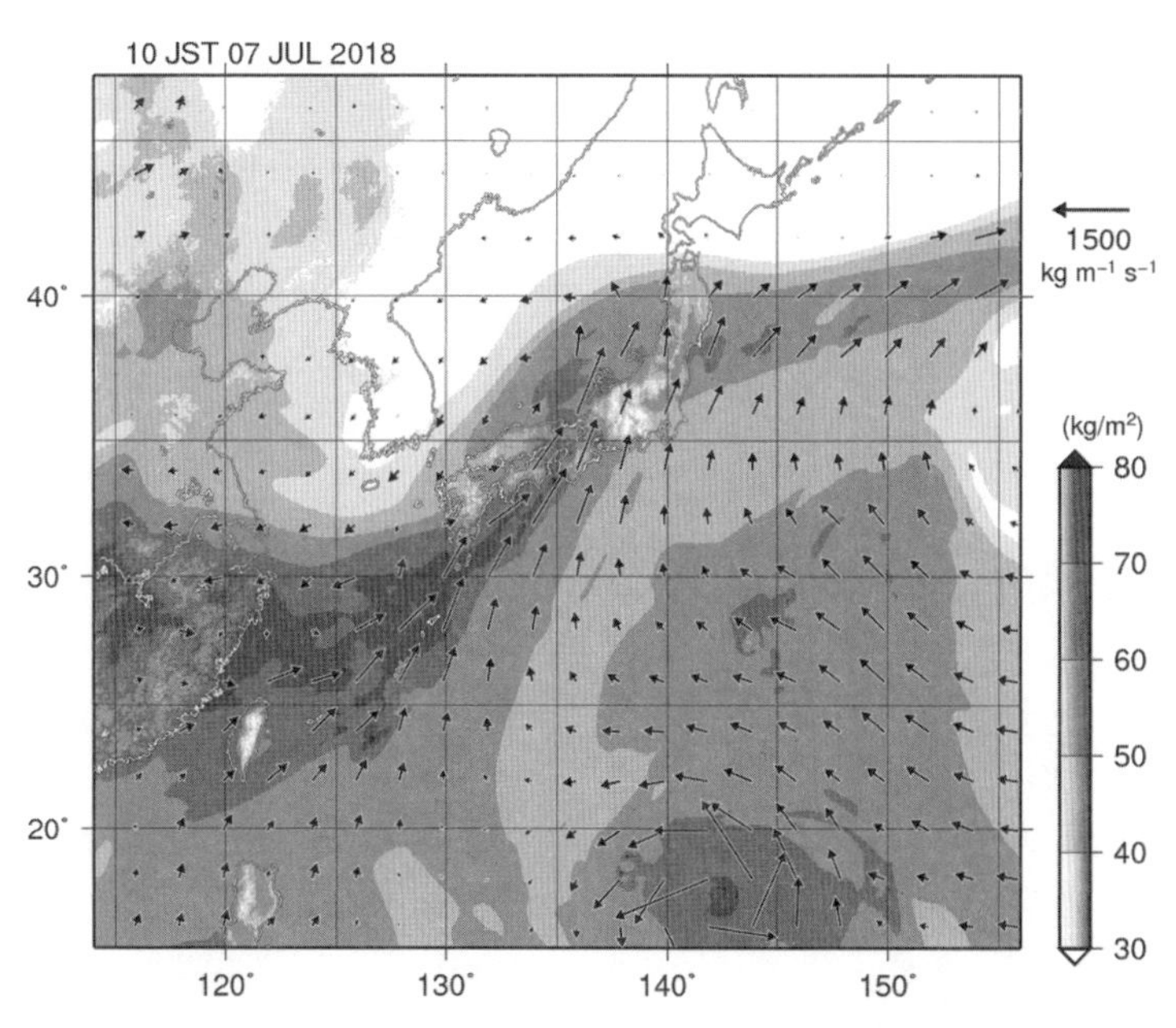

【図３－３】西日本豪雨が発生した2018年７月７日午前10時（日本標準時）の鉛直積算水蒸気量（グレー階調）と、鉛直平均した水蒸気の流れ（矢印）。

ンは、太平洋高気圧の豪雨発生における役割をよく表している。【図3－2】は前者の場合で、本州の南に中心を持つ太平洋高気圧は奄美・沖縄諸島付近まで張り出しており、その西側の東シナ海上を時計回りにまわり、西南西から九州に水蒸気が流れ込んでいる。九州北部豪雨はこの水蒸気の流れ込みによりもたらされた。

一方、【図3－3】に示した2018年7月の西日本豪雨のときは、17年に比べて太平洋高気圧の西への張り出しは、四国沖付近までとなっている。このため関東甲信地方では6月29日という早い梅雨明けとなったが、それより西の地域は、西日本豪雨が終わったあとの7月9日まで梅雨は明けなかった。このような高

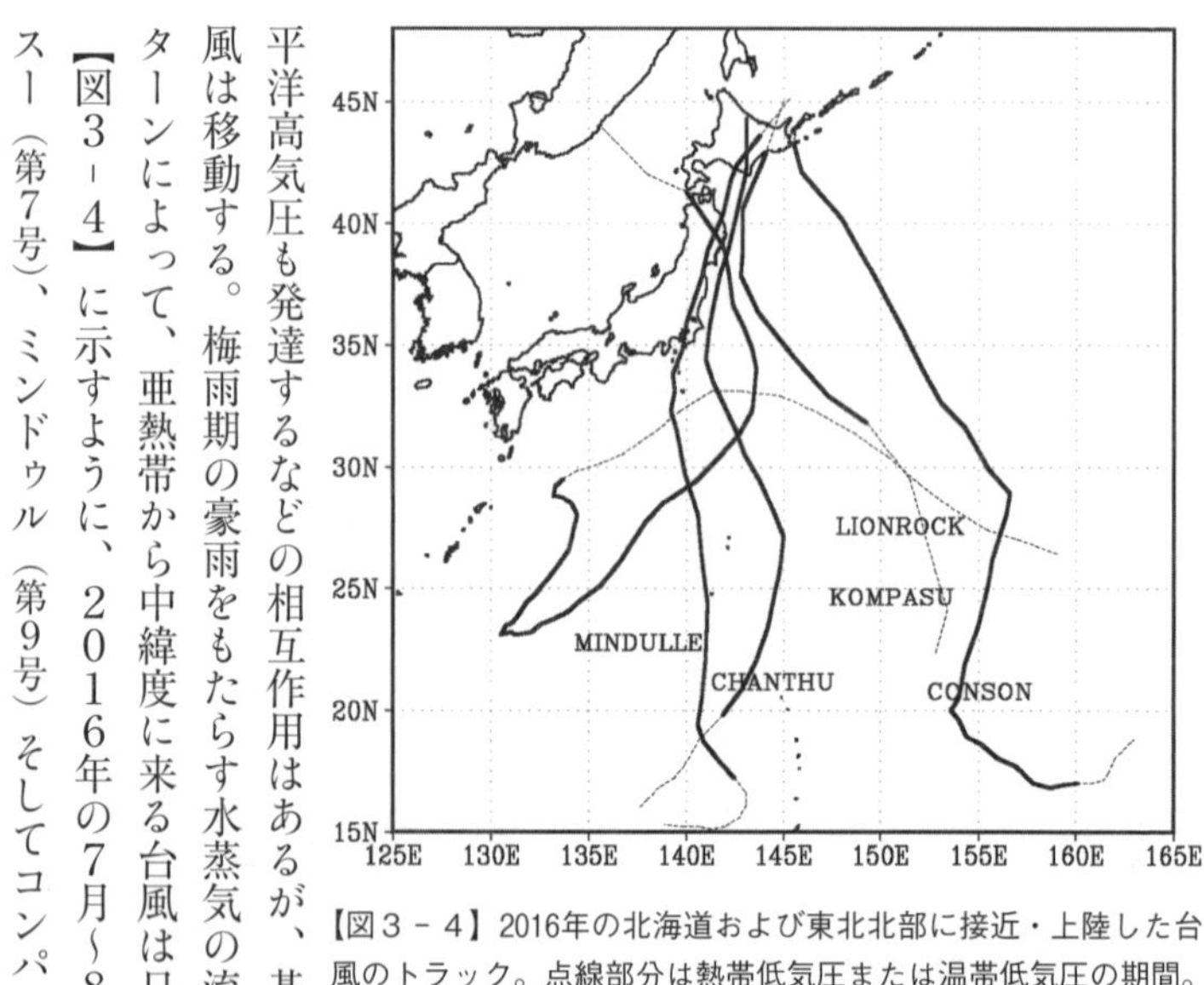

【図３－４】2016年の北海道および東北北部に接近・上陸した台風のトラック。点線部分は熱帯低気圧または温帯低気圧の期間。

気圧の張り出しによって、その西を回る水蒸気の流れは東海地方から西日本の広い領域に南または南西から流れ込むパターンとなった。この水蒸気の流れ込みが西日本豪雨をもたらしたのであるが、17年と比較すると、太平洋高気圧の張り出しパターンが異なっており、それがいかに大きく梅雨期の豪雨の分布をコントロールしているのかが分かる。

太平洋高気圧のもう一つの役割として台風の進路をコントロールすることがあげられる。台風の動きは太平洋高気圧の周辺などの大規模な大気の流れによって決まる。もちろん台風は大規模な流れが全くなくても自分自身である程度移動し、また台風の強化に伴い、太平洋高気圧も発達するなどの相互作用はあるが、基本的には太平洋高気圧の周辺の流れに乗って台風は移動する。梅雨期の豪雨をもたらす水蒸気の流れと同様に、太平洋高気圧の西への張り出しパターンによって、亜熱帯から中緯度に来る台風は日本への接近パターンや接近・上陸位置が決まる。

【図３－４】に示すように、２０１６年の7月~8月に北海道に太平洋側から3個の台風、チャンスー（第7号）、ミンドゥル（第9号）そしてコンパス（第11号）が上陸した。気象庁の記録では接近となっているコンソン（第6号）も根室半島を通過している。さらに台風ライオンロック（第10号）は、初めて太平洋側から岩手県に上陸し、河川の増水などにより27人が犠牲になった。気象庁に台風の記録がある1951年以降の68年間で、北海道に太平洋から上陸した台風は8個しかない。そのうちの3個が2016年の台風である。このようなことが起こったのは太平洋高気圧が日本の東に後退しており、高気圧西側の北向き気流が、日本の東海上を北上させたためである。その結果、これまでほとんどなかった北海道への太平洋側からの上陸が、北海道に大きな災害をもたらした。

このように太平洋高気圧は、台風の日本への進路を大きくコントロールし、その結果もたらされる激甚災害の大きな原因となるのである。

高気圧とは何か

それではそもそも高気圧とはどのようなもので、どのような構造をしているのであろう。天気図に現れる高気圧や低気圧というのは、周囲に対して気圧が高いか低いかをいうもので、ある閾値を境にして高気圧や低気圧とよばれるわけではない。気圧は通常の力と異なり（単位も違う）、その大きさではなく、傾きの大きさに比例して空気を動かす。気圧の傾きが運動の原因になるので、高気圧や低気圧などのように、周囲に対して相対的な気圧の偏差が運動と関係している。周囲より気圧が高い高気圧では、中心から外向きに気圧の傾き（気圧傾度）があり、空気を外向きに加速する力がはたらいている。この力は気圧そのものではなく、気圧の傾きなので「気圧傾度力」という。低気圧では逆に中心向きに気圧傾度力がはたらく。

前章で解説したように、地球の回転により大規模な大気の運動にはたらくコリオリ力が気圧傾度

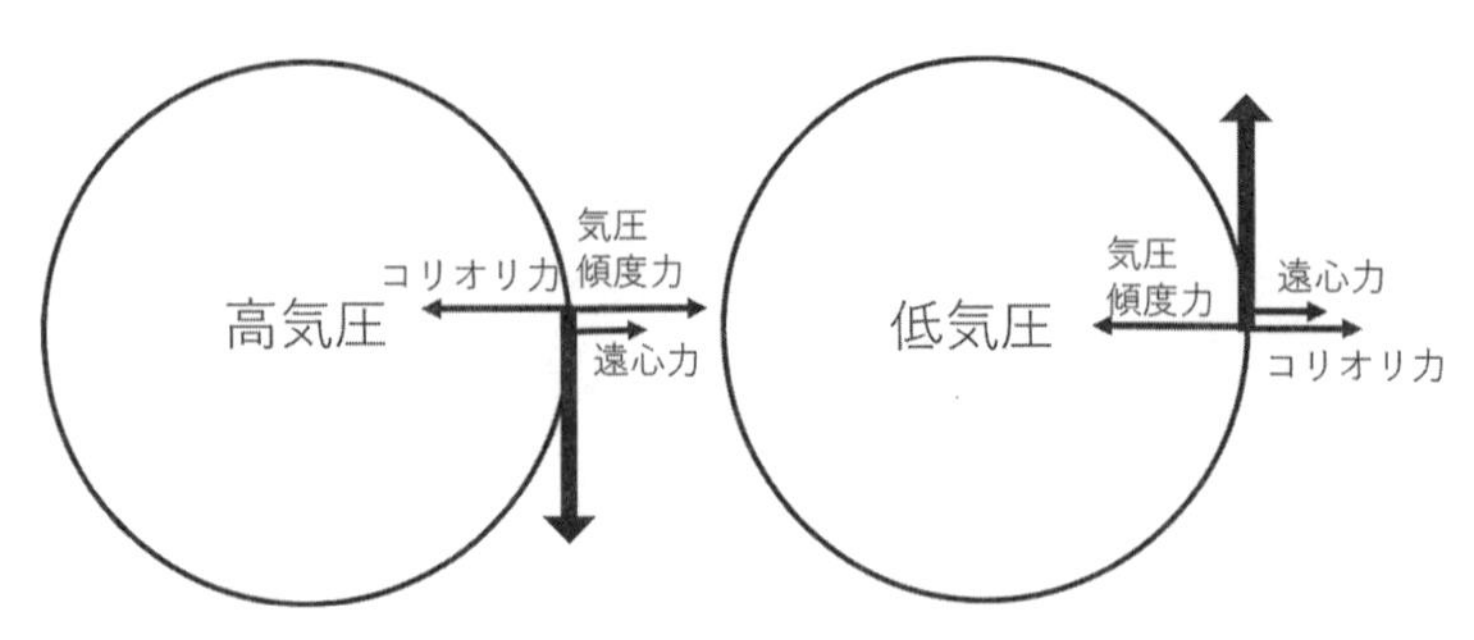

【図３－５】高気圧と低気圧における、コリオリ力、気圧傾度力および遠心力のバランス。円の接線方向の太い矢印は風。

力とバランスしているので、北半球では高い方を右にみて風が吹く。高気圧や低気圧のような回転する流れ、すなわち渦の場合、気圧傾度力とコリオリ力の他に、空気の回転運動によって生じる遠心力を加えた3つの力がバランスする。【図３－５】に示したこのような力のバランスを「傾度風平衡」という。この場合でも北半球では高気圧を右手にみて風が吹くので、北半球の高気圧は時計回りの渦となる。

低気圧の場合、中心向きの気圧傾度力と外向きのコリオリ力および遠心力のバランスとなる。コリオリ力は速度に比例して大きくなるが、遠心力は速度の二乗に比例する。このため低気圧が強くなり中心周辺の風速が大きくなると、気圧傾度力と遠心力がバランスの主要な力となり、低気圧はいくらでも強くなれる。実際、発達した非常に強い台風では、その中心付近はこのような力のバランスとなっている。一方、高気圧の場合は、中心向きはコリオリ力だけで、気圧傾度力と遠心力の両方が外向きとなる。風速が大きくなると、これらの2つの力とバランスできるほどコリオリ力は大きくなれないので、高気圧はあまり強くなることができない。つまり低気圧を逆にしたような強い風が吹いている高気圧は存在できないのである。このため高気圧に伴う風は低気圧のように激しいものにはなることができず、「この高気圧に伴う暴風が災害をもたらした」などということは起こらない。

もし高気圧の風速場と気圧場が完全に傾度風平衡していたら、高気圧はまったく時間変化せず、未来永劫同じ強さの高気圧がそこを覆っていることになるだろう。実際にはそのようなことはなく、地表面の摩擦などでわずかにそのバランスからずれた運動があり、それが高気圧を時間変化させる。高気圧の気圧傾度力は外向きにはたらくので、地表面近くの傾度風平衡からの〝ずれ〟は、空気を中心から外向きに四方八方に発散させようとする。その発散を補うように高気圧の中では緩やかな下降気流が起こる。その大きさは毎秒数cmから10cm程度で、このような小さな速度の下降気流は、通常の観測装置では直接測定することはできない。それは常に大気中にある大気の乱れの運動の方が大きく、高気圧の小さな速度の下降気流は隠されてしまうからだ。これに対して水平風は数m/sから数十m/sと大きいので、容易に精度よく観測ができる。そこでこの大きな水平風の空間分布を観測し、大気が連続体であるという性質を利用して、間接的に下降気流の大きさや分布が推定される。このように高気圧の下降気流は水平風に比べて2〜3桁も小さいが、これほど小さな下降気流でも、気温を上昇させる効果は大きい。この緩やかな下降気流の存在が高気圧の重要な特徴である。

一口に高気圧といっても、様々なものがある。温帯低気圧とペアをなして日本付近を通過していく移動性高気圧、大陸上で大気下層の空気が冷やされてできる背の低い高気圧、そして太平洋上に気候学的にもはっきり現れる太平洋高気圧など、それぞれ成因や構造が異なる。これらのうち日本の梅雨前線の形成や夏季の猛暑に関係するのは太平洋高気圧で、気候学的には亜熱帯高気圧の一つであり、第2章で出てきたハドレー循環の下降気流域に位置している。熱帯で活発な積乱雲により持ち上げられた空気は、温度の高い地域の空気であり、さらに積乱雲による加熱によって温度が高い空気となっている。ハドレー循環では、この空気が緯度20～30度の亜熱帯域で下降し太平洋高気圧を形成する。このため太平洋高気圧は背が高く、暖かい空気でできており、このような高気圧は「温暖高気圧」とよばれることがある。

この太平洋高気圧の西の端が日本付近にかかることで、梅雨や夏の気候が形成される。特にその一部が小笠原諸島付近に高気圧の中心を持つことがあり、これを「小笠原高気圧」とよぶことがある。この高気圧の下では暖かい海面から、顕熱（物質の状態の変化を伴わず、物質の温度を変化させる熱で、ここでは海洋から大気へ熱伝導により伝えられる熱のこと）と水蒸気（潜熱）を供給され、高温・多湿の気団が形成される。これは小笠原気団とよばれ、日本の夏季に高温をもたらす。

このほかにチベット高気圧も、日本の夏季の気候に大きな影響を与える。チベット高原は4000mを超える高原で、対流圏の中層近くまで突き出た地表面である。このためチベット高原は対流圏中層を直接加熱し、暖められた空気は膨張して対流圏上層に優勢な高気圧を形成する。この高気圧が東に張り出して日本付近にまで影響することがある。日本の夏季は西からはチベット高気圧、東からは太平洋高気圧の影響を受ける。

地上付近の気温を上げるものは何か

前節までに高気圧の下降気流が気温を上昇させることを述べた。本節では対流圏の地上に近い大気の温度を上昇させる主な要因をまとめておく。地上付近の気温を上げるものには、主に次の4つの物理的な過程がある。一つめは、晴天の日中などでは太陽放射で地面が暖められ、その地面からの赤外線放射が大気を暖めるという過程で、「放射加熱」とよばれる。水蒸気は最も強い温室効果ガスなので、この過程は下層大気が湿っていると効率よくはたらく。重要な点は太陽放射が大気を直接暖めるのではなく、一旦、太陽放射が地面を暖めて、暖まった地面からの赤外線放射が大気を暖めるという点である。もし太陽放射が直接大気を暖めるのであれば、太陽光が大気に吸収されることになり、地球の空は海のなかのようにもっと暗かっただろう。実際はそうでなく明るい青空が見られるのは幸いなことである。

二つめはその暖められた地表面からそれに接する大気に熱伝導で熱が伝わる過程である。このようにして伝えられる熱が「顕熱」である。これにより加熱されるのは地面に接している大気のごく薄い層だけであるが、そこだけは非常に高温となる。そして大気に与えられた顕熱は、大気の乱れ、すなわち大気乱流や対流によって上空に運ばれていく。夏の晴れた暑い日、アスファルトの上に陽炎(かげろう)が立つ様子は、まさにこのような加熱の様子を表している。

三つめは、暖かい空気が遠方から水平方向の気流によって流れ込んでくるという過程である。これは「暖気移流」とよばれるもので、第2章で出てきた春一番はその最も顕著な例である。たとえば100㎞で5℃の温度差があるところに10㎧の風が吹くと約30分で気温が0・9℃ほど上昇することになる。これはかなり温度傾度が大きな状況で、実際には暖気移流ではもっと緩やかに気温が上昇する。

四つめは、下降気流に伴う昇温である。空気塊はまったく加熱がない場合でも、ただ1㎞下降するだけで10℃も〝気温〟が上昇する。これを「断熱加熱」という。その理由は本章の最後の節で詳しく説明する。

たとえば対流圏ではよく見られるような状況として、高度差１㎞を空気塊が下降して、ある高度まで達する場合を考える。上空１㎞の気温がその高さの気温より５℃低い場合、上空の空気が下降してくると、その高度の温度は５℃上昇する。たかだか毎秒10㎝の下降気流でも、降りてくる空気塊は１時間で約３・６℃も上昇するので、約２・８時間かかって１㎞下まで達したとき10℃昇温する。したがってその高度の気温は５℃上昇することになる。このように下降気流は効率よく気温を上昇させるのである。

これらの他に霧の発生による凝結熱やエアロゾル（第５章参照）が太陽放射で加熱されることで大気が暖められるなどの過程もあるが、これらは特別な場合であり、また高温をもたらすものではない。上記の四つの要因のうち、高気圧でおおわれて風が弱い場合は、地表面からの熱伝導、すなわち顕熱による加熱と、下降気流に伴う断熱加熱が昇温の要因となる。

下降気流によって高温になる現象の代表的なものは、フェーン現象、盆地の高温、そして高気圧内の下降気流である。フェーン現象は山の多い日本ではしばしば発生する。低気圧や台風が近づいて日本付近が南風となるとき、日本海側で高温が発生するのは、脊梁山脈を南風が越えることで起こるフェーン現象によるものである。

日本の最高気温の記録として、２００７年８月16日に岐阜県多治見市で40・９℃を観測して記録を更新するまでは、１９３３年７月25日の山形県山形市の40・８℃が74年間にわたって、日本の最高記録であった。おそらくこれはフェーン現象によるものと考えられる。また、何度か言及した現在の記録である、埼玉県熊谷市で２０１８年７月23日に41・１℃が記録されたときは、関東甲信地方は北寄りの風で、その風のフェーン現象が要因という可能性もある。このときは高気圧の発達との両方で記録を更新するほどの高温となったのだろう。

フェーン現象はテレビなどのメディアでよく出てくるので馴染みのある方も多いだろう。通常、山の風上側で降水があり、その凝結加熱の結果、山の風下側で下降する風が高温になる現象であると説明される。これは「湿潤フェーン」とよばれ、降水が関係する（第4章参照）。一方でフェーン現象は必ずしも降水がなくても起こり、第1章で出てきたように「乾燥フェーン」とよばれる。大規模な風の中に山があるとき、気温の鉛直分布（大気の安定度）、山の高さ、および風速によって、山は風に対してさまざまな影響を与える。これらの3つの要素がある条件になったとき、山の風下に大きな下降気流が発生することがある。これが乾燥フェーンである。フェーンに伴う下降気流は上空の空気を引きずり下ろし、地表面付近の気温を上昇させる。

盆地における高温化においても、下降気流が要因である。盆地周辺の地形斜面が日射で暖められると、斜面にそって谷風が盆地の底から吹き上がってくる。すると盆地内の空気が減少するので、それを補償するように上空から空気が下降し、盆地内の気温が上昇するのである。ここで下降気流といっても非常に小さい速度で、おそらく数cm～10cm毎秒程度である。

このような地上気温の上昇は、必ずしも盆地でなくても、私の住んでいる名古屋のような三方向を山岳に囲まれた半盆地のようなところでも、同様のプロセスで起こることがある。名古屋を含む濃尾平野の地上風をみていると、夏季、高気圧がおおっているとき、平野と山岳の境付近で山に向かう風、すなわち谷風がしばしばみられる。名古屋付近ではその補償流としての下降気流が起こり、盆地と同じように気温が上昇する。さらに名古屋は西に鈴鹿山脈、養老山地や伊吹山など、山が南北に屏風状にのびているので、それに西風が当たることで湿潤・乾燥フェーン現象もしばしば発生し、とにかく夏の名古屋は暑くなるのである。

本書の主題とはやや離れるが、下降気流にともなう大規模な高温化の起こる現象として、対流圏のさらに上にある成層圏とよばれる高度およそ10〜50㎞の領域で起こっている地球規模のダイナミックな現象に触れておきたい。成層圏は、その名前が示すように高さとともに気温が上昇するために大気は安定で、わずかな水蒸気や硝酸が凝結してできる真珠母雲（しんじゅぼぐも）などの極成層圏雲を除いて雲や降水は発生しない。かつて成層圏は静穏な安定した領域と考えられていた時代があった。しかし自然というのはやはり不思議なもので、そのような成層圏にも地球規模でしかも驚くほど激しい変動現象が発生することがある。北半球の冬季の成層圏は北極付近が低気圧となり、その周辺を地球規模の西風が取り巻いている。この極域の成層圏では1日で気温が40℃も上昇する大変動が、1952年、当時の西ベルリンでシェルハーク教授によって発見された。

これは成層圏突然昇温といって、ベルリン現象ともよばれることがある。寒冷前線の通過に伴う気温の変化は大きくてもたかだか10℃程度で、このような大きな気温の変化は対流圏ではみられない。氷点下5℃の冬の札幌が、翌日、35℃の猛暑日になるようなことはない。しかし成層圏ではそのようなことが起こる。その発見ののち、実態やメカニズムの研究により、成層圏の研究は大きく発展した。冬季の極域では、対流圏から伝わってきたプラネタリー波とよばれる地球規模の波が、北極域を取り巻く西風の極渦を崩壊させる。このとき北極域上空では下降気流が発生し、急激に気温が上昇する。これは対流圏でも成層圏でも、下降気流は昇温をもたらすことを示す例である。このように気象学の基本原理はどこでも共通である点が興味深い。

成層圏突然昇温については、京都大学教授であった廣田勇先生が著書『地球をめぐる風——私の気象物語』(2)で、その発見から理解に至る研究の発展をドラマチックに描かれている。私がいうのも非常に僭越であるが、今も時々手に取って読み返すことがあるほどの名著である。大学生のときこの本を読んで、雲や雨のない成層圏の研究の世界に入ろうかと考えた時期もあった。結局、私は雲と雨が主役の対流圏の研究をすることになったのだが、どちらの世界に入るかはちょっとしたことで決まったように思われる。学者や研究者が自分のテーマを選ぶとき、強烈な問題意識を持って選ぶこともあれば、どちらを選んでよいか迷ったあげく、特に明確な理由はなくこちらと決めてしまうことがある。特に研究のなんたるかを知らなかった学生時代の私は後者であったと思う。一般に何を研究するのかを選択するとき、それが正しかったかどうかは、ずっと後になって分かるものである。重要なことは自分がその研究テーマに興味と意義を見いだせるかどうかで、それを世の中がどう評価するかはあまり重要ではない。後の時代になって高く評価されるようになった研究は山ほどある。

話がかなりそれてしまったが、次節からこれまで説明を飛ばしてきた高気圧などのもたらす下降気流がなぜ気温を上昇させるのかについて、やや理論的な説明をする。ここでは〝温位〟とよばれる新しい概念を導入する。理論にあまり興味のない方はここを読み飛ばしていただいてもかまわない。これまで述べてきたように高気圧には下降気流があり、下降気流は気温を効率よく上昇させるという点をご理解いただければ十分である。一方、温位の概念は気象学では最も重要なものの一つである。次節以降ではその意味を直感的に理解できるように説明するので、気象学の教科書などを読んで、温位というものが今ひとつ腑に落ちないという方は是非読んでいただきたい。

気圧とは何か

ここで下降気流によってなぜ気温が上昇するのかを考える前段として、あらためて気圧とは何かを考えておきたい。その上で、次節で気温上昇のメカニズムを説明する。地球の大気はおよそ高度15km付近までにその90%の質量がある。地球の半径が約6400kmなので、大気は宇宙から見えないほど薄い。このきわめて薄い大気の膜が地球の生命を育んでおり、人間もそれ以外の陸上生物も大気という海の底で暮らしている。日々の暮らしのなかで、大気の存在を直接感じることができるのは、大気の運動、すなわち風ぐらいである。しかし水の中に潜ると水圧を感じるように、薄い膜の大気もその質量によって大きな気圧を有している。では大気の質量はどれほどだろう?

かなり前のことであるが気圧を表す単位として、ミリバールという単位が用いられていた。一旦使い始めた単位を変えるのは容易ではなく、私よりも古い世代の気象学者の中には、つい気圧の単位をミリバールと言ってしまう人がいる。現在は国際単位系(SI単位系)に準拠するということで、気圧の単位はヘクトパスカル(hPa)という組み立て単位を用いる。このヘクト(h)というのは、100倍を表す接頭語で、小学校で面積の単位にヘクタール(ha)を習っているので馴染みが深いであろう。パスカル(Pa)は、フランスの哲学者・数学者・物理学者のブレーズ・パスカル(1623~62年)に由来する組み立て単位のひとつで、気圧などの単位に用いる。幸いにしてヘクトパスカルとミリバールは、数値が同じになる。たとえば1000ミリバールの気圧は1000ヘクトパスカルである。このため世の中の多くの人は、ミリバールからヘクトパスカルへの移行を比較的スムーズにできた。ちなみに気象学の分野ではキロパスカル(kPa)を使うこともある。

1Paとは1㎡に1ニュートン(N)の力が作用することを表す。地球の重力は1kgの質量に対して、およそ10N（もう少し正確には９・８N）の力を生じさせる。海面に近いところでは、平均的な気圧は１０００hPaぐらい、すなわち10万Paである。これは１㎡の面に10万Nの力を及ぼしているということで、10Nの重力は１kgの質量に起因するので、大気は１㎡の上に１万kg、すなわち約10トンが乗っていることになる。これはおよそ１㎡の上に乗っている10mの水柱に相当する。このことはポンプで吸い上げられる水が最大で10mの高さまでであることに対応している。大気がいかに重いものであるのかがご理解いただけるだろう。地球上を流れる風とは、この巨大な質量が移動している現象なのである。たとえば高気圧が頭の上に移動してきて、１０３０hPaになったとすると、１㎡の上に３００kgも大気の質量が増えたことになる。そう聞くとなんだか高気圧が来ると押しつぶされそうな気になる。しかし高気圧によって押しつぶされるようなことは、決してないのでご安心いただきたい。

　つまり気圧とは、その高さより上の空気の質量による単位面積あたりの力である。このため高度が上がれば、その上の空気の量は少なくなるので気圧も減少する。もし今、あなたが椅子に座ってこの本を読んでいたとすると、足下の気圧より頭付近の気圧の方が０・１hPaほど小さい。発達した低気圧や台風の中心付近でなければ、標高０mの気圧はおよそ１０００hPaである。気圧は高度が１００m高くなると、10hPaほど低くなり、標高１０００mぐらいで９００hPaほどまで低くなる。高度５０００mでは海面気圧の半分の５００hPa程度になる。

　地球の大気は高さとともに気圧が低くなるということの他に、高さとともに空気が薄くなるという性質、すなわち単位体積当たりの質量（これを「密度」という）が小さくなるという著しい性質を有しており、この性質が気圧の高さとともに低下する割合をより大きくしている。海の水も、浅いところの方が密度は少し小さくなるが、その変化の程度は空気の方がはるかに大きい。そしてこの性質が大気の運動に重要な役割を持っており、たとえば、大気中に雲ができるのもこの性質による。次節ではこの性質の重要性を解説する。

温位とは何か

具のほとんどない味噌汁を静かにおいておくと、その表面が冷えて沈み込み、対流が発生する様子が味噌によって可視化される。私が大学生だったころ、いつも大学生協の食堂で飯を食べていた。当時の生協の味噌汁は具が少なく、そんな〝対流実験〟をするのにうってつけであった。そのころ私は気象学者になるとは夢にも思わず、それを眺めながら将来をただ憂えていた。薄い味噌汁が対流しているのを見ると、そんな苦学生のころが思い出される。

それはともかく、味噌汁の対流は上部が冷やされて重くなった水が下に沈み込み、まだ暖かい下の水が湧き上がって起こっている。つまり上が冷たく下が暖かい状態は、上に重いもの、下に軽いものがあるという〝不安定〟な状態なので、それを解消しようと対流が起こる。そして対流が熱を運ぶことで温度の分布を鉛直方向に一様化しようとするのである。対流とは、水という流体が不安定状態になったときに起こる運動である。対流によって熱が運ばれた結果、下の暖かい水は上の冷たい水と混ざって、やがて対流は終了する。このような状態を「中立」といい、このとき水の温度は鉛直方向に一様となっている。このように水を考えるときは〝温度〟の鉛直分布を考えれば十分なのである。

それでは大気はどうであろうか。山に登ると、あるいは飛行機に乗ると、高さとともに気温が低くなることを経験する。真夏の地上の気温が30℃を超えていても、5〜6㎞も上空に行けば氷点下の気温となる。このように地球大気の対流圏では高さとともに気温が低下している。つまり上が冷たく下が暖かい状態が大気の普通の状態である。上記の味噌汁のように、そのような温度分布の対流圏は常に不安定なのだろうか？　ちなみに対流圏の温度分布が高さとともに低下するのは、地表面が対流圏の加熱源となっているからである。上空に加熱源のある成層圏や熱圏では高さとともに気温が上昇している。

その答えを考える前に、東京大学の海洋研究所（現、大気海洋研究所）で、地球流体力学や気象学・海洋学を研究されていた木村龍治先生（現、東京大学名誉教授）が、著書『天気ハカセになろう』[3]のなかで、次のような興味深いことを述べられているので紹介したい。水の入った水槽の下部が冷たく上部が暖かい温度分布をしているとき、その水をよくかき混ぜると、水の温度は高さ方向に一様になる。同様に大気をかき混ぜることを考える。通常大気は高さ1㎞ごとに6・5℃程度、気温が低下している。この大気を対流が十分かき混ぜると、驚くべきことに、気温は1㎞あたり10℃も、高さとともに低下するようになる。つまり気温の下がり方は、十分かき混ぜるとより大きくなるのである。この水と空気の温度変化の違いは、大気の基本的な特性を表している。木村先生はいつもこのように自然の不思議を分かりやすい言葉で説明される。私が最も尊敬する先生の一人である。

さて、上記の2つの話、対流圏では高さとともに気温が低下しているので、常に不安定なのだろうかという疑問と、大気をかき混ぜると温度の傾きがより大きくなるという話は一見つながりがないように見える。しかしこれらは大気の同じ法則によって説明される。それを説明するにはいくつかの論理のステップが必要である。以下にそれを説明しよう。

水と空気は組成も密度も違うが、どちらも流れる物質という点で共通している。そのためこれらは流体とよばれる。流体としての性質のうち、ここでは圧縮性が問題となる。水は圧力をかけてもほとんど体積が変わらない流体なので、非圧縮性流体とみなしてさしつかえない。一方で空気は容易に圧縮されて体積が小さくなるので、圧縮性流体とよばれる。ここで仮想的な空気の塊を考える。大きさはどのようなものでもよく、直径1mでも1kmでもかまわない。全体が一様な密度や温度の空気塊である。この空気塊は地上付近の気圧の大きなところから上空の気圧の小さなところに移動すると膨張する。ポテトチップスの袋を持って登山をすると、山の上ではパンパンに袋が膨らんでいることを経験した方もあるだろう。逆に上空の空気塊を地上に持って降りてくると収縮する。飛行機に乗って上空でペットボトルを開けて中身をのんだあと、しっかりとふたをして地上に降りてくるとペットボトルがつぶれることを経験する。これが空気の圧縮性という特性である。前節で述べたように、気圧は高さとともに小さくなる。この高さによる気圧の変化と空気の圧縮性のために、空気塊は上昇すると膨張し、下降すると収縮するのである。

さて、空気塊が膨張するとはどういうことかというと、周囲の空気の圧力に抗して仕事をするということである。ここでいう「仕事」というのは物理学の言葉で、日常の会話で出てくる「仕事」とは異なり、力と距離の積と定義される。仕事とペアで出てくるのがエネルギーで、これらはともにジュール（J）という単位で表される。単位が同じということは、仕事とエネルギーは等価ということで、一方が他方に変換できるということである（ただし熱エネルギーが仕事に変換できる割合には上限があると、熱力学第二法則は主張している）。たとえば仕事をするとエネルギーが減少し、逆に仕事をされるとエネルギーは増加する。

ここで考えている空気塊は、微視的には酸素や窒素の分子でできていて、その運動が激しいほど温度が高いことになる。この温度は空気塊に温度計を差し込んで測ることができ、高い、低いを知ることができる。つまり、その空気塊が持っている熱エネルギーの量を決めることができるということである。正確にはこの熱エネルギーは、空気塊の「内部エネルギー」とよばれる。この空気塊を地表面から出る赤外線で暖めれば、空気塊の温度が上昇し、空気塊のもつ内部エネルギーも増大すると考えるのである。

この空気塊が、周囲の空気を押しのけて膨張する場合、すなわち周囲の空気に対して膨張により仕事をすると、内部エネルギーが消費され、空気塊の温度が下がると考えられる。それでは周囲の気圧が全くない真空に対して膨張する場合、温度は変わらないのであろうか？　これについては、ジェームズ・ジュール（1818〜89年）という物理学者が実験的に示した結果がある。答えは温度が変わらないというものだ。これはジュールの法則とよばれている。この法則の重要な帰結は、内部エネルギーというのは温度だけで決まるということで、内部エネルギーの増減は、温度の変化によって知ることができるということである。つまり内部エネルギーを温度と言い替えてもよいということである（ただし、正確にはこれらは異なるもので、エネルギーは量であり、温度は高い低いである）。以降の説明で内部エネルギーという言葉に馴染みがなく、わかりにくいと感じられる方は、温度と読み替えていただいても、話の本質は損なわれない。

空気塊が周囲と熱のやりとりをまったくせず、膨張することを「断熱膨張」といい、その結果、内部エネルギーが消費されて、温度が下がることを「断熱冷却」という。空気塊は大気中を100

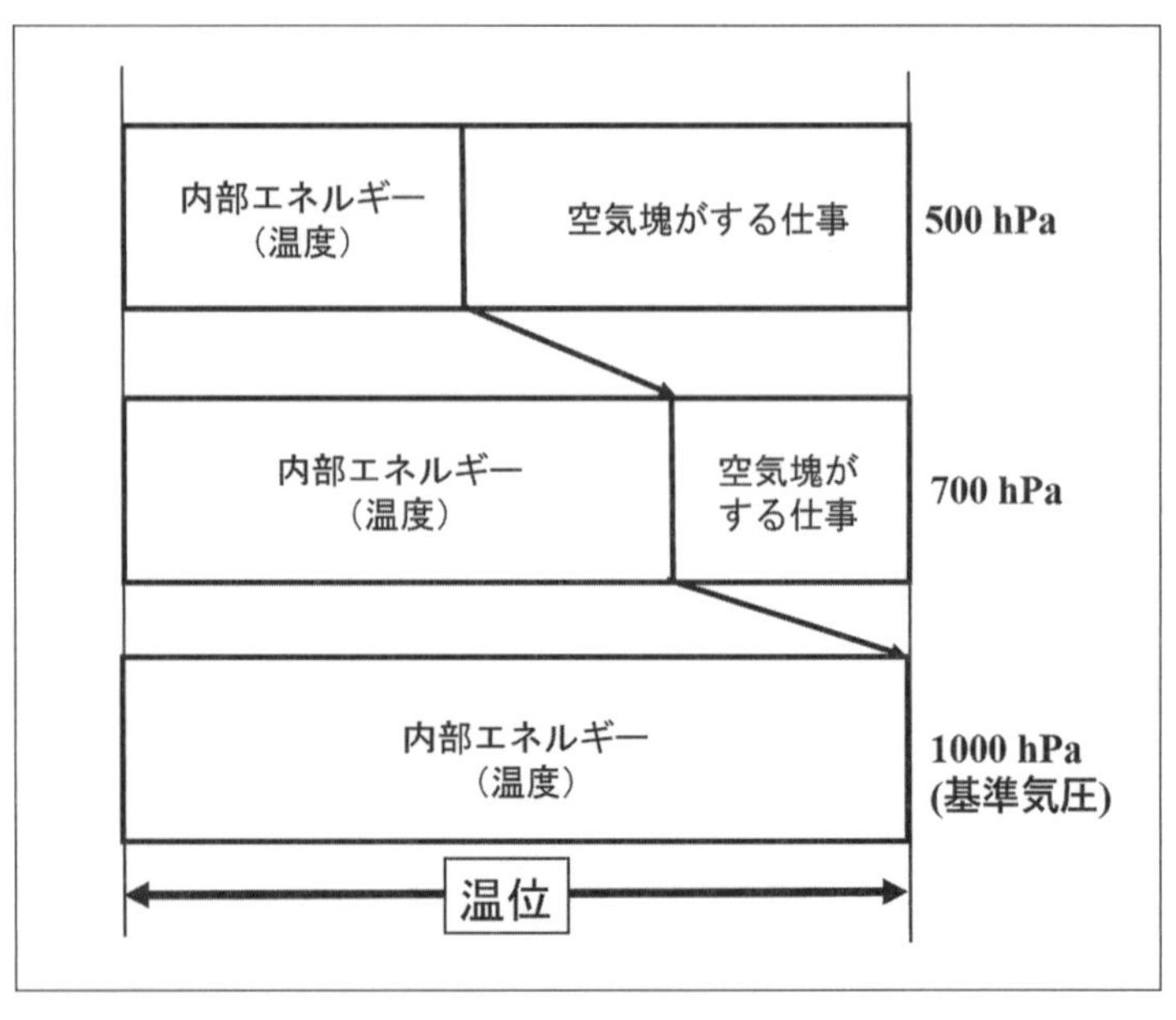

【図３－６】温度と温位の関係を表す模式図。内部エネルギーと仕事をあわせたものが温位に対応する。

０ｍ上昇するだけで、断熱膨張によって10℃も温度が下がる。逆に、周囲の空気の気圧により、圧縮されることを「断熱圧縮」とよび、そのときの温度の上昇を「断熱加熱」とよぶ。１０００ｍ持ち上げて10℃低下した空気塊を、再び１０００ｍ降下させて同じ高さまで持ってくると、もとの温度と完全に同じになる。つまり空気塊の内部エネルギーと仕事の間で変換が起こっても、その総量は保存される。

その様子は【図３－６】で説明できる。１０００hPaを基準気圧としたとき、上空にあがると、７００hPa、５００hPaと気圧が減少する。それとともに内部エネルギーが仕事に使われて減少していく。それは温度が低下するという現象として観測される。

これが上記の断熱冷却である。この図は、逆に上空から空気塊が下降すると、周囲の気圧により空気塊が仕事をされて、内部エネルギーが増加するとも解釈できる。このとき空気塊の温度は上昇する。これが断熱加熱である。つまり気圧が低下するとき、内部エネルギーは仕事に変換され、気圧が上昇するとき、仕事が内部エネルギーに変換される。しかし仕事と内部エネルギーの和は不変であることを【図3‐6】は示している。

そう考えると地上の空気塊と上空1000mにある空気について、温度だけを比較するということは、内部エネルギーだけを比較していることになり、不公平であることに気がつく。なぜなら地上の空気塊が1000m持ち上げられると、仕事をして断熱冷却により気温が低下するので、その結果決まる温度とその高度の空気の温度を比べて初めて公平な温度比較になるからである。逆に、1000mの空気塊を地上に下ろしたときは、空気塊にされる仕事を内部エネルギーに変換した上で、その結果決まる温度と地上の空気の温度とを比較するべきである。

このように内部エネルギーと仕事の和は不変として、空気塊の仕事をすべて内部エネルギーに変換したときに決まる温度、すなわち仮に基準気圧の高さに持ってきたと仮定したときの温度は、特別な名前がついており、それを「ポテンシャル温度」、あるいは「温位」という。それは正確に計算することができ、一般的に1000hPaを基準気圧として、その空気塊の気圧が基準気圧になったときの温度として温位は定義される。

圧縮性流体である空気の場合は、高さとともに増減する内部エネルギーだけから決まる温度より、空気塊の仕事と内部エネルギーの和で決まる温位のほうが、公平な比較ができる。また、上記の説明から分かるように、内部エネルギーと仕事の総量は保存されるので、空気塊がどのように鉛直運動をしても温位は変わらない。これは重要な性質で、そのような量のことを「保存量」といい、便利な量としてさまざまな目的に用いられる。温位は断熱膨張や断熱圧縮に対して保存量なのである。

大気について「温度」または「気温」という言葉は、小学校から馴染みのある言葉で誰もが理解している。それに対して、「温位」という用語は聞き慣れず、難しいと感じる学生が多い。新しい言葉や概念に接すると、誰でも難しいと感じるものである。

私が大学3年のとき、原子や原子核などの微視的世界を扱う量子力学の講義を受けた。田中一(はじめ)教授という、非常に厳しく怖い先生で、講義に少しでも遅れてくると教室に入れてもらえず、講義中、私語をすると教室から追い出された。確か湯川秀樹先生のお弟子さんだったと思う。その講義で、量子力学における微分作用素の講義を受けたとき、内容があまりに難しいので、私は「それは私にも理解できるようになりますか」と質問したことがあった。ずいぶん大胆な質問をたいへん偉い先生にしたものだ。それに対して先生は、「できますよ。なぜならあなたは日本語を話せるでしょ。繰り返し接していれば、必ず理解できます」というように回答された。そのときはなるほどそういうものかと妙に納得した。残念ながらその講義の単位は「可」であった。

現在、自分が大学の教授になって、学生を教える側になると、学生が教えたことについて難しいと言ってくる。そうしたとき、この経験をもとに、何度も読んで、それに接すれば分かるようになると答えるようにしている。「新しい概念を分かるということは、何度もそれに接しているうちに、分からないという気持ちが分からなくなることだ」。田中先生の答えの趣旨はそのようなことだったと思う。もし「温位」が難しくて理解できるだろうかと尋ねられたら、田中先生の言葉を今風にして、「必ず分かります。だってあなたはスマートフォンを使えるでしょ」とでも答えるだろう。

スマホは私にとって、温位より難解である。ちなみに私は今も、いわゆるガラケーを使っている。

話を元に戻そう。このように温位を導入することができたので、温度の代わりに温位を用いてさまざまな考察をすることが可能となった。木村龍治先生の著書で出てきたように、対流圏の大気は十分にかき混ぜると、1㎞あたり10℃の気温減率（低下）となる。ここでは雲の形成など水蒸気の相変化を考えていないので、この気温減率のことを「乾燥断熱減率」とよぶ。この気温減率の大気の場合、どの高さから基準気圧の1000㍱の高度まで空気塊を下ろしても、1㎞あたり10℃という同じ割合で気温が上昇するので、どの高さの温位も同じ値となる。すなわち十分にかき混ぜられた大気では鉛直方向に〝温位〟が一定となるのである。これは水を十分かき混ぜると〝温度〟が一定になることに対応している。水の場合、上層の温度が下層より低い場合、不安定となって対流が発生するが、その類推として、空気の場合は温位を用いて考えればよく、温位が高さとともに減少するような大気の場合は、不安定となって対流が発生すると理解できる。

実際の大気では平均的に乾燥断熱減率よりも小さな気温減率となっているので、温位は上層ほど大きなものとなる。これは温かい水が上層にあるとき安定な成層となっていることと同じで、温位が上層ほど高い大気は安定である。【図3－7】は茨城県つくば市館野の気象庁高層気象台（東経140度8分、北緯36度3分）で観測された、2018年7月23日午前9時の温度と温位の鉛直分布である。午後に、熊谷市で国内最高気温が観測された日である。地上から高度5㎞までの対流圏の下半分ほどを示しているが、高度とともに気温が低下しており、上空ほど気温が低い。高度400m、1500m、4100m付近に気温逆転がみられる。このような気温逆転は高気圧下で空気が下降している場合にしばしば形成され、「沈降逆転」とよばれる。一方、太線で示した温位は高さ

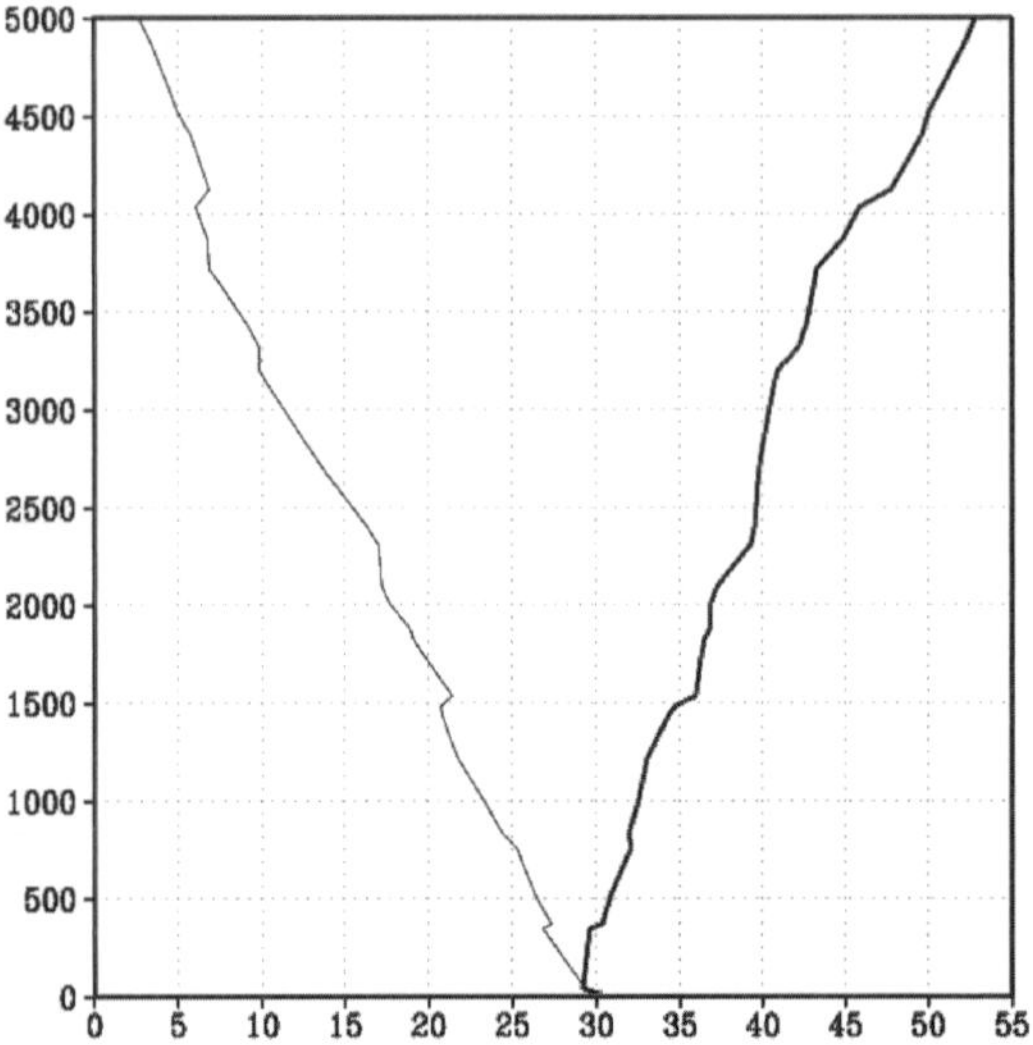

【図３－７】2018年７月23日午前９時の茨城県つくば市館野の気象庁高層気象台で観測された気温（細線）と温位（太線）の鉛直分布。縦軸は高度（m）、横軸は気温（℃）。

とともに増大しており、大気は安定な状態にあることが分かる。気温逆転がみられるところでは、温位が大きく増大していて、より安定性が大きくなっている。

　このデータは気象庁が1日2回、日本標準時で午前9時と午後9時に行っている高層観測によって得られたものである。気球に温度と湿度を測るセンサーをつけて地上から上空30km付近まで観測を行う。現在はGPSを用いて、気球の位置を知ることができるようになったので、その位置の変化から風向・風速と気球の高さを測ることができる。気圧はこれらのデータから理論的に求める。ただし、大気の鉛直運動は小さすぎて測定することはできない。気象学において最も知りたいのは鉛直運動であるが、それが最も測定しにくいものなのである。このような観測は日本国内では18地点で行われており、気象予測の最も重要なデータとなっている。

　それでは大気下層が地面から加熱されて、温位が下層ほど高くなり、不安定になると、対流が発生して激しい積乱雲が発生するのであろうか？　実はそのようなことは通常は起こらない。温位が高さとともに減少するような不安定とは、たとえば鉛筆を机の上で、尖った方を下にして立てるようなものである。その場合、鉛筆がすぐに倒れるように、すぐに不安定が解消されて中立な状態になってしまう。その結果、どんなに熱い都会の地面の上でも、陽炎がゆらゆらと立ち上るようなごく下層の対流は発生しても、対流圏全層におよぶ積乱雲を発生させるような不安定とはならない。激しい積乱雲が発生する不安定については次章で説明するが、積乱雲のような強大な運動が起こるためには、そのために膨大なエネルギーを蓄積するメカニズムが必要である。ここで重要なことは、強い重力で拘束されている地球大気は基本的に安定な成層をしているということである。すなわち地表面のごく近くや特別な場合を除いて、温位は基本的に高さとともに増大している。

本節の初めに出てきた、対流圏では高さとともに気温が低下しているので、常に不安定なのだろうかという疑問と、大気をかき混ぜると気温の高さに対する傾きがより大きくなるという話は、温位を導入したことで一緒に説明することができる。対流圏では気温でみると上空のほうが冷たいが、温位でみると高さとともに温位が増大しており、温度でみる水の場合と同様に、暖かいものが上にあり冷たいものが下にあるという安定な状態であると理解できる。このような温位が高さとともに増大している大気（すなわち気温減率が1kmにつき10℃より小さい大気）をかき混ぜると、温位が一様な大気となる。それは温度が乾燥断熱減率、すなわち1kmにつき10℃低下する状態となるということで、温度の高さに対する傾きが、かき混ぜることで大きくなる。

気温は直接温度計で測定できる量で直感的に分かりやすいが、大気の特性や運動を考える上では不便な量であることがここまでの説明でご理解いただけたと思う。非圧縮性流体の水であれば、温度を用いて、安定・不安定などの流体の状態を考えることができるが、圧縮性流体である大気では、温度ではなく温位を使う方が安定性などの状態を調べる上で分かりやすい。

この温位の概念を用いると、高気圧のなかで下降気流が起こると温度が上昇することを容易に説明することができる。温度は高さとともに減少するが、温位は増大する。下降気流が起こると、上空の大きな温位が保存されたまま地表面近くに降りてくる。その温位は地上の温位より高いので、それが降りてくるということは地上の温度が下降気流によって上昇するということになる。別の言い方をすると、保存されて降りてきた高い温位が地表面の温度となるのである。これを温度で説明すると、地表面近くに空気塊が降りてくると気圧の上昇に伴い空気塊は仕事をされることになり、地表面近くの基準気圧の高度では、仕事がすべて内部エネルギーに変換される。この結果、温位は変わらないが、温度は上昇する。

盆地の高温化も温位を用いると容易に説明することができる。これにおいても温位が上空ほど高いことが要因である。先に説明したように日射で盆地斜面が暖められると、斜面にそって谷風が盆地の底から吹き上がってくる。盆地内の空気を補償するように上空から高温の温位の空気が、その温位を保存して地面近くまで下降し、盆地内の地上気温が上昇すると説明できる。これはすなわち下降気流の断熱加熱により盆地内の気温が上昇するということである。上空の気温は低いが温位は高いので、高温位の空気が降りてくるというのは、暖かい空気が降りてくると読み替えられる。このように空気の運動を考えるときは、温位を用いる方が分かりやすい。

第4章　水蒸気がもたらす大気の不安定

大気が不安定とはどういうことか

本章では大気の不安定について、基本原理に立ち戻って説明する。日常的に用いられる「大気が不安定である」ということには、水蒸気に関わる奥深いメカニズムが存在している。そのためやや難解な部分があるかも知れないが、水蒸気を含む地球大気の最も特徴的な性質に関わる部分なので、できるだけ丁寧に説明したい。

さて、ここまで漠然とあるいは直感的に「不安定」という言葉を用いてきた。そもそも不安定とはどういうことだろう。直感的にあるいは経験的に、【図4-1】の（a）のように谷底に置かれたボールは安定であり、（b）のように山の頂上に置かれたボールは不安定であることはすぐに分かる。それでは（c）はどうだろう？（c）は（b）と見かけは同じであるが、ボールと下の山型の台は、ゴムでできた棒でつながっている。ただし、その棒は外からは見えない。（b）と（c）を区別するには、どうすればよいだろう。

それには上のボールをちょっとつついてみればよいのである。そうすれば（b）のボールは台の

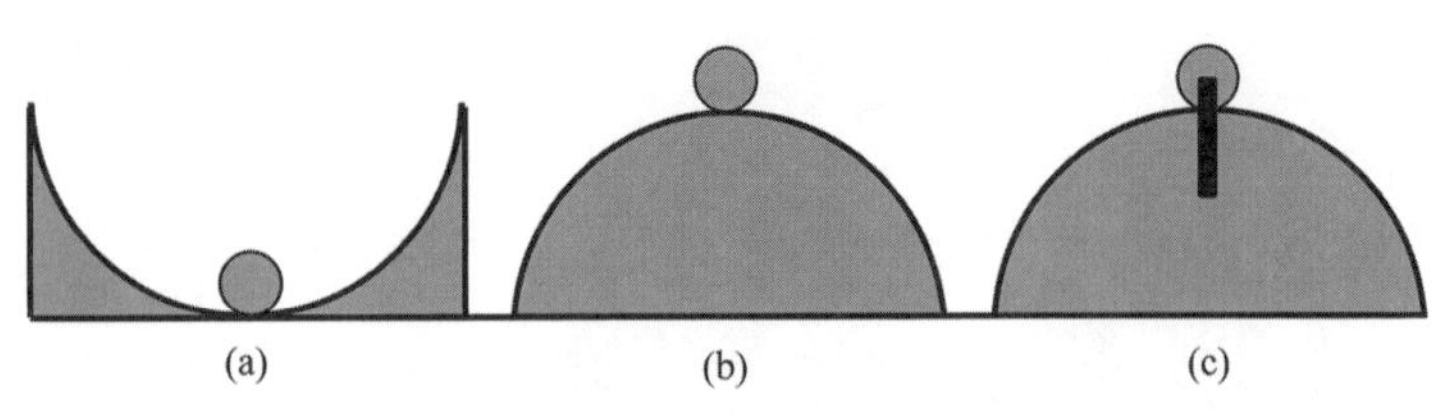

【図4－1】安定性の概念図。(a) なめらかな表面の谷底におかれた球の場合、(b) なめらかな表面の山の頂上におかれた球の場合、(c) (b) と同じであるが、山型の台と球はゴムでできた棒でつながれている場合。ただし、その棒は外から見えない。

斜面をどんどんと転がり落ちていくので、このような状態は不安定であるという。一方で、（c）の場合のボールは、山の頂上でわずかに振動するだけである。これは（a）の場合と同様で、（a）では谷底を中心としてボールは微小な振動をする。これらの場合を安定であるという。これは安定についての直感と合っている。このちょっとだけ動かすことを、「微小擾乱（びしょうじょうらん）」あるいは「摂動」という。安定か不安定かは、微小擾乱を与えて、それが時間とともに増大すれば不安定、元の位置を中心に微小振動すれば安定と判別される。

大気の安定・不安定も同じで、大気中の空気塊に微小擾乱を与えたとき、もとの位置を中心に微小振動すれば、その環境場の大気は安定と判定される。一方、その微小擾乱がどんどんと大きくなって、空気塊のもとの位置からどんどんと離れていくとき、大気は不安定であるという。【図4－1】の安定・不安定を起こす力は重力で、安定の場合の微小振動では、重力が復元力となっている。大気の安定・不安定の場合は、「浮力」が運動の原因となっている。たとえば水の上に船が浮かぶのは浮力があるからで、物理学では船が押しのけた水の重さ（正確にはその質量に重力加速度をかけた下向きの力）と、同じ大きさの上向きの力が浮力である。空気塊についても基本的に同じで、周囲の空気と比べて暖かい空気塊はそれだけ軽いので、その分だけ上向きの浮力を受ける（正確には空気塊の周囲の空気からの質量偏差分だけ浮力がはたらく）。細かいことはともかく、要は、周囲の気温と比べて空気塊が暖かければ、上向きの浮力がはたらくということが重要である。そして上向きの浮力がはたらく限り、その空気塊は上昇することができる。逆に周囲の空気と比べて冷たければ、空気塊は下向きの力を受ける。これを負の浮力ということがある。

温位が高さとともに小さくなっている場合、ある高さの空気塊は、摂動がない限りその温位は周囲の空気の温位と同じなので何も運動は起こらない。鉛直方向にどう動かしても空気塊の温位は変化しない（保存される）ので、わずかに上に動かしたとき（摂動を与えたとき）、空気塊は自分の温位より低い温位の空気の中に入り込む。つまり周囲より相対的に暖かいことになり、空気塊は周囲より軽いことになる。軽いものは浮力により上昇するので、さらに上に移動し、さらに低い温位の空気に入り込む。これが連続的に起こり、空気塊はどんどんと元の位置から離れていく。下に動かした場合は負の浮力がはたらき、どんどんと下に移動していくことになる。これが大気の鉛直運動における「絶対不安定」である。

逆に温位が高さとともに増大する場合、ある高さの空気塊がわずかに上に移動すると、やはり空気塊の温位は保存するので、周囲の温位のほうが高くなる。そのため空気塊は相対的に重くなり下向きの力（負の浮力）がはたらき、元の位置に戻ろうとする。逆にわずかに下に移動した場合は、環境の空気に対して相対的に空気塊は暖かく、周囲より軽くなるので、浮力がはたらいて上に動こうとする。これらの運動が連続的に起こって、空気塊がもとあった位置を中心に振動する。この場合、大気の状態は安定という。ちなみにこのような浮力が復元力となる鉛直方向の振動を「浮力振動」という。

嵐や大雨が予想されるとき、しばしば天気予報では、「明日は大気の状態が不安定になり、荒れた天気になるでしょう」という。ここでいう「大気が不安定」とは絶対不安定ではなく、それを説明するためには、そのメカニズムについてのかなり奥の深い理解が必要である。第3章で説明したように、地表面付近の大気が暖められて不安定（絶対不安定）になっても、ただちに小規模な対流が発生して、その不安定は解消されてしまう。その結果、たかだか高度1㎞程度の、対流によってかき混ぜられた大気層（対流混合層）が形成されるだけで、高度10〜15㎞に達する積乱雲が形成されることはない。すなわち小規模対流の発生により、大気下層の温位が高さについて一定となるだけである。

地球大気は、地球の重力により強い拘束を受けているので、大域的には常に安定な状態である。上空に寒気が流れ込んでくると、大気の安定度は悪くなるが、絶対不安定な状態にまではならない。この場合でも高さとともに温位が大きくなっていることに変わりはない。しかし、実際には大気中に対流圏上端に達する大規模な積乱雲が突発的に形成される。そのためには絶対不安定にはならず、積乱雲を発生させるためのエネルギーを蓄積するメカニズムが必要である。

ここで主役となるのが水蒸気であり、そのような不安定を絶対不安定と区別して、「対流不安定」あるいは「ポテンシャル不安定」とよぶ。またはそれに近い概念として「潜在不安定」というものがある。つまり通常、大気の状態が不安定であるとは、絶対不安定でなく対流不安定または潜在不安定であることを指しているのである。これらの不安定について次節以降で基本的なところから説明したい。

潜む熱

日常生活では、「熱」と「温度」をあまり区別しないで使うことが多いが、ほんとうは温度と熱は異なる概念である。たとえば、子供が風邪を引いて具合が悪くなったとき、体温計で測ると熱が40℃もある。さあ大変。大急ぎで病院に連れて行かなければ。そんな経験は多くの読者があるのではないだろうか。しかし、ここで、体温計で測ったのは、身体の〝温度〟であって熱ではない。たとえば1ℓの水と100ℓの水を、同じ火力で加熱する。この事実は熱の量が同じでも、温度は異なることを教えている。つまり同じ熱の量を与えると、少量の1ℓのほうが、温度は速く上昇する。

熱とはどれだけ加えたかを測ることができる〝量〟で、多い、少ないで表す。一方で温度は、加えた熱の量だけでは決まらず、暖める物質の性質と量によって決まる〝状態〟を示すもので、高い、低いで表す。日常では、「子供の熱が高くて心配だ」のようにいうが、正しくは体温が高いのであって、「今日は子供の熱量が多い」のである（変わった物理学者を除いて、そのようにいう人はいないが）。

中学生ぐらいの理科実験で、ビーカーに氷を入れて、ゆっくりと加熱しながら氷の温度を測る実験をしたことを記憶されている読者も多いだろう。だんだんと氷の温度が上昇して、0℃に達すると氷が溶け始める。これは熱が加えられることで、温度が上昇するからだ。ところが氷が溶け始めると温度は0℃から上昇しなくなる。そしてすべての氷が溶けてしまうと再び温度が上昇を始める。このように氷が溶けている間、熱を加えても温度が上昇しないのはなぜか。熱はどこに消えたのだろう。

この世界の最も厳しい法則の一つにエネルギー保存則がある。これは、エネルギーは何もないところからわき出したり消滅したりすることは決してないということを述べている（これが熱力学第一法則である）。熱というのはエネルギーの一つだから、このエネルギー保存の法則があてはまる。つまり加えた熱は消えてしまうことは決してない。氷が水に変わるということは、固体から液体へ相変化することである。通常はこの相変化に熱が使われると説明されるが、別の考え方として、熱が水に潜んだと考えてもよい。なぜなら逆に水が冷やされて凍るとき、その潜んだ熱がすべて放出されきるまで、すなわちすべての水が凍るまで0℃が維持される。このような相変化に伴って出入りする熱を「潜熱」という。特に固体が液体に変わるときの潜熱を「融解の潜熱」という。

同じことが水から水蒸気、すなわち液体から気体への相変化に伴っても起こる。水を加熱して100℃に達したとき沸騰が始まるが、水の温度は100℃を超えて高くなることはない。これは相変化に伴って、水蒸気に熱が潜むと解釈することができる。これを「蒸発の潜熱」という。この相変化は100℃でなくても、どの温度でも起こる（そうでないと洗濯物が乾かない）。逆に水蒸気が凝結して同じ温度の水滴になるとき、その潜んでいた熱が放出される。

そのような常温での水と水蒸気の相変化は、絶えず大気中では起こっている。水蒸気が凝結して雲粒子を形成するとき、蒸発の潜熱が放出され、空気が加熱される。逆に雨粒が相対湿度100％未満の雲底（雲の下端）より下に落ちてくると蒸発が始まり、潜熱が吸収されることで空気が冷却される。このような熱のやりとりは、水が水蒸気になるとき、逆に水蒸気が水になるとき、あるいは水が凍るとき、さらに水蒸気が直接氷になるときなどに起こる一般的な物理過程である。たとえば小さな過冷却水滴が凍結したり、固体降水粒子（雪片やあられなど）が融解したりすると、それに伴って、融解の潜熱が出入りする。ただし、蒸発の潜熱は融解の潜熱に比べて圧倒的に大きい。

このように考えると、水蒸気は水が蒸発するときに奪った熱と同じだけの熱エネルギーを隠し持っているとみなしてよいことが分かる。さらに考えを進めて抽象化すると、水蒸気は熱エネルギーと等価とみなすことができる。これは考え方に少し飛躍があり、飲み込むのに少し戸惑われる方もあるかもしれない。しかし大気中の水蒸気を熱エネルギーと捉えることで多くのことが理解しやすくなる。次の節ではその意味の重要性を説明する。

水蒸気とは何か

茶碗に湯を注いで静かにおいておくと、白い湯気が立ちのぼるのがみえる。その中にも自然界に普遍的な構造をみることができる。ときどき誤解があるが、お湯の上に立ちのぼる白い湯気は水蒸気ではなく、微小な水滴の集団であり、その点で雲と同じである。よく見ると湯気と水面の間に、何もない薄い層がみられる。この層は、お湯で暖められた空気が多量の水蒸気を含む層である。これは温かい海面の上に発達する積乱雲の下の湿った対流混合層に相当する。水蒸気は無色透明で匂いもなく、人間の五感でその存在を感知することはできない。さらにその正確な量を測定することは現在でも難しく、水蒸気を観測するために測定器を開発しているエンジニアは日々その測定精度向上に苦心している。水蒸気は気象の研究や気象予報において最も知りたい量であるが、最も知るのが難しいものである。

本章で最もお伝えしたいことは、前節で述べたように水蒸気は熱エネルギーだということである。水蒸気はいうまでもなく水が気体になったものである。つまり水という物質で、その化学式は誰もが知っている H_2O である。このように水蒸気は物質としての側面を持つ。一方で、気象学では熱エネルギーとしての側面を持っていると考える。

第3章で説明したように、ある温度の空気は熱エネルギーを持っているというのは分かりやすい。指先に、より低い温度の風が当たると、冷たく感じる。これは指の熱が空気に奪われて、指がすこし冷やされ、空気がすこし暖められることを意味する。つまり熱エネルギーが指から空気に移動したのである。このような熱の移動を〝熱伝導〟といい、熱伝導によって移動する熱のことを気象学では〝顕熱〟とよぶ。もし空気の温度と指の温度が同じであれば、熱の移動は起こらない。逆に私が真夏の明星電気の工場で経験したように（第1章参照）、気温が体温より高い場合は、顕熱が身体のほうに与えられて、暑い思いをする。

もし指が水で濡れていたらどうなるだろう。私たちは濡れた指が冷たく感じることを経験する。人間が汗をかいて体温調整をするように進化したのは、濡れた身体は熱を奪われ冷やされることを知っていたからである。濡れた指先から水が蒸発するとき、指の熱が奪われ冷たく感じるのである。しかし指先と周囲の空気の温度が同じなら、空気は暖められない。なぜなら空気と指の間で顕熱が移動しないからである。冷たく感じた指から奪われた熱エネルギーは、水が水蒸気になるときに水蒸気に潜んだのである。この場合、指は冷やされるが、大気は水蒸気が増えるだけで加熱されない。このように水が相変化をするときに出入りする熱が潜熱であるが、気象学ではそれをさらに一般化して、水蒸気そのものを潜熱とよぶことがある。すなわち水蒸気という物質を熱エネルギーと等価とみなすということである。しかし水蒸気の状態である限り周囲を加熱しない。凝結という相変化を起こしてはじめて、潜んでいた熱が周囲に放出されて加熱するのである。

積乱雲はなぜ突発的に発生するのか

エネルギーは必要なだけ少しずつ取り出して使用できるのが望ましい。ところが自然はそれほど親切ではない。エネルギーがどんどんとたまっていくのに、何も起こらず、あるときちょっとしたきっかけ（これを「トリガー」ということがある）で、たまりにたまったエネルギーが一気に放出されることがある。そのような現象を「突発現象」といい、多くの場合、さまざまなものを破壊してしまう危険なものである。気象では積乱雲や集中豪雨が突発現象の代表である。地球物理学では、地震や火山の噴火、宇宙物理学では太陽フレアの爆発などが挙げられる。さらに経済活動では、株価の暴落などに代表されるような突然の世界経済の大変動などがある。

もっと身近なものでは〝ししおどし〟が、ある意味、突発現象である。ちょろちょろと流れ込む水が溜まることは、エネルギー（この場合は位置エネルギー）が蓄積されることになる。そしてある量の水が溜まると、ししおどしは転倒してカーンという大きな音を立てる。すなわちここでエネルギーが解放されて、運動が起こるのである。ただ、ししおどしが突発現象として特別なのは、周期的であり、また特別なトリガーを必要としないという点である。

いずれにしても突発現象では、エネルギーが蓄積されるというメカニズムが本質的である。地球大気の絶対不安定では、そのようなメカニズムがはたらかない（正確には大気の粘性がその役割をしているが、それは無視できるほど小さい）。このため太陽が暖めた地面が、地表付近の大気をどんなに加熱しても、対流圏上端に達するような規模の積乱雲を発達させることはできない。大規模な積乱雲では、その全生涯に1000万トンの水蒸気と、10億トンの空気を持ち上げる。71ページで出てきたクイーン・エリザベス2世号は約7万トンだそうである。積乱雲はそれをおよそ1万隻も持ち上げていることになり、その量の大きさに驚かされる。クイーン・エリザベス2世号が1万隻も集合すると、壮観な眺めであろう。1つの積乱雲はそれぐらいの質量を上空に持ち上げている。そのような運動を突発的に起こすためには、膨大な量のエネルギーを蓄積することが必要である。地球大気はそのためのエネルギーを蓄積する巧みなメカニズムを有している。それが水蒸気であり、別の言い方をすると、潜熱という隠れた熱エネルギーである。

普通の熱エネルギーでは、大気を加熱してしまい、暖められた空気は浮力を持つので、運動が起こってしまう。しかし、大気は水蒸気に熱エネルギーを潜熱という形で隠すことができる。水蒸気は相変化しない限り、すなわち雲粒や氷晶を形成しない限り、大気を加熱しないので、潜熱エネルギーは蓄積される（正確には大気に水蒸気が混ざることで大気は軽くなり、わずかに加熱したことに相当するが、それは積乱雲の形成において無視できるほど小さい）。大気の下層が地表面から加湿されたり、水蒸気を多く含む空気が流れ込んだりして、大気下層の水蒸気量が増えることがある。これはすなわち大気下層に熱エネルギーが蓄積されることになる。なぜなら、水蒸気がいくら増えても運動は起こらないからである。これはまさに突発現象の必要条件である。

気温が高いほど大気中の水蒸気は多くなることができるという性質があるので、気温が高くなり始めるとともに、水蒸気の多い梅雨末期には豪雨が発生しやすい。そのような大気下層に多量に水蒸気が蓄積されると、小さなきっかけ、すなわちトリガーがあると、水蒸気の潜熱エネルギーが一気に解放されて、もくもくと積乱雲が発達する。下層の水蒸気量が、大気が含みうる最大量（これを「飽和水蒸気量」という）に近いほど、小さなトリガーで積乱雲が発達する。

トリガーとしてはたらくのは、下層の気流のぶつかり合い（水平気流収束）や山による持ち上げ、局所的な前線、局所的な寒気の流入などさまざまなものがある。いずれにしてもこのトリガーによって、下層の湿った空気塊が強制的に持ち上げられる。下層が湿った大気には、その湿り具合に応じて、持ち上げられた空気塊が浮力を得る高さが決まる。これを「自由対流高度」といい、大気が湿っているほど低くなる。トリガーによって持ち上げられた空気塊は、この自由対流高度以下の高度では下向きの力を受けるが、その高度を超えた途端に、浮力を得て自発的に上昇できるようになり、大気中をどんどんと上昇する。つまり自由対流高度を超えるということは、そこで上向きの浮力のスイッチが入るということである。それまでは大気は水蒸気を蓄積することができ、積乱雲は発生しない。ところがそのスイッチが入った途端、潜熱エネルギーが一気に運動エネルギーに変換され始め、積乱雲が発生を始める。積乱雲が突発現象である理由は、その発生がこのようなスイッチでコントロールされているからである。そしてこれが積乱雲の突発的発生のメカニズムである。

下層の大気が湿っているほど自由対流高度が低くなるので、小さなトリガーでそれを超えて積乱雲が発達できる。すなわち大気が不安定というのは、自由対流高度が低いということで、低いほど大気の状態がより不安定といえる。別の言い方をすると、トリガーが小さくて済むほど大気の状態はより不安定であるといえる。そして下層の大気がより湿っているほどそのようになりやすい。つまり、大気が不安定というのは、下層の大気が非常に湿っているということである。

ここまでの話を気象学の言葉で説明すると次のようになる（ここはやや専門的なので、読み飛ばしていただいてもかまわない）。下層の未飽和の空気塊が持ち上げられるとき、雲の形成が始まるまでは、乾燥断熱減率で気温が低下する。この間は常に環境場の気温より低いので、下向きの力を受ける。ある高さまで持ち上げられたとき、空気塊は水蒸気飽和に達して、雲の形成が始まる。この高さを

「持ち上げ凝結高度」という。ここから潜熱が解放され始め、その加熱により空気塊の断熱冷却による気温の低下が緩和され、気温が低下する（この気温低下率を「湿潤断熱減率」という）。やがて環境場の気温よりも高くなる高度に達する。この高度が自由対流高度で、これを超えると、浮力で上昇を始める。その上昇中は潜熱による加熱で、空気塊の気温の低下は環境場の気温の高度変化より小さいので、どんどんと上昇を続ける。やがて対流圏上端近くになると、環境場の気温低下も小さくなり、空気塊の気温が環境場と同じになる高度に達する。ここで浮力もゼロとなり、空気塊の上昇が止まる。すなわちこれが積乱雲の上端（雲頂）となる。下層の湿度が高いほど、持ち上げ凝結高度も自由対流高度も低くなるので、これらの高度に達しやすく、より容易に積乱雲が発達する。すなわち、下層が湿っているほど大気は不安定となるということである。この不安定の考え方は「潜在不安定」（latent instability）とよばれ、これは次節で出てくる「対流不安定」（convective instability）に近い概念である。

上空に寒気が流れ込んでくると、持ち上げられた空気塊の気温に比べて、より環境場の気温が低くなる。すなわち環境場と空気塊の気温差が大きくなり、それだけ浮力も大きくなる。このため上空の寒気移流は、不安定を強めることに寄与する。専門的にはこの気温差の総量を「対流有効位置エネルギー」とよび、これが大きいほど激しい積乱雲が発達する。逆に対流有効位置エネルギーがゼロのとき、大気は安定であるという。

大気の不安定を判別する相当温位

前節までの説明で、積乱雲の発生にかかわる大気の不安定を考えるには、水蒸気、すなわち潜熱を考慮することが必要であることが分かった。水蒸気は水という物質であるが、熱エネルギーと等価なものと捉えることで、第3章で出てきた空気塊の内部エネルギーや仕事と足したり引いたり、あるいは変換したりすることができるようになる。それによって水蒸気が相変化をする場合の大気の不安定と、それにおける水蒸気の役割を容易に理解できるようになる。念のため申し添えると、物質をエネルギーと等価と考えるといっても、アインシュタインの特殊相対性理論から導かれる質量とエネルギーが等価であるという結論とはまったく異なることにご注意いただきたい。ここでは同じものを、物質とエネルギーという異なる側面と捉えるということである。

第3章の【図3-6】に示したように、乾燥大気の場合、空気塊の気温だけで決まる内部エネルギーと、空気塊の仕事の和は、高さとともに不変である。これらのエネルギーが保存されることを温度で表現したものが、温位（ポテンシャル温度）である。ところが水蒸気が相変化をして雲や氷晶を形成する（これを「湿潤過程」という）場合、それに伴う潜熱による加熱で、温位は変化するので保存量とならない。そこで内部エネルギーと仕事の和に、水蒸気量で決まる潜熱を加えたものを考えればよいということになる。

乾燥大気の温位の【図3-6】に対応した、湿潤過程のエネルギーの総和を【図4-2】に示す。乾燥空気の場合と同じように、空気塊が上昇すると断熱膨張により、空気塊が周囲の空気に対して仕事をするので、内部エネルギー（すなわち温度）は減少する。しかし上昇とともに、水蒸気が凝結して雲を形成すると、潜熱が放出されて、空気塊が加熱される（図中段500hPa）。その分が内部エネルギーに変換されるので、仕事による内部エネルギーの減少を補うことで、温度の低下が緩和さ

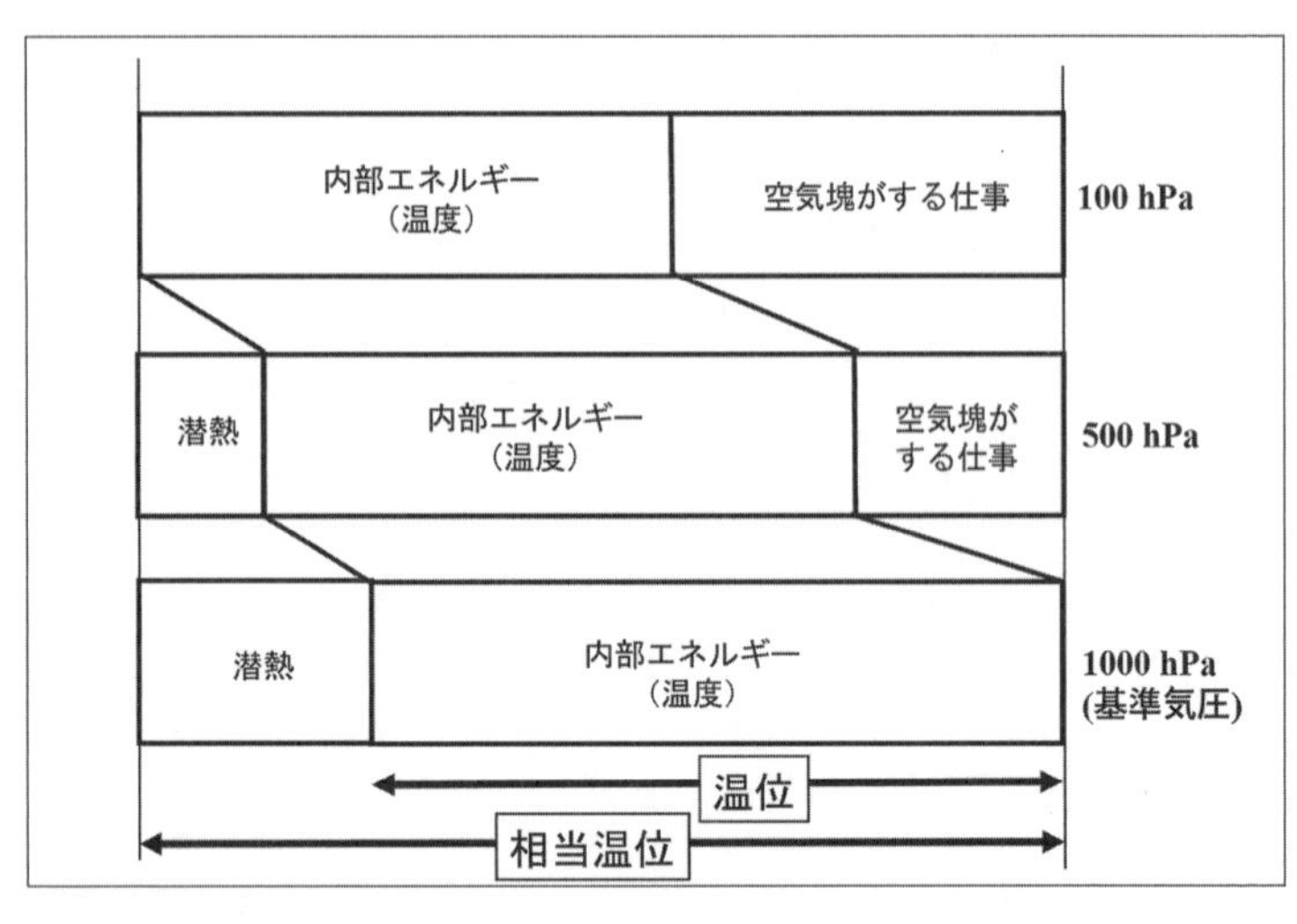

【図４－２】空気塊が鉛直運動するときの、温位及び相当温位の概念図。

れる。図上段の１００hPaに達するとほとんどすべての水蒸気が凝結して潜熱が放出されてしまい、それが内部エネルギーに変わる。これらの過程では、仕事による内部エネルギーの減少、すなわち気温の低下を、潜熱エネルギーが補う分だけ気温の減少が緩和される。つまり空気塊の上昇に伴う気温の下がり方（減率）が小さくなるということで、これが乾燥断熱減率より湿潤断熱減率のほうが小さくなる理由である。

重要な点は湿潤過程において、潜熱、内部エネルギー及び仕事の総和は保存されるということである。このエネルギーの保存を温位で表現したものを「相当温位」（equivalent potential temperature）という。英語をそのまま訳せば、「等価ポテンシャル温度」であるが、慣例的に日本語では「相当温位」という。これもまた多くの読者の方々には馴染みのない新しい概念であろうが、温位と並んで重要な概念であるので、是非、本書で馴染みになっていただきたい。【図４－２】

から分かるように、相当温位は潜熱と内部エネルギーを足したもので決まる。

エネルギーの保存式から相当温位の式を導くのは、やや複雑な計算が必要なので、ここではその詳細は省略する。重要な点は、潜熱は水蒸気の熱エネルギーとしての側面であり、内部エネルギーは気温で決まるものなので、相当温位は気温と水蒸気量の両方を与えてはじめて決まることだ。すなわちこれら2つの量の関数となっているので、相当温位を求めるためには、気温と湿度の両方の観測が必要である。

さて、ここで新たに出てきた相当温位が大気の不安定の判別にどのように役立つのだろう。非圧縮性流体の水の場合、水の入った水槽を下から加熱して、下層の温度が高くなると、水の層は不安定となり対流が発生する。これは水の下層により多くの熱エネルギーが蓄積され、それが運動を起こしたと解釈される。水蒸気を含まない乾燥大気の場合は、温度ではなく温位を用いて大気の安定性を判別した。水の場合の温度に対応して、圧縮性流体の空気は温位が大気下層で高くなると、絶対不安定となって対流が発生する。

これらから類推すると、湿潤大気がその下層に水蒸気を多く含んでいる場合、大気下層には気温だけで決まる内部エネルギーに水蒸気量で決まる潜熱エネルギーがあり、それらの和として決まる相当温位が高いということは、潜在的に温位が高いことになる。ここで「潜在的に」とは、凝結が起こったときに初めて加熱が起こるという意味である。湿潤大気の場合、その潜在性を考慮して、相当温位が下層で大きく、高さとともに減少するような分布をしている場合、大気は不安定であると考える。これは下層に運動を起こすための潜在的な（潜熱の）熱エネルギーが多いことを意味する。そしてこのような高さとともに相当温位が減少するような場合を「対流不安定」という。

水蒸気が大気下層に多い場合、下層の空気塊が持ち上げられてはじめて、凝結加熱が起こって上層より下層の温位が高くなる。相当温位とはこの状態を量的に示しているものである。凝結が起こらない限りは、どんどんと水蒸気は下層大気に蓄積される。それはすなわち潜熱エネルギーが蓄積されることになり、これが突発現象に特有のエネルギーの蓄積のメカニズムとなっている。この状態が対流不安定であり、相当温位はその判別の指標となる。

本章の最初のところで、大気が不安定というのは難しい概念であると述べたが、相当温位を用いると、「大気が不安定というのは、相当温位が高さとともに減少している状態である」と明快に定義することができる。要は下層に水蒸気が増えると、相当温位が下層で大きくなり、それがすなわち大気が不安定であるということである。

相当温位のイメージをつかむために、実際に観測された大気場の例を【図4－3】に示す。これは2018年7月の西日本豪雨が起こっていたときの、沖縄県南大東島の1日～8日で平均した観測値である。細い実線は温位を表し、高さ（図では縦軸で気圧を表している）とともに増加している。これは第3章の【図3－7】で温位が高さとともに増加していることと同じで、大気は全層にわたって乾燥過程については安定である。これに対して、太い実線が相当温位で、650hPa（およそ高度3.5km）より下層で高さとともに減少し、その上空では増加している。すなわち、この高度以下では、対流不安定の状態となっている。

【図4－3】の細い点線は、相当温位の最大値の鉛直分布を示しており、これを「飽和相当温位」という。水蒸気量が増大して飽和水蒸気量に近づいていくと、相当温位は飽和相当温位に近づく。逆に水蒸気量がゼロに近づくと、温位に近づく。相当温位は温位と飽和相当温位の間にあり、飽和相当温位に近いほど大気が湿っていることを表している。【図4－3】では大気下層の相当温位が飽和相当温位に近いので、大気下層が湿っていることがわかる。なお、飽和相当温位の鉛直変化は、別の安定性の概念である「条件付不安定」の指標となるが、ここでは本筋から外れるので触れない。

【図4－2】は水蒸気の熱エネルギーとしての側面を示したもので、水蒸気の水という物質としての側面は描かれていない。水蒸気を含む地上の空気塊が上昇して、潜熱を出すということは、水蒸気の水物質という側面からすると、雲が形成され、やがて降水となって空気塊から水物質が取り除かれることになる。内部エネルギーと仕事の和から導かれる温位は、上昇した空気が、再びもとの基準気圧の高度まで下降すると、もとの温位、すなわちもとの気温と完全に同じになる（基準気圧では温度と温位は同じになる）。これに対して、相当温位の場合は、持ち上げられた空気塊から液体または固体となった水物質がすべて除去されてしまうので、相当温位は保存されるが、温位、すなわち気温は潜熱で加熱されて、もとの気温よ

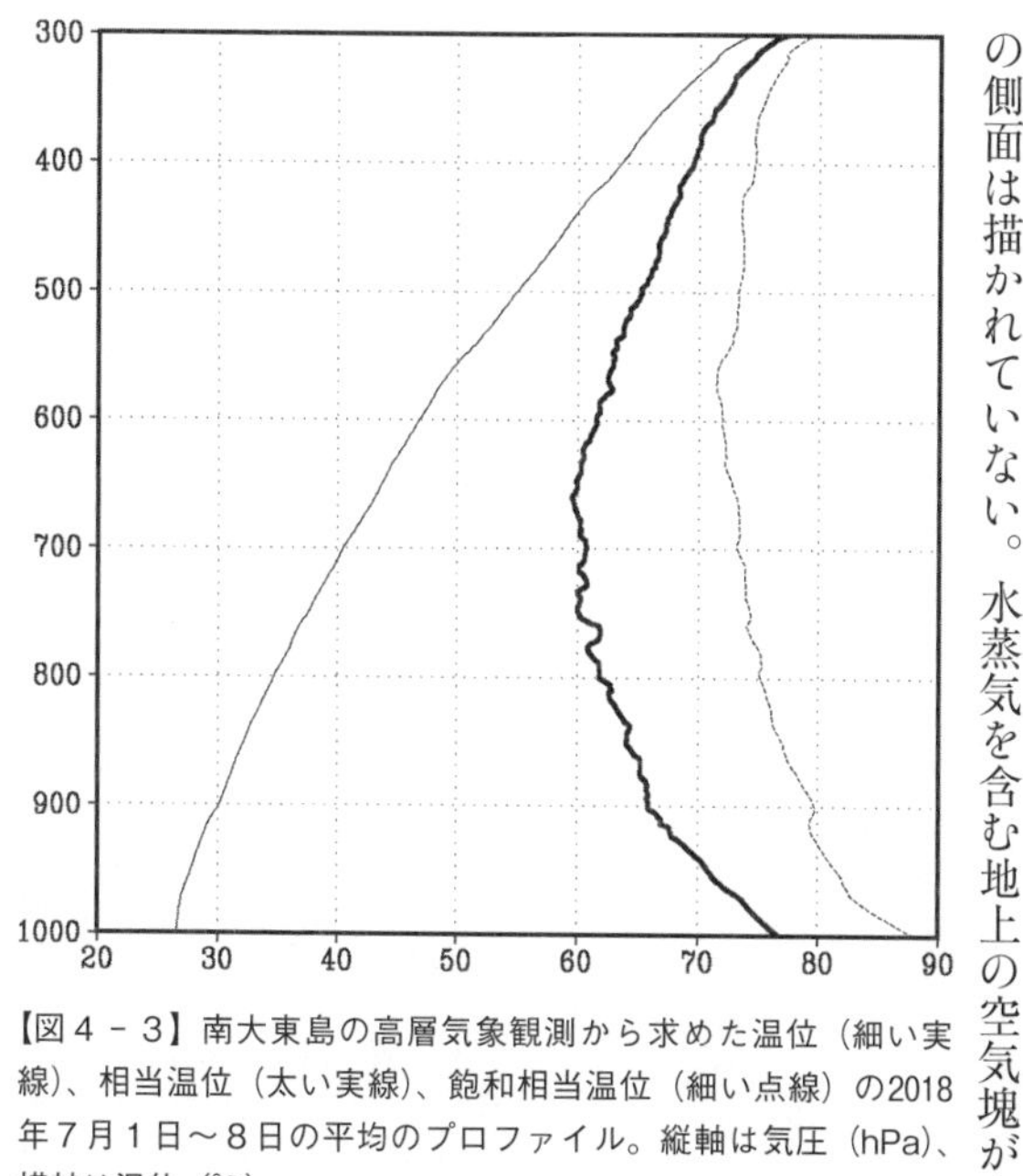

【図4－3】南大東島の高層気象観測から求めた温位（細い実線）、相当温位（太い実線）、飽和相当温位（細い点線）の2018年7月1日～8日の平均のプロファイル。縦軸は気圧（hPa）、横軸は温位（℃）。

り高くなる。すなわち、【図4-2】では地上から1000hPaまで持ち上げられた空気塊は、潜熱がほとんどすべて内部エネルギーに変換されてしまうので、そのまま地上に降りてくるとさらに仕事が内部エネルギーに変換され、温位がもとの相当温位と等しくなる。基準気圧では温位は気温に等しいので、それだけ気温が上昇することになる。このようなプロセスは「偽断熱過程」という。

もちろん凝結物（雲粒子や降水粒子）が除去されないという過程を考えることもでき、それは「飽和断熱過程」という。この場合、凝結でできた雲粒子や雨粒は空気塊のなかにすべて残っており、その状態で空気塊を基準気圧高度に下げると、断熱圧縮で気温が上昇するが、同時に凝結物の蒸発冷却により、気温の上昇は乾燥断熱減率より小さくなる。そして最終的には気温と水蒸気量が元の状態と完全に同じにもどる。すなわち、これは可逆過程である。実際には偽断熱過程のほうが重要で、通常、凝結物はすべて除去される（雨となって落ちてしまう）と仮定して相当温位は計算される。

【図4-2】に示した潜熱と内部エネルギーの総和の話や相当温位は、馴染みのない新しい概念と思われるかも知れないが、実は日常よく経験していることである。その代表が湿潤フェーンである。高校の地学で出てくるもので、地学の大学入試問題にはしばしば登場する。それによると、水蒸気を含む空気塊が山の斜面を登るとき、断熱冷却により空気塊が冷やされて、水蒸気が凝結し、山の上で雲が形成され雨が降る。そのときの空気塊の気温の低下は凝結加熱により緩和される（湿潤断熱減率で気温が低下する）。山頂を越えて今度は山の斜面を下るときは、乾燥断熱減率で気温が上がるので、山麓に到達すると気温が大きく上昇して、暖かく乾いた風が吹く。これが湿潤フェーンである。

これを【図4-2】で説明すると、1000hPaにある山の風上の状態が、図の下段で、そのときの気温は温位に等しい。山の風上側斜面を登って凝結が起こることで、潜熱エネルギーが内部エネルギーに変換される（すなわち潜熱の放出により空気塊が加熱される）状態が図の中段である。実際には空気塊は１００hPaまでは上昇しないが、山頂を越えるとき、潜熱の多くの部分が放出されるので、その状態は図の上段に対応する。最後に風下側斜面を吹き降りて１０００hPaの山麓に達すると、水蒸気は少なく、潜熱は内部エネルギーに変換されているので、相当温位が風下山麓での気温となる。基準気圧の高さでは確かに潜熱分だけ気温が増えていることが分かる。山の風上と風下では、相当温位は変化しない（保存されている）が、気温は大きく上昇している。すなわち、湿潤フェーンが起こると山の風下では高温になるのである。これに対して乾燥フェーンによる昇温は、温位だけで説明できることは第3章で説明した。

このように相当温位は大気の不安定や鉛直運動における理論的考察において重要であるが、その他に大気の特性の水平分布を考える上でも非常に有効である。すでに説明したように相当温位というのは、気温と水蒸気量の両方によって決まる量であるので、これら両方の特徴を同時に表現してくれる。たとえば梅雨前線というのは寒冷前線などに比べると、温度傾度が非常に小さく、特に西日本から中国大陸上では、気温の水平分布だけからではどこが前線なのかはっきりしない。梅雨前線はむしろ水蒸気量の南北分布のほうがはっきりしていることがある。

そこで温度の傾度と水蒸気量の傾度の両方を使って梅雨前線の位置を見ると分かりやすいのであるが、これらの両方の特徴をもつ相当温位は、梅雨前線を示す上で最も分かりやすい量となる。実際、中国大陸や東シナ海などでの梅雨前線の位置は、相当温位の水平傾度によって示される。【図4−4】は梅雨前線によって西日本豪雨が発生していたときの２０１８年7月5日21時の地上気温

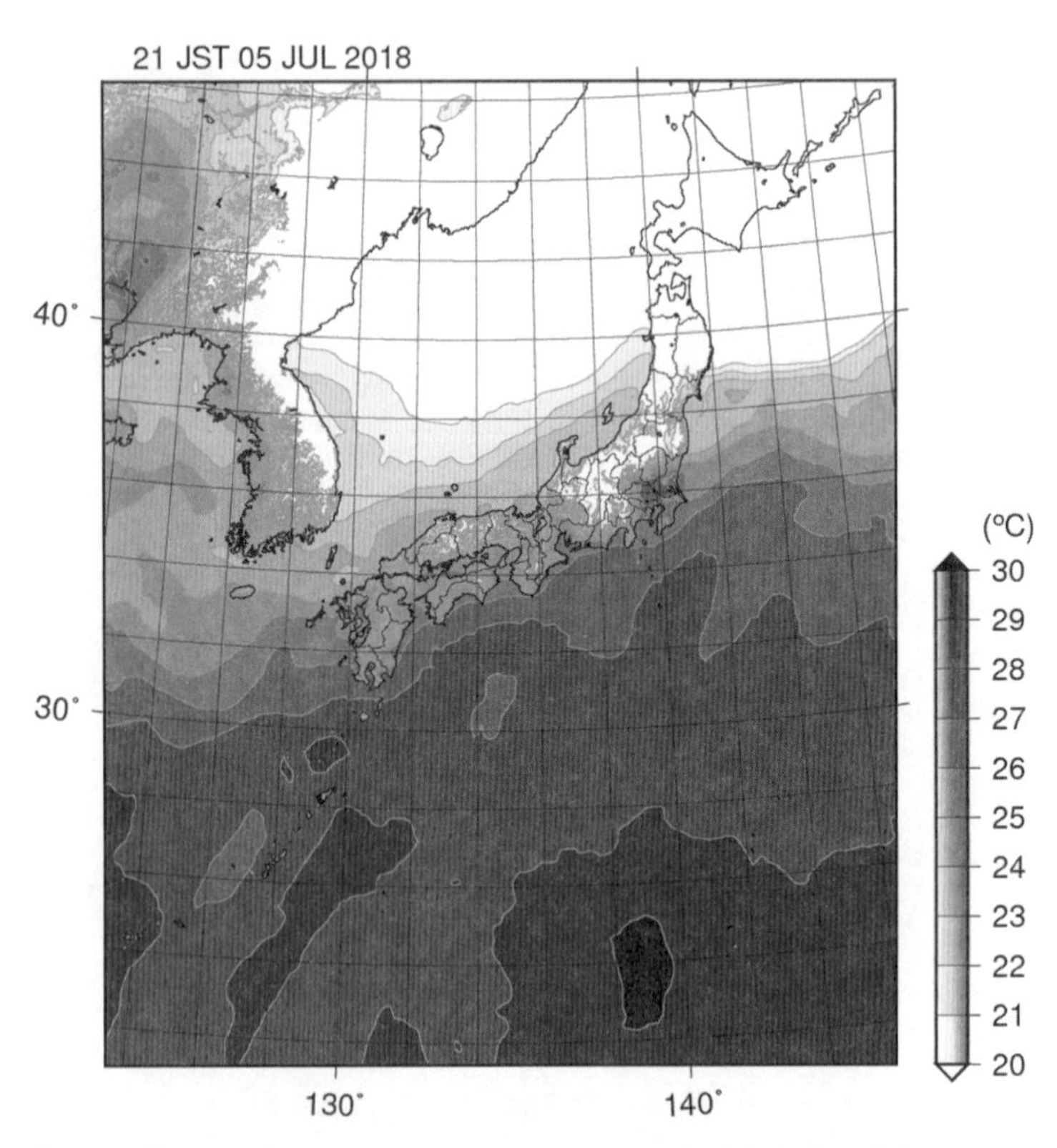

【図４－４】予報実験から得られた2018年７月５日21時（日本標準時）の地上1.5mにおける気温の分布。

の分布を示したものである。西日本から東シナ海にかけて、気温の分布にはあまり大きな南北傾度はなく、梅雨前線の位置をはっきりと特定することは困難である。これに対して、【図４－５】は同日、同時刻の相当温位の分布を示したもので、西日本から東シナ海にかけて明瞭な相当温位の南北傾度があり、ここに梅雨前線が位置していることが分かる。この梅雨前線を境に、北側には冷たく乾いた空気、南側には暖かく湿

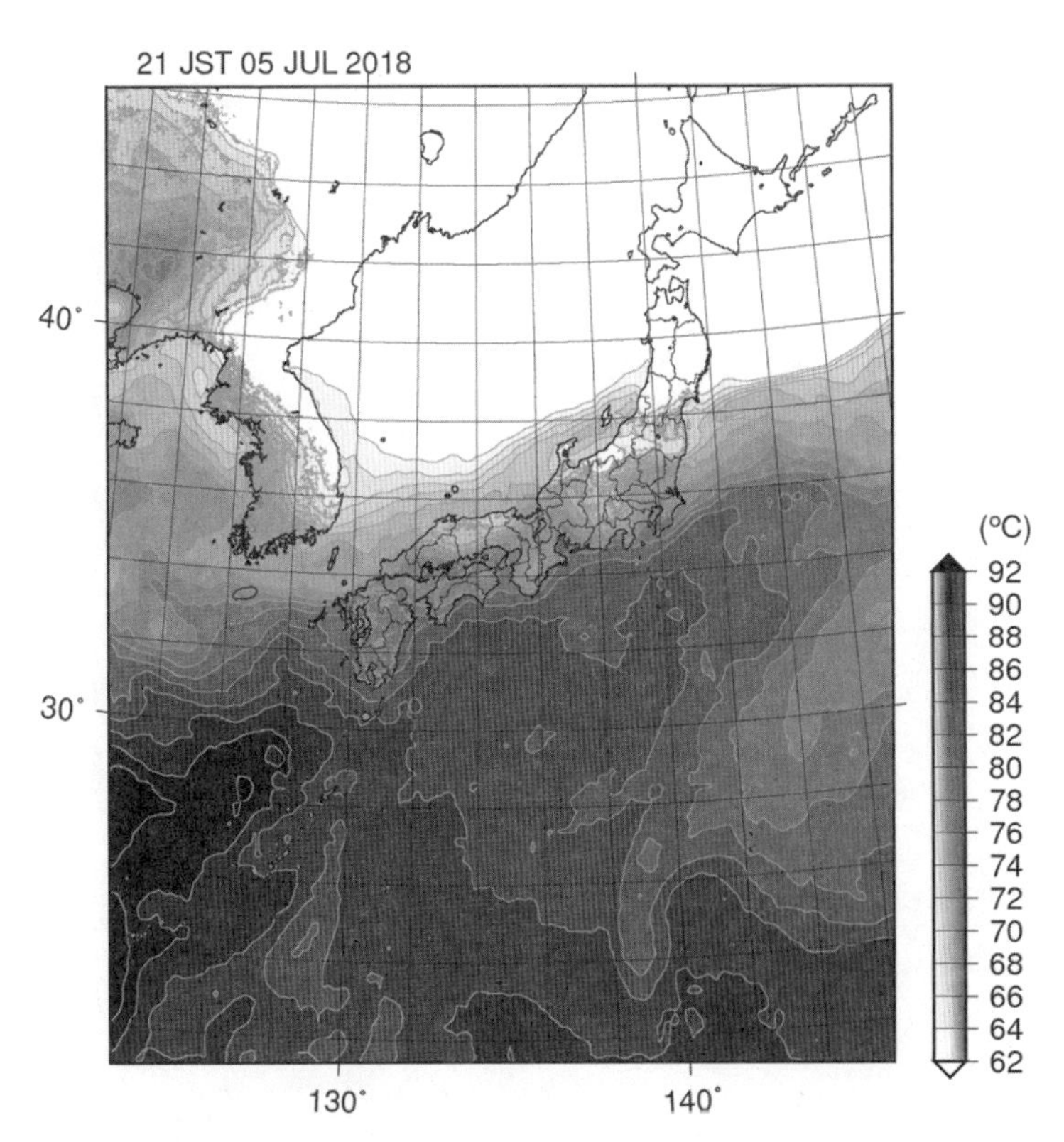

【図４－５】予報実験から得られた2018年７月５日21時（日本標準時）の地上1.5mにおける相当温位の分布。

った空気がある。このように西日本から東シナ海、さらに中国大陸にかけての領域では、梅雨前線の位置を相当温位の分布から決めることが容易にできる。

本節で解説してきたように相当温位は、大気の不安定の判別、大気の鉛直運動、気団の特徴などを示す上で非常に便利な量である。本書で初めて接したという方も多いかも知れないが、便利なもの、有用性の高い量であることをご理解いただきたい。

なお、温位や相当温位の単位には、通常、第1章で出てきた絶対温度の単位のケルビン［K］を用いるが、本書では馴染みの深い摂氏温度の単位［℃］を用いた。摂氏温度に273・15Kを足すと絶対温度になる。

第5章　豪雨はなぜ発生するのか

大気の河

大気のなかにも河がある。しかもそれはとてつもなく巨大で、幅500㎞から1000㎞にも達し、長さは数千㎞に及ぶことがある。これはまさに大河なので、「川」ではなく「河」と書く。その河を流れる水の流量は、毎秒百万トンに及ぶこともある。いうまでもなく「大気の河」とは、気体の水、すなわち水蒸気の流れのことで、多量の水蒸気が帯状に流れているものである。水蒸気の流れだから、水蒸気の河というべきであるが、英語では atmospheric river というので、日本語でもそのままの訳で、大気の河という。

世界で最長の〝水の川〟はナイル川で、その長さは6650㎞、年平均の流量は毎秒2830トン、アマゾン川は長さが6516㎞、平均流量は毎秒20万トン程度だそうである。大気の河は、これら世界最大の大河をはるかに上まわる水の流れなのである。ただ、大気の河の厄介な点は、時間的、空間的変動が非常に激しいことである。さらに日本周辺では観測点のほとんどない太平洋や東シナ海などの海上に形成されるため、その実態を捉え、流れる水の量を正確に知ることは、ほとんど不可能であることも、防災の観点から大きな問題である。

大気の河は目に見えない水蒸気の流れなので、水の川と違ってそれがどれほど危険なものかをイメージすることは難しい。しかし海洋上から大気の河が流れ込むところでは、とんでもない豪雨が発生することがあるので、大気の河を観測し、さらに予測することは豪雨の防災において非常に重要である。たとえば2015年9月に茨城県常総市で鬼怒(きぬ)川の決壊を起こした豪雨では、太平洋から関東および東北地方に大量の水蒸気を流し込む大気の河が形成されていたと考えられる。昼間に起こった鬼怒川の決壊、さらにその濁流のなかからヘリコプターで救助される人々の映像が何度も報道され、その災害の甚大さを印象づけたので、この豪雨は記憶にある方も多いだろう。

気象庁はこの豪雨を顕著な災害を起こした現象として、「平成27年9月関東・東北豪雨」と命名している。このとき台風アータウ（2015年第18号）が太平洋上を北上し、9月9日に愛知県に上陸し、その後日本海に抜けて温帯低気圧になった。一方、関東の南東の太平洋上には台風キロ（第17号）がゆっくりと日本に近づきつつあった。2つの台風が日本周辺にあるということは、非常に危険な状況にあったということである。気象庁によると[1]、9月7日から9月11日の期間の総降水量は、栃木県日光市今市で647・5㎜、宮城県丸森町筆甫(ひっぽ)で536・0㎜が観測された。この期間の関東地方の総降水量は、多いところで600㎜を、東北地方は500㎜を超えており、9月の月降水量平年値の2倍を超える豪雨であった。この豪雨により浸水家屋は約1万2000棟、死者8人という甚大な災害が発生した。

台風アータウが太平洋を北上して名古屋に接近していたとき、私は大学の研究室にいて、その様子を気にしていた。アータウが東海地方に上陸しそうだということも気になったが、それよりもアータウの東側にわずかに形成されていた、南北に延びる雲帯がもっと心配だった。それは2011年の台風タラス（第12号）の災害を想起させたからだ。タラスもそれほど強い台風ではなかったが、やはり台風の東側に南北に延びる降雨帯が形成されて、それが紀伊半島に2000㎜近い豪雨をもたらし、死者82人、行方不明者16人という大災害となった（第6章参照）。通常、台風に伴う降雨帯はスパイラルレインバンドとよばれらせん状をしている。それがほどけるように直線状になると、その上陸地点は強い雨が長時間持続し豪雨となる。

2015年の台風アータウの場合、東側の雲帯は発達し、台風が日本海に抜けた後、台風から切り離されるように南北に延びる雲帯に発達した。そのなかには線状降水帯が形成され、それが長時間にわたって関東地方に停滞したため、上記のような豪雨となった。このとき、この雲帯に沿うように、関東地方の南の太平洋上には南北に延びる大気の河が形成されていた。[2]【図5－1】は名古屋大学宇宙地球環境研究所で行った高解像度シミュレーションから得られた結果で、水蒸気の鉛直積算量分布を描いたものである。水蒸気はほとんどが大気下層にあるので、大気下層の水蒸気の総量を示していると思っていただいてよい。この図（a）の濃い色のところが多量の水蒸気があるところで、関東地方から南に向かって太平洋上に延びており、フィリピンと台湾の間を通るように南シナ海まで続いていることが分かる。これが鬼怒川の決壊をもたらした豪雨の水蒸気源である大気の河である。東西幅およそ500㎞、最大の鉛直積算水蒸気量が1㎡あたり約80kg、これが毎秒10mの風で運ばれるとすると、この大気の河を流れる水蒸気流量は毎秒40万トンとなり、アマゾン川の2倍ほどの水流量となる。この多量の水蒸気が流れ込めば、第4章で説明した大気の不安定化により豪雨が発生することは容易に想像できる。

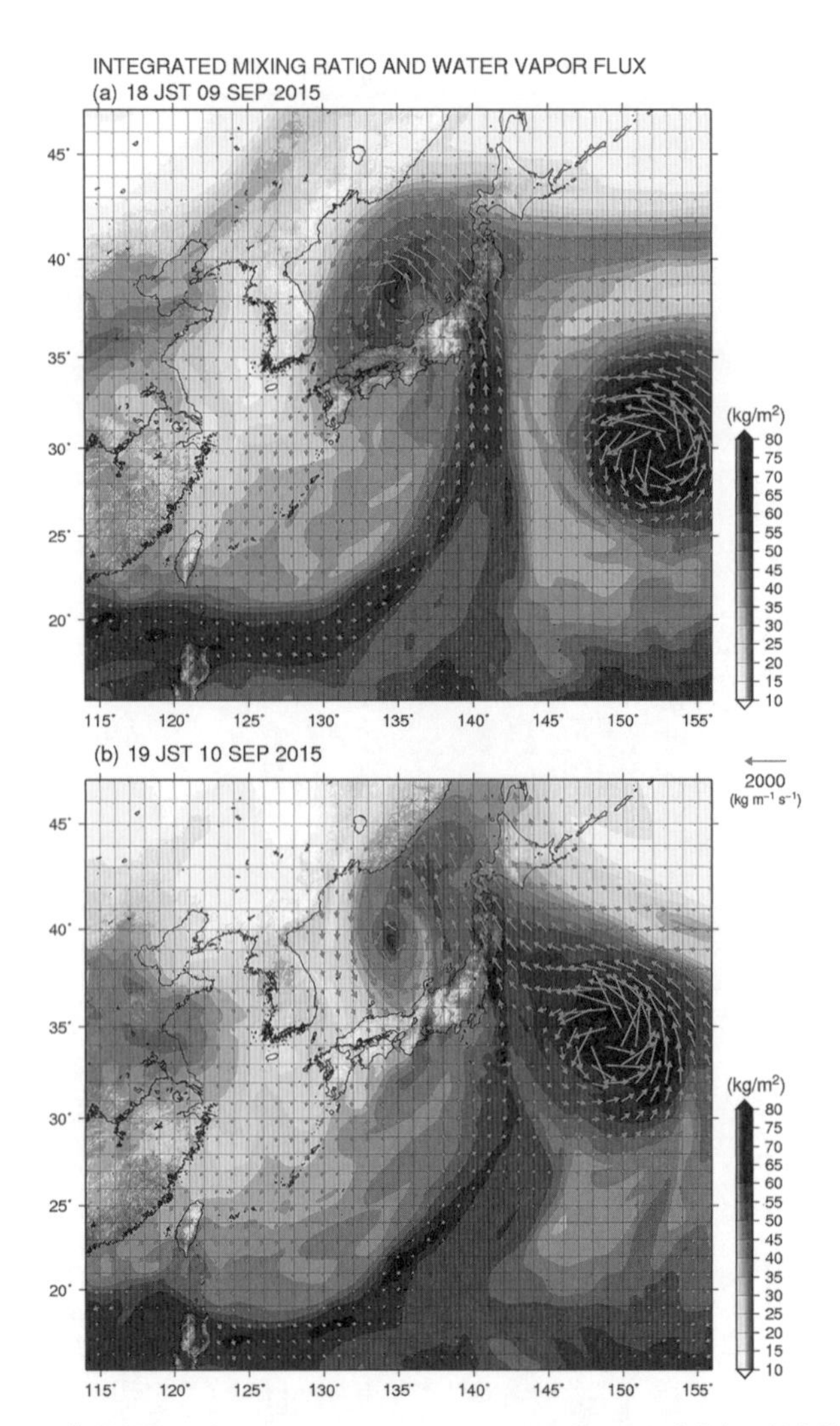

【図５－１】雲解像モデルによるシミュレーションから得られた水蒸気の鉛直積算量（単位面積あたりの上空の総水蒸気量；kg/m^2)。矢印は鉛直平均した水蒸気の流れを表す。(a) 2015年９月９日18時と (b) 10日19時。時間は日本標準時。

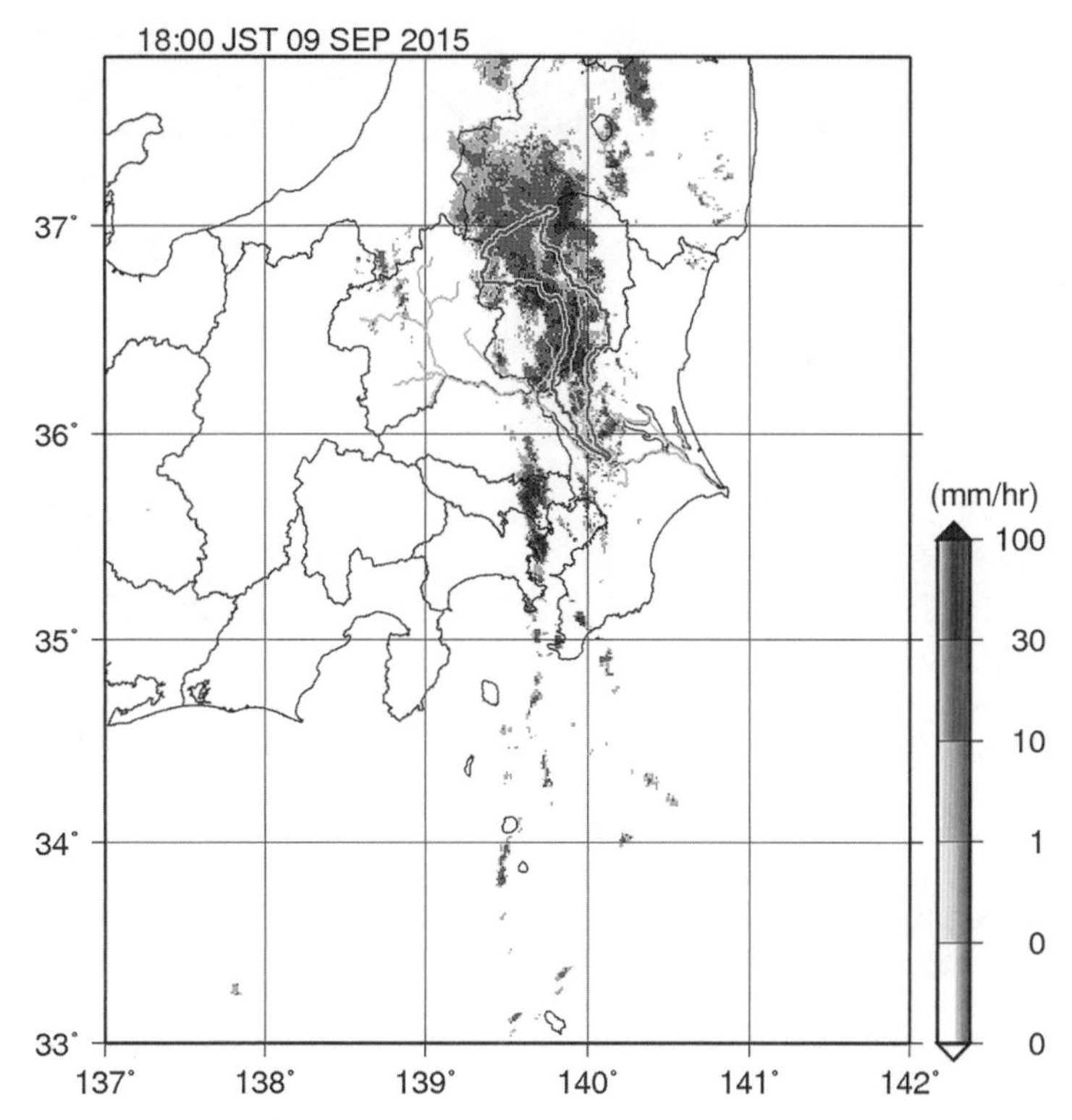

【図５－２】2015年９月９日18時00分の気象庁レーダによる降水分布。太い実線で囲った領域は鬼怒川流域を示す。

【図5－3】那覇空港から羽田空港に向かう旅客機から撮影した、2015年の鬼怒川決壊をもたらした線状降水帯。左下は伊豆半島の一部（琉球大学山田広幸先生のご厚意により提供）。

この大気の河のなかに非常に強い線状降水帯が形成され、その線状降水帯はあたかも鬼怒川流域を知っているかのようにその上に停滞した（【図5－2】）。この停滞は、台風アータウを日本海上で飲み込んだ大規模な気圧の谷と、ゆっくりと移動していた台風キロにより、その間に位置した大気の河がほとんど固定されたことで起こった。この線状降水帯は発達した積乱雲で構成されていた。【図5－3】はその雲を航空機からとらえた貴重な写真である。南北に並ぶ積乱雲群が圏界面（対流圏の上端）まで発達し、連続的なテーブル状の雲を形成している様子が分かる。このようなテーブル状になるのは、個々の積乱雲が強力に発達していることを示している。翌日、9月10日には台風キロがやや北上したために少し大気の流れが変わり、この大気の河は関東地方の東海上にずれて、東北地方に流れ込んだ（【図5－1】（b））。これにより宮城県での豪雨となったのである。

このような豪雨はたまたま関東地方で発生した

と考えるべきである。【図5－1】は2015年9月9日を初期条件として行った予報実験で、その結果は関東地方に線状降水帯が形成されることを示していた。ところが初期条件を少しさかのぼって9月6日にすると、大気の河は300㎞ほど西にずれて、東海地方に線状降水帯が発生するという結果となる。これは初期条件にある誤差が実際と異なる結果をもたらしたのだが、仮にこの誤差が〝実は真実だった〟としたら（それは十分あり得ることである）、関東・東北豪雨は、00年9月に発生した東海豪雨に続く、〝第二東海豪雨〟となっていたかも知れない。

実際、大気の河の日本列島への流れ込みは、しばしば発生しているようだ。断定的に言えないのは、海上の観測がないため、その実体が分かっていないからである。しかし例えば2017年の九州北部豪雨や、18年の西日本豪雨では太平洋と東シナ海からの水蒸気の流れ込みが起こっていた。規模の大小はあるかも知れないが、激甚災害を起こす豪雨の多くは、大気の河によってもたらされている可能性がある。なぜならそもそも日本では、豪雨をもたらす水蒸気はすべて海洋上から流れ込むからである。

それではたとえば気象衛星から大気の河を観測できないだろうか？　確かにそのような研究もある。また、平成27年9月関東・東北豪雨のときの静止気象衛星が観測した水蒸気画像を見ると、大気の河が見えるように思われる。しかし、それはそこに大気の河があると思って見るからそう見えるのであって、事前にこれが豪雨をもたらす大気の河であると判別することは難しい。最も大きな問題は、大気下層にある水蒸気の〝量〟を正確に測定できないことである。水蒸気量がだんだんと増加するとともに雨の強さが増大し、その極限として豪雨となるわけではない。水蒸気が増えてもある限界を超えるまでは何も起こらない。そしてある限界の水蒸気量を超えたとき、突如として豪

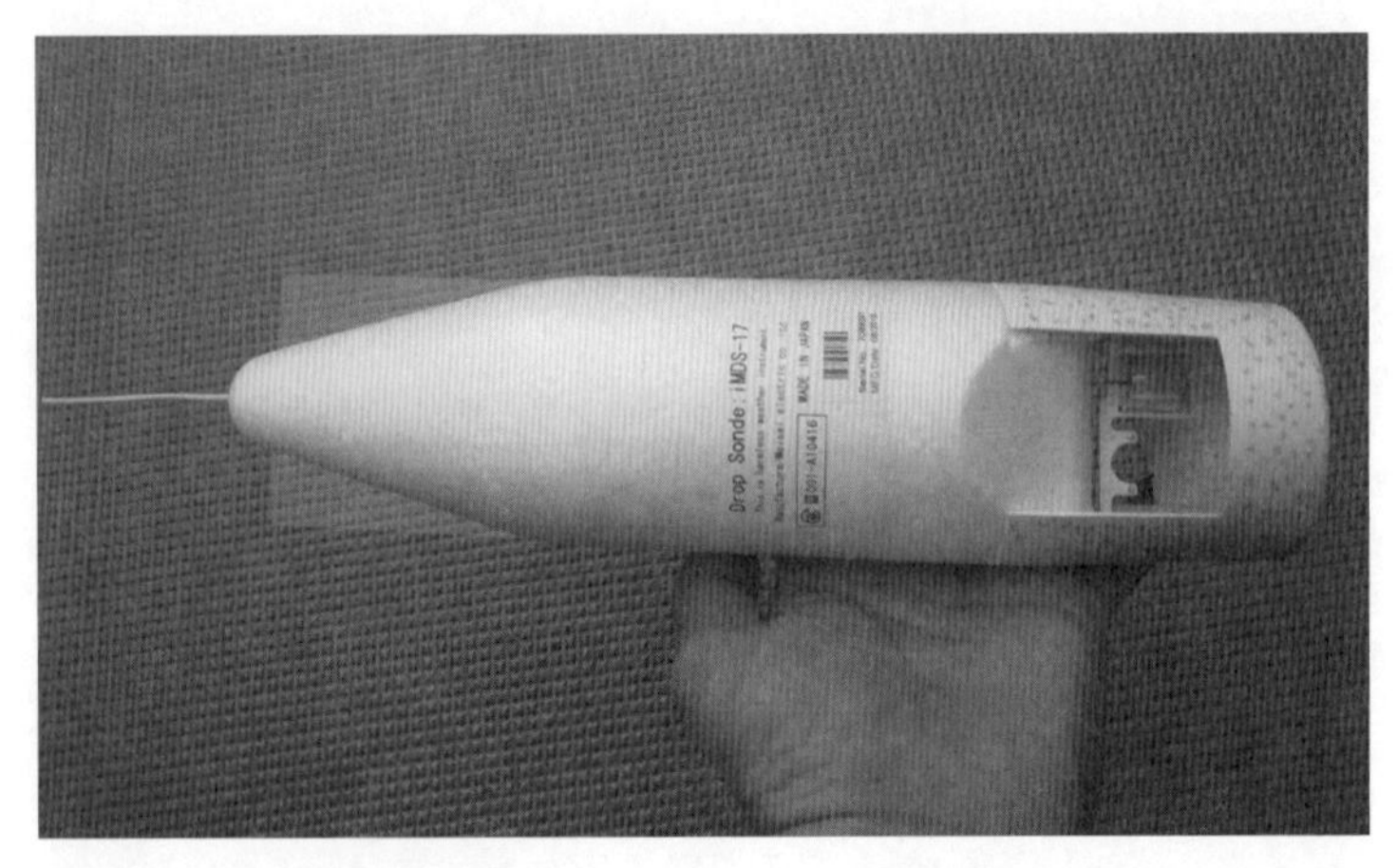

【図5－4】航空機観測で使用するドロップゾンデ（明星電気株式会社製）。右端に温度と湿度センサーが見える。航空機から射出すると、右側が下になって落下し、上空から海面までの温度、湿度、気圧、風向・風速、高度を測定する。ボディは生分解性素材でできていて、観測後は回収されず、海水中で分解される。

雨が発生する。あるときの大気の状態がこの限界値を超えているのかどうかは、そのときの水蒸気の量を正確に測定しなければ判断できないのである。

時間的・空間的変動が激しく、しかも海上で形成される大気の河の水蒸気量を正確に測定するには、機動的に航空機を飛ばして、直接観測を行うほかに手段がない。台風や梅雨前線などに伴い大気の河の発生が予想されるとき、航空機を飛ばして、大気の河が存在する可能性のある領域をトラバースするように飛行してドロップゾンデを投下し、海面付近までの水蒸気量を正確に測定し、そのデータを数値予報に取り込むことで、大気の河にともなう豪雨の予測を高精度化することができる。ここでドロップゾンデというのは、航空機から射出して、落下しながら、温度、湿度、気圧、風向・風速、及び高度を測定する観測装置で、【図5－4】は名古屋大学宇宙地球環境研究所と明星電気株式会社で開発した最新のドロップゾンデである。大気の河の横幅が500㎞あるとすると、ドロップゾンデをたとえば50㎞間隔で投下すると10地点の観測値が得られ、その詳細な構造と水蒸気量を知ることが可能である。

【図5－1】から分かるように、大気中で最も湿った領域でも1㎡あたり約80㎏ぐらいである。この水蒸気量は80㎜の水に相当する。平成27年9月関東・東北豪雨のような豪雨が起こるためには、積乱雲に流れ込む水蒸気が、雲のなかのプロセス（これを「雲物理過程」という）によって、次々と降水に変換されなければならない。

以下の節では、水蒸気からどのように豪雨が形成されていくのかについて、雲の内部のプロセスと雲の特性を説明する。

積乱雲の中で何が起こっているのか

それはおそらく、私が大学院に入ってすぐの夏休みに兵庫県の実家に帰省したときの、今から30年あまり前のことだと思う。そのとき私は夏のある晴れた昼間に車を運転していた。周辺には青空の中にいくつかの入道雲ができていた。その一つが降らせている雨が、車を走らせている道路の前方から近づいてきたのである。通常、雨は徐々に強くなるので、降っているところと降っていないところの境はあいまいである。しかしそのときは、その境界がはっきりと見えたことが記憶に残っている。それはつまり極めて強い雨が、入道雲の直下だけで起こっていたことを示していた。いわゆる雨脚（あまあし）である。

私はそのとき即座に車を路肩に寄せて、停車するべきだったのに、その雨脚のなかに突入してしまった。雨まであと数メートルであることが分かるほどだった。そしてその雨脚に入ったと同時に、フロントガラスに多量の雨が当たり、瞬時に前が見えなくなった。もちろんワイパーはフルパワーで動かしていた。それでもまったく前が見えなかった。もし先行車がいたら、追突していただろう。路肩に止めようにもそばの道路端さえ見えなかった。

【図5－5】は夏季のパラオで撮影した積乱雲から海面に延びる雨脚である。非常に強い雨が積乱雲の下に形成されており、雨脚がはっきり見える。おそらく当時私が経験した雨脚もこのようなものだったのだろう。

前が見えない状態が数分続いたと思うと、急に雨はほとんど止んでしまった。これが私のこれまで経験した中で最も強い雨だった。おそらくこのときの瞬間雨

【図5－5】2013年6月8日にパラオで撮影した、積乱雲から海面に落ちる雨脚（筆者撮影）。

量は1時間雨量にして200㎜を超えていただろう。もしかすると300㎜に達していたかも知れない。このような局所的で大きな瞬間雨量の記録は、日本ではきわめてまれで、約17㎞ごとに設置されている気象庁のアメダス（AMeDAS）観測網にはほとんどかからない。近年発達してきたレーダで、かろうじて観測できるほどである。そのためこうした強さの雨が、どれくらいの頻度で起こるのかは分かっていない。瞬間的に毎時200㎜の雨でも、雨の強さを1時間平均にすると、

その雨の強さはほとんど見えなくなってしまうからだ。

しかしこの経験は、積乱雲の核、つまり降水のコアの部分では、そのような強い降水が形成されることを私に強く印象づけた。今考えるとこれが降水コアとの最初の出会いだった。それ以来、このような強い雨を体験したことはない。後でお話しするが、それから30数年を経て、最先端気象レーダを用いて、降水コアを観測できるようになった。それが降水コアとの〝再会〟である。

では、この降水コアのなかの雨はどれくらいの量だったのだろう。もちろん観測がないので正確な量は分からないが、大雑把な見積もりぐらいはできる。一般的に強い雨が降っているとき、地上付近での1㎥の体積の中に数gの雨粒が存在する。水蒸気が最大で20gほど存在するのに対して、雨粒の量は一桁小さい。この降水コアの場合、仮に1㎥あたり5gの雨が降っていたとする。大粒の雨の平均的な落下速度は10m/s程度なので、1秒あたり1㎡の面積の上に50gの水が増えていくことになる。これが1時間続いたとすると、180kg増えることになる。1㎡に180kgの水は180㎜の深さに相当する。つまりこのときの降雨強度は毎時180㎜となる。1982年の長崎豪雨の1時間降水量が187㎜、気象庁の記録にある最大1時間降水量は153㎜、最大10分降水量を1時間降水量に直すと300㎜なので、この見積もりはそう悪くはない。おそらく実際にはもう少し多かったのだろうと思う。

このように書くと一つの積乱雲が、1時間に100㎜や200㎜もの雨をもたらすように誤解されるが、そのようなことは決してない。その理由は後で説明するとして、その前にこのような雨がどのようにして作られるのかを説明しよう。雨の強さは、単位体積当たり、たとえば1㎥に含まれる雨粒の数、雨粒の大きさ、およびその落下速度で決まる。降雨強度の単位は通常 mm/h（ミリメートル毎時）であることから分かるように、雨の強さは実は速度の単位を持つ。雨が降って地上にたまるとき、その水面が上昇する速度が雨の強さを表している。たとえば100mm/hの雨が降ると、1時間に地上にたまった雨の水面が100㎜、つまり0・1m上昇するということである。

雨の粒子の大きさ（「雨滴粒径」という）が大きいほど、雨の落下速度は大きくなるので、雨滴粒径と単位体積当たりの雨滴の数（「雨滴の数密度」という）が分かれば降雨強度が決まる。こぬか雨のような小さな雨滴粒径の雨では、雨滴の数密度が大きくても、落下速度が小さいので降雨強度は大きくならない。なお、雨滴粒径は大粒の雨でも、直径にして3〜5㎜程度が最も大きなものである。私の恩師である北海道大学の藤吉康志名誉教授によると、最大で直径8㎜ほどの雨滴を地上で観測したことがあるそうだ。これは特殊な例であって、雨滴は大きくなると、空中を落下しているときに雨滴の表面にできる波が大きくなり、表面張力では水滴の形状を維持できなくなって、小さな雨滴に分裂してしまう。地球の大気中では、スペースシャトルの中で空中に浮かんだ大きな水滴のような雨滴は形成も維持もできない。

それでは大粒の雨はどのようにして形成されるのだろう。雨のおおもとは水蒸気なので、雨粒に水蒸気が集まって雨滴が大きく成長すると思われるかも知れないが、そのような成長は微小なときだけで、ある程度大きくなった水滴（およそ直径20ミクロン以上）では、このプロセスによる雨滴の成長はほとんど効かない。水蒸気の分子は水滴の表面から入り込んで水滴を成長させるのであるが、表面積は粒径の2乗でしか増えないのに対して、体積は3乗で増えていくからである。しかも地上付近は常に未飽和状態で（もし飽和していれば霧が発生している）、雨滴はむしろ水の蒸発による消耗に耐えなければならない。雨滴の成長は雲の中であれば、雲粒子や雨粒子と、雲底より下では他の雨粒子と衝突して、それらを併合することで成長していく。この過程を「衝突併合成長（または単に併合成長）」という。直径2㎜の雨滴の重さは、0・0042gほどなので、1㎥に5gの雨があるとすると、約1200個の雨滴があることになる。つまり1ℓ（1000㎤）につき、1・2個程度である。仮にこの雨滴がりんごほどの大きさ、つまり100倍ぐらいの大きさとすると、縦、横、高さがそれぞれ10mの部屋に1つのりんごがあるイメージとなる。それほど離れている個々の粒子が衝突をするというのはあまり確率的に高くないことがイメージできるだろう。

つまり大粒の雨がたくさんできるためには、もっと上空の雲のなかで起こっていることを考えなければならない。ここでいう雲とは積乱雲（入道雲）である。真夏の猛暑日でも地上から5㎞も上空にあがると気温は0℃にまで低下する。その上は氷点下で、積乱雲は通常この高さをはるかに超えて、15〜18㎞の高さにまで達する。つまり、積乱雲の高さの3分の2は氷の世界なのである。ただし重要な点は積乱雲のなかの気温0℃のレベル（これを「融解層」という）より上にも、実は多数の液体の粒子、液体の雲粒や雨粒が存在していることである。

小学校では水は0℃になると凍ると教えられるが、実は0℃以下の水というのは一般的に存在する。特に雲や雨のような水滴になると、マイナス40℃ぐらいまでは液体のままで存在できる。これを「過冷却水滴」というが、これが大雨の形成において極めて重要なはたらきをする。【図5-6】に高度約10㎞、気温マイナス30・2℃で観測された過冷却雲粒の例を示す。これは顕微鏡を気球につけて台風周辺の雲のなかに投入して撮影したもので、多数のまるいつぶつぶが過冷却水滴である。直径は20〜50ミクロンで、球形をしていることから、水滴であることがわかる。

雨は雲から降ってくる。何を当たり前のことをと思われるかも知れないが、雲のなかで雨が形成される過程は、非常に複雑でかつ実に巧妙な自然の仕掛けがはたらいている。それは驚くべき雲の神秘的メカニズムである。その詳細までを説明する余裕はここではないが、かいつまんで基本的なプロセスを説明する。

第3章で説明したように、空気塊が大気中を上昇すると、断熱冷却により気温が下がり、やがて空気塊の内部は飽和水蒸気圧に達する。さらに冷却されると、その温度の飽和水蒸気圧より高い水蒸気圧になる。この状態を「過飽和」とよび、相対湿度では100%を超えることになる。この過剰分が雲粒になるのであるが、そのためにはエアロゾルとよばれる大気中の微粒子が必要である。しかもエアロゾルなら何でもよいわけではなく、特に雲粒の形成の核となるものが必要で、そのようなエアロゾルを「凝結核」という。もしエアロゾルが全くないクリーンな大気であれば、相対湿度が300~400%に達しなければ、水滴は形成されない。凝結核があると相対湿度100%をほんのわずかに超えるだけで、雲粒が形成される。すなわちエアロゾルは雲の形成をコントロールする重要な要素である。

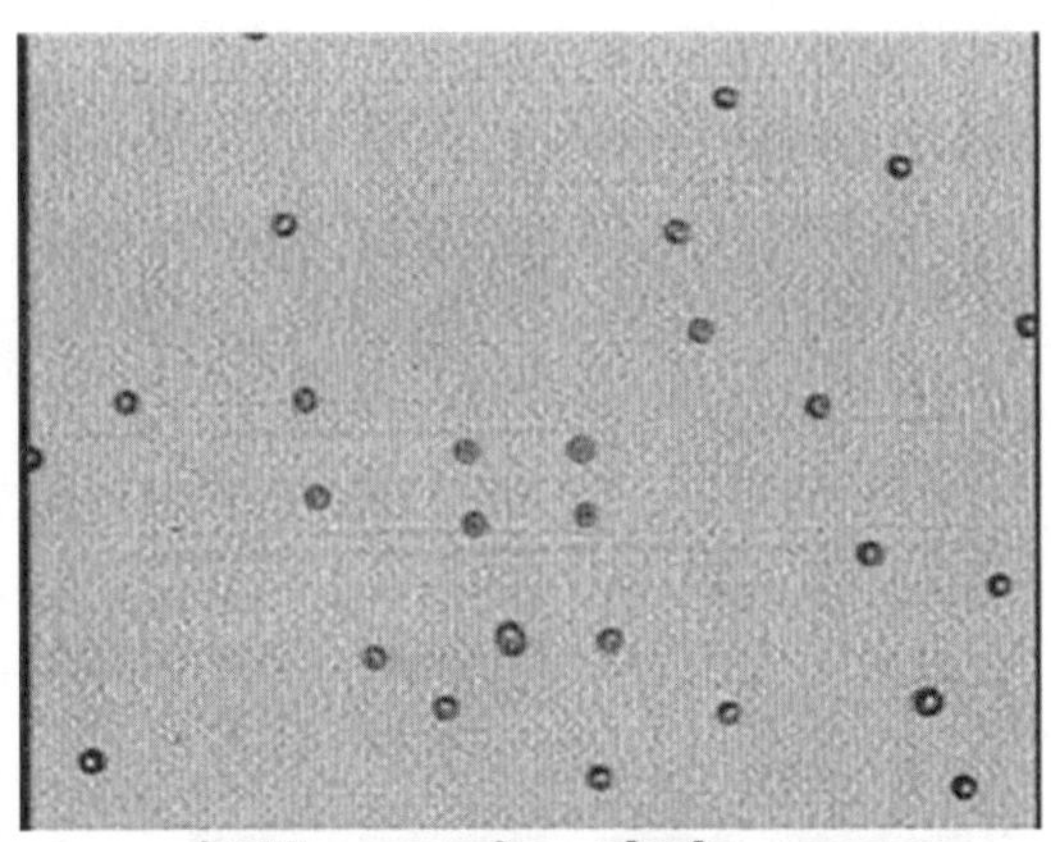

【図5－6】沖縄本島で観測された過冷却水滴。2013年10月23日、台風フランシスコ（第27号）の接近時に観測された。図の横幅は1.2mm、縦は0.9mm である。

エアロゾルのうちの凝結核の数は、陸地周辺では多く、大洋上では少ない。これによって雨の降り方は大きく変わってくる。名古屋と海洋性の空気の覆う沖縄では雨の降り方が異なる。さらに空気がクリーンなハワイや南洋のパラオなどで降る雨は、名古屋とも沖縄とも違っている。雨は地球上であればどこでも同じように降るわけではなく、場所によってその形成プロセスも、雨の特徴も違っている。

エアロゾルがあることでできた雲粒は、空気塊の上昇とともに数を増やし、やがて気温0℃の高度を超えてさらに上空に持ち上げられる。先に述べたように液体の雲粒は0℃より低い温度になっても凍らず、液体の雲粒のままさらに上空に持ち上げられる。エアロゾルのなかには、この過冷却の雲粒を瞬時に凍らせるはたらきをするものがある。これを「氷晶核」とよび、凍結の結果できる氷粒子を「氷晶」という。氷晶核にはもともと雲粒内部に含まれているものもあれば、大気中を漂っていて過冷却雲粒と衝突するものもある。いずれにせよ氷晶となった雲粒は勝ち組である。氷晶と液体の雲粒が混在するとき、氷晶は液体の雲粒から水分子（つまり水蒸気）をどんどんと搾取して成長し、一方、氷になれなかった水滴は消耗し、やがて蒸発してしまう。これは氷と水に対する飽和水蒸気圧が異なるからで、同じ水蒸気量であれば、氷のほうがはるかに効率よく成長できる。

空気塊がさらに上昇してマイナス40℃より低い温度になると、さすがの過冷却雲粒も我慢できずにすべて氷晶となる。これらのプロセスでできた氷晶は、まわりの水蒸気をさらに集めて急速に成長し、直径100ミクロン程度を超えると「雪結晶」とよばれるようになり、落下を始める。これが降水の始まりであり、雲が降水に変換されたことになる。

雪の博士とよばれた中谷宇吉郎先生は、自然界で降ってくる雪結晶を観察すると、上空の様子が分かると考え、「雪は天から送られた手紙である」という言葉を残している（第2章参照）。

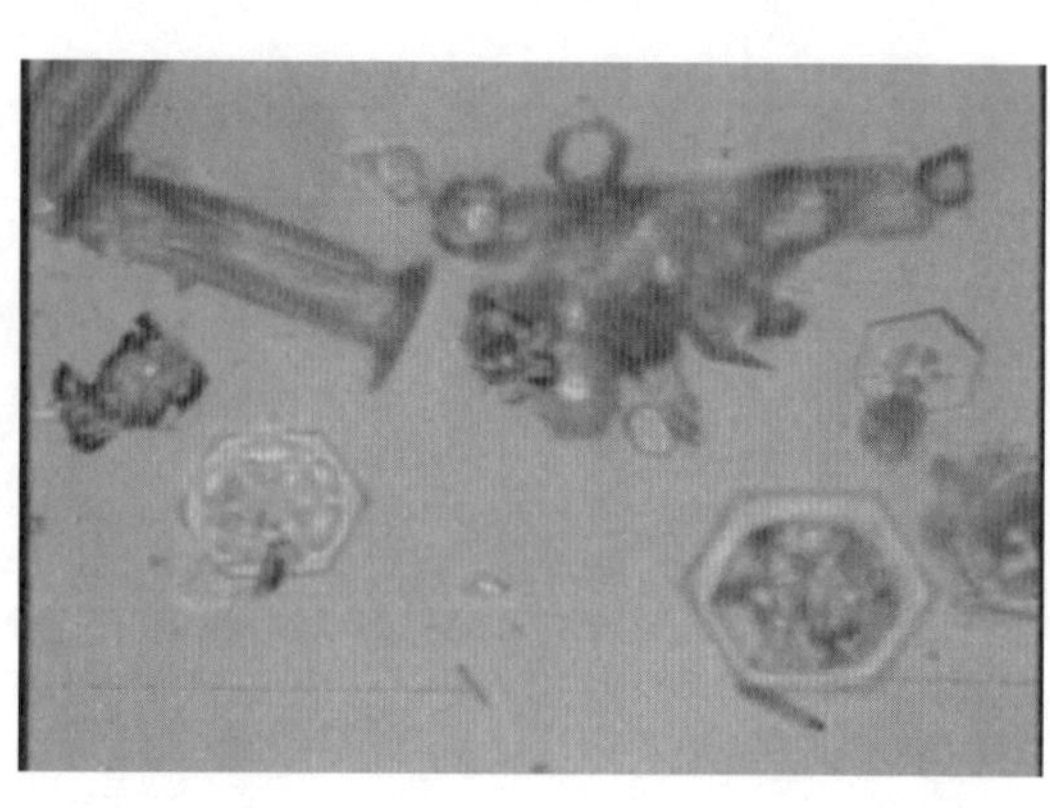

【図5－7】高度9.0km、気温マイナス23.7℃の雲内で観測された氷晶粒子。

もしそうならば雲の上部でどんなふうにその手紙が書かれているのかを、覗き見しに行きたくなるのが人情である。そこで実際に、私たちの研究室では気球に顕微鏡を付けて雲のなかに投入し、その様子を覗き見するプロジェクトを行った。しかも沖縄とパラオで誰も行くことができない雷雲の上部に投入した。しかし、そこで観測された積乱雲上部の雪結晶や氷晶は、想像していたものとはまったく違い、形が乱雑で、あまり美しいとはいえないようなものばかりだった（【図5－7】）。自然の雲は乱筆乱文しか書けないようだ。そのことが分かって、中谷先生の言葉をあらためて読んでみると、実は英語では、Snow crystals are the hieroglyphs sent from the sky.と表現されていた。そうかヒエログリフでは読めないはずだ。私たちはたいへんな苦労をして、顕微鏡を積乱雲上部に投入して、手紙が書かれているところを覗き見した。しかし手紙はヒエログリフで、いまだにそれを読むためのロゼッタストーンは見つけられていない。自然は、私たちが思っていたよりもはるかに彼方に、その真実を隠しているようだ。

少し話がそれてしまったが、形成された雪結晶や大きな氷晶が重力によって落下を始めると、大きさや形によって異なる落下速度のため、お互いに衝突し併合する。こうして氷晶や雪結晶が多数集合してできるのが雪片である。普通、「雪が降ってきた」というときは、この雪片が降ってきていることが多い。ふわふわと音もなく降り積もる雪片はロマンチックである。特に大きなものはぼたん雪とよばれる。冬の初めにひらひらと舞う雪片は風花（かざはな、またはかざばな）という。冬の終わりや春の初めに降る雪はなごり雪（なごりの雪）とよばれ、雪片であることが多い。

雪片は氷粒子同士の集まりであるが、積乱雲のなかには先に述べたように多くの過冷却水滴が存在している。落下する氷晶や雪結晶が過冷却水滴と衝突すると、瞬時に凍り付いて付着する。多量の過冷却雲粒のなかを落下すると、次々と過冷却雲粒を付着させて成長し、その結果できるのがあられ（霰）である。あられは古くは古事記にも出てくる言葉である。

雨滴は大きくなると分裂して小さな水滴になるが、あられは固体なので、分裂せずにどんどん成長する。大きくなると落下速度がますます大きくなり、さらに過冷却水滴を併合して成長する。ふわふわとゆっくり落ちる雪片に比べて、あられは大きな落下速度で降ってくる。小さなあられでも顔に当たると痛いぐらいだ。このためあられの形成は雲粒子を効率よく降水に変換するプロセスで、あられは降水強度を大きくする重要な要素である。

あられが形成されると、氷晶などの軽くてゆっくり落下する粒子と衝突することで、積乱雲のなかにプラスとマイナスの電荷を持つ領域が形成される。その電荷が蓄積してある値を超えると、大気の静電破壊が起こる。これが雷である。つまり雷が観測されるということは、上空に多量のあられが形成されていることを表している。

また、あられが強い上昇気流で支えられ、雲のなかで長時間滞留して、どんどんと過冷却雲粒を蓄積していくと雹（ひょう）となって降ってくる。これは非常に強い上昇気流がある積乱雲のなかで起こるプロセスである。

このように積乱雲の高さ3分の2ほどの領域で形成された、氷晶、雪結晶、雪片、あられは高度5㎞付近にある融解層（気温0℃の高度）で、融けて雨となって降ってくる。降水が雪結晶で降るのか、雪片で降るのかあるいはあられで降るのかによって、雨の降り方が変わってくる。あられは大粒の雨粒となる。夏季に積乱雲が発達するとき、雷とともに大粒の雨が降ってくるのはこのためである。効率よく成長する粒子であるあられがあると、大雨が発生しやすい。このような氷相が存在することで形成される降水のことを「冷たい雨」または「氷晶雨」という。

これに対して、たとえばハワイのような空気のクリーンな地域では、凝結核が少ないため、数少ない凝結核1つ1つが潤沢な水蒸気を受け取ることができて、最初から大粒の水滴となることができる。この水滴が衝突併合成長して雨が形成される。このような氷相をまったく経ないで降る雨のことを「暖かい雨」という。ハワイやパラオにみられる雲は、このような暖かい雨をもたらす雲が多く、雲がほとんど消えかけても雨が降り続くという、日本からすると不思議な光景が見られる。このような雨はよく虹をもたらす。パラオが虹の島とよばれるのはそのような理由からである。

大雨の形成プロセスで重要なものがもう一つある。上記のあられの形成では、積乱雲のなかでできた氷晶や雪結晶が種となって、過冷却雲粒を集積してあられを形成した。このような種となる氷粒子は、必ずしもその雲の内部でできなくてもよい。上空に氷粒子をもたらす雲がやってきて、そこから落ちてきた氷粒子が、その下の雲の過冷却雲粒を集積してあられ粒子を形成し、強い雨がもたらされるというメカニズムがある。これは「種まき過程」あるいは「シーダー・フィーダープロセス」とよばれる。1982年の長崎豪雨では背の高い雲の下に背の低い雲が入り込んできて、背の高い雲からの種まきによって、背の低い雲の雲粒子が効率よく降水粒子に変換されて豪雨となった[3]。また、北海道の胆振地方にある登別温泉は豊かな湯量で有名であるが、それをもたらしているのはオロフレ山系である。その山でできた雲の上に、上空の雲が移動してきて、種まきをして、山頂付近にできた雲から効率よく雨を降らせたという観測結果がある[4]。これらのように雲の種まき過程もまた、大雨の形成に重要なメカニズムである。

雨を観測する装置、レーダ

気象学が対象とする現象は、数mスケールの大気中の乱れ（乱流）から地球規模の大気の流れなどの数万kmまで、スケールの幅が非常に広い。そのためそれぞれのスケールによって研究のアプローチの仕方が異なり、スケールを区別して考えることが重要である。最も規模の小さい数mから大気境界層の1kmぐらいの現象は、ミクロ（またはマイクロ）スケール、温帯低気圧より大きな現象はマクロスケールという。地球全体の現象のスケールをグローバルスケールということもある。このミクロとマクロの中間のスケールをメソスケールとよび、そのスケールを対象とした気象学をメソスケール気象学あるいはメソ気象学という。そして豪雨や台風はメソ気象学の主要な対象となっている。次節で出てくる積乱雲はメソ気象学の重要な対象であり、積乱雲の集団（積乱雲群）や積乱雲を含む降水域（降水システム）を、メソ対流システム（メソ対流系）とよび、メソ気象学の中心的課題として活発な研究が国内外で行われている。

ここでミクロやマクロに比べて、メソという言葉はあまり馴染みがないかも知れない。このメソという言葉について、小倉義光先生は『お天気の科学』のなかで、メゾソプラノという言葉やメソポタミアという地域、さらに湯川秀樹が見出した中間子のメソンなど、例を示して説明されている。これらはどれも「中間の」という意味がある。メソポタミアはチグリス川とユーフラテス川の間の地域で、川（ポタモス）の間（メソ）ということだそうだ。

メソ気象学には雲や降水を伴う現象と、それらをまったく伴わないものがある。雨や雲はメソ気象学の重要な対象である。降水に関わるメソ気象学は、近年の気象レーダの発達とともに発展したといっても過言ではない。最近はテレビの気象情報でもレーダの画像がそのまま出るようになったので、多くの方はレーダという言葉に馴染みがあると思う。

レーダとは、マイクロ波とよばれる電磁波を、ある方向だけに絞ったビームにして射出し、雲や降水などのターゲットから戻ってくる電波信号を受信して、ターゲットを探知しそこまでの距離を計測するものである。英語では radio detection and ranging の頭文字をとって radar と書く。これは右から読んでも左から読んでもレーダと読めるところが、電波が往復することと対応していておもしろい。レーダで使用されるマイクロ波は、電波の一種で、赤外線の外側（波長の長い側）の波長帯に位置し、約3cm、5cm、10cmの波長帯が使用される。それぞれX、C、Sバンド（帯）とよばれ、たとえば波長3cmのマイクロ波を使用しているレーダを、Xバンドレーダとよぶことがある。これらの波長帯は水について感度があるので、降水レーダに使用される。同じ理由で電子レンジでも食品の加熱に利用されているので、マイクロ波には馴染みがある方も多いと思う。

多くのレーダは降水を観測するために使用されるが、射出した電波が降水からレーダに戻ってくる電波の強さ（これを「反射強度」という）は、降水粒子の粒径が大きいほど、また、数密度が大きいほど大きくなる。この反射強度を利用してどの場所にどのくらいの強さの雨が降っているのかを知ることができる。レーダのビームは細いほど正確に位置を知ることができるが、ビームはレーダからの距離とともに幅が広がるので、たとえば、ビーム幅1度の場合、レーダから10㎞のところでは170mの幅、60㎞の距離では1000mほどの幅になり、レーダからの距離とともに解像度が悪くなる。つまりレーダは降水の分布を一様な解像度でみているのではなく、レーダからの距離によってどこまで細かく見えるかが決まってくる。

特殊気象レーダには反射強度を観測する以外にも他のさまざまな機能がある。救急車がそばを通るとき、近づいているうちは音が高く、遠ざかるときは音が低く聞こえることを経験する。音は波動なので、音源が近づくときはもとの音よりも高く、遠ざかるときは低い音になる。これを音波のドップラー効果という。電波も波動であるので、同様の性質がある。この特性を利用して、射出した電波よりどれくらい周波数が変化したかを計測して、ターゲットの移動速度を観測できるレーダがある。このようなレーダをドップラーレーダという。

日本の大学でドップラーレーダをはじめて導入したのは、北海道大学低温科学研究所の若濵(わかはま)五郎教授であった。1985年のことである。ちょうどその頃、私は大学院生として、若濵先生の指導を受けることができたのは本当に幸いであった。ドップラーレーダを使うと、反射強度の他に雲のなかの気流を知ることができる。それにより雲の構造だけではなく、その内部の運動を知ることができるのである。当時、気象レーダを所有していたのは北海道大学と名古屋大学だけであった。

通常の気象レーダは、単一の電波（マイクロ波）を使用しており、これは水平方向にのみ振動する波（単一偏波）である。近年、レーダの技術はさらに発展し、複数の偏波を同時に送受信するものが開発された。気象レーダでは水平偏波と垂直偏波を送受信するものが用いられるようになってきた。このようなレーダを二重偏波レーダあるいは単に偏波レーダという。偏波が2つになるだけで、レーダ信号についての多数のパラメータが得られるので、マルチパラメータレーダとよばれることがある。

これを例えて言えば、水平方向の細いスリットで見ることと鉛直方向の細いスリットで見ることに似ている。雨が大気中を落下するとき、饅頭のように、あるいは鏡餅のように、底面が平らで水平に伸びた形になる。よく雨を涙型に描く人がいるが、これは全くの間違いである。確かに頬を伝って落ちる涙やワイングラスの壁面を伝うワインの滴はまさに涙型をしている。これは平面上を伝うからで、大気のような3次元空間を落下する場合はつぶれた饅頭のような形をしている。小さな雨滴は表面張力がその形を十分維持できるのでほぼ球形であるが、大きな雨滴になればなるほど空気抵抗の影響で横につぶれる程度が大きくなる。実際の雨滴が空中を落下する様子を観察することは難しいので、実験室で雨滴の落下速度と同じ速度の上昇気流を作り、その気流中に雨滴を浮遊させて観察することが行われている。【図5-8】は防災科学技術研究所の雨滴浮遊実験装置で観察された大粒の雨滴の様子である。2つの雨滴が浮遊しているが、これは空気中を落下していることに相当する。雨滴が大粒になると横長になる様子がよく分かる。

水平の細いスリットで見ると、縦の大きさは分からないが横の大きさが分かる。一方、縦の細いスリットで見ると、横の大きさは分からず、縦の大きさが分かる。これらのスリットで横につぶれた饅頭を見ると、水平のスリットでは大きく見え、縦のスリットでは小さく見えるはずである。これから類推すると、水平と垂直の電波を同時に発射する偏波レーダでは、雨粒の水平方向の大きさと垂直方向の大きさを観測すると理解できる。これは雨滴粒径の大きさに関係しているので、偏波レーダを用いると、大きな雨滴があるのか、小さな雨滴があるのかを判別できる。

実は偏波レーダはそれ以外にもさまざまな信号パラメータを観測することができる。さらにこれらを組み合わせることで、雨の強さをより正確に測定でき、降水粒子が雨なのか、雪やあられなのかを判別することもできる。このような偏波レーダが名古屋大学の私のいた地球水循環研究センター（現、宇宙地球環境研究所）に導入されたことも幸いであった。【図5－9】は日本の南にあるパラオでの降水を観測するために設置された名古屋大学の偏波レーダである。

【図5－8】防災科学技術研究所の雨滴浮遊実験装置で撮影された大気中を落下する雨滴。実際には雨滴の落下速度と同じ速度の上昇気流を作り、その中に雨滴が停止するようにしてある（同研究所出世ゆかり博士のご厚意により提供）。

積乱雲のもたらす雨

雨の分布を観測できる気象レーダで積乱雲を観測すると、積乱雲のなかにひときわ強い反射強度の塊が見られる。その直径は数kmから10kmを超えるものまでさまざまであるが、強い降水域で、強い上昇気流があると考えられる。米国のByersとその大学院生であったBrahamはその降水域の塊を、セルとよんだ。1949年のことである。セルは英語でcellと綴り、生物学の細胞という意味で、それを借用したのだ。それ以来、積乱雲などで見られる強い反射強度の塊を、降水セルあるいは対流セル、または単にセルとよんで、積乱雲を含む雲システム

【図5－9】パラオに設置された、名古屋大学地球水循環研究センター（当時）のXバンド偏波降水レーダ。

の観測を記述する場合に用いてきている。セルというのは積乱雲のなかの最も降水の強い領域であるが、一方で積乱雲の主要な特性を表していると考えて、積乱雲を表す意味でも使われる。そしてこのセルの概念を用いて、積乱雲あるいは雷雲を、単一セル型、マルチセル型、およびスーパーセル型に分類することができる。スーパーセル型の積乱雲は竜巻をもたらすものとして、98ページで出てきたので、ここでは単一セル型とマルチセル型の積乱雲について説明する。

　単一セル型の積乱雲は、孤立して発生する積乱雲で「孤立積乱雲」ともよばれ、最も基本的な積乱雲といえる。夏の夕方に発生する入道雲はその典型で、【図5－10】にその例を示した。大気下層に多量の水蒸気が流れ込んで、大気が不安定（対流不安定）になると、ちょっとしたき

【図5－10】名古屋大学宇宙地球環境研究所から撮影した孤立積乱雲。2008年8月7日。

っかけにより、積雲が発生し始める。それが発達して雲がもくもくと高くなっていくと、やがて雄大積雲、さらに積乱雲とよばれるようになる。その中では163ページ以降で説明した雲物理過程により、降水粒子が形成され、地上では激しい雨が降り始める。この過程をレーダで観測するとセルが発達していく様子が見られる。セルは多量の、雪片やあられ、雨粒などの粒子を含んでいるので、その重さによって下降気流ができはじめる。さらに雲底の下では雨滴が蒸発して空気が冷やされ重くなることで下降気流がより強められる。単一セル型の場合は、上昇気流の上に降水粒子が形成されるので、降水は積乱雲を発達させている上昇気流を潰してしまう。そして積乱雲は衰弱し消滅する。これが単一セル型積乱雲の一生で、その寿命は30～60分程度である。このように降水粒子は単に落下するだけでなく、セル内の気流に大きく作用して、積乱雲の時間変化をコントロールする役割を持っている。この粒子と気流の相互作用が、積乱雲やその集団である積乱雲群の多様性と複雑性の原因となっている。

積乱雲の大きさを下層の水平面積で測ると、直径10㎞の場合は、約80㎢、直径16㎞では200㎢の面積になる。単一セル型積乱雲の大きさにはさまざまなものがあるが、小さなものでは数㎢で、たとえば京都市中京区（7・4㎢）ぐらいの大きさである。巨大な積乱雲になると、200～300㎢の面積になる。たとえば京都市左京区が247㎢、名古屋市は326㎢なので、巨大な積乱雲だと左京区や名古屋市を覆ってしまうほどの大きさになる。ちなみに山手線の内側は63㎢なので、ちょっとした積乱雲であればそれを覆うのに一つで十分である。

巨大な積乱雲がその生涯に大気下層から上空に持ち上げる水蒸気は約1000万トンにも達する。そしてその生涯に約100万トンの降水をもたらすということが観測されている[5]。この持ち上げる総水蒸気量に対する総降水量の比を降水効率といい、この場合は10％程度になる。孤立した積乱雲は持ち上げた水蒸気の約9割を、対流圏を湿らせるために使ってしまうのである。仮にこの積乱雲の底面積を100㎢とすると、この面積に100万トンの降水がもたらされることになる。つまり1㎡に10㎏になるので、これは10㎜の降水量に相当する。積乱雲の寿命が1時間程度とすると、1時間あたりの降水量が平均10㎜ということである。積乱雲は瞬間的には非常に強い雨をもたらすが、災害を起こすような降水量となるのは、積乱雲が次々と発達して、同じところに継続して降水をもたらしたときであることがこの計算から分かる。

積乱雲内部に形成される降水粒子が、その重さのために下降気流を発生させる。この下降気流は地面に達すると周囲に発散する気流（発散流）になる。積乱雲周辺の流れにある条件が整っていると、この発散する気流は積乱雲の周辺の湿った空気を持ち上げ、新しい対流セルを発生させる。も

【図5－11】発達した積乱雲からの発散流（図の右端から中央に延びる雲）の先端で発達を始めた新しい雲（中央やや左）。2007年6月15日14時38分に沖縄本島付近で飛行機から筆者撮影。

とのセルは寿命を終えて消えていくが、次のセルが発達して積乱雲となる。これが繰り返されて、複数のセルが同時に存在し世代交代を繰り返して積乱雲全体が長時間持続することがある。これをセルの組織化とよび、そのような積乱雲をマルチセル型の積乱雲という。

【図5－11】は発達した積乱雲のそばで、次の積乱雲となる積雲が形成されたところをとらえた写真である。積乱雲という雲は不思議な雲で、孤立して発生することもあるが、集団化してマルチセル型になることが多い。その形成プロセスは多様で、もともとある2つの積乱雲の間に新しい積乱雲ができたり、もとの積乱雲が分裂して、それぞれが発達したりすることもある。そのほかに特に規則性もなく多数のセルが、異なるライフステージの状態で集まって積乱雲を構成しているものもある。これは非組織化マルチセル型積乱雲とよばれる。実際には組織化した積乱雲と非組織化型との中間のものが多くあり、はっきりと分類できるわけではない。いずれにしても複数のセルで構成される積乱雲は単一セル型積乱雲に比べてはるかに多くの降水をもたらす。また、個々のセルの降水効率も高くなる。

近年、このようなマルチセル型積乱雲による豪雨で発生した災害がしばしばみられるようになってきた。その一つに東京都豊島区雑司が谷において、２００８年8月5日に発生した局地的豪雨があげられる。

この日、11時から13時ごろにかけて、豊島区付近を激しい雷雨が襲った。これにより雑司が谷の下水道工事現場で5人の作業員が流されて犠牲となった。事故が起こったのは正午より前で、大雨洪水警報が出されたのはその後の12時33分であった。この積乱雲について、防災科学技術研究所はレーダ観測を行い、20個のセルで積乱雲が構成されていたことを明らかにしている。[6] 積乱雲のレーダ画像を見ると、多数のセルが入れ替わりながら豪雨をもたらしていることが分かる。このときの最大降水強度は１５３ mm/h で、わずか2時間の総降水量は１２３㎜に達していた。マルチセル型積乱雲では、降雨強度が大きいだけでなく、総降水量も大きくなる。このころから局地的豪雨をゲリラ豪雨とよぶことが、マスコミなどで多くなってきた。

この雑司が谷の豪雨災害から8日さかのぼった、7月28日にもゲリラ豪雨により悲しい事故が発生している。兵庫県神戸市の都賀(とが)川で、突然の増水により50人が流され、5人が亡くなった。そのうちの3人は小学生と保育園児であった。都賀川は六甲山から瀬戸内海に流れる小規模な二級河川である。その流域面積は8・57㎢であり、小規模の積乱雲程度の大きさである。このときの川の増水の様子を甲橋に設置されていたモニタリングカメラがとらえていた。2分ごとの映像が残されているが、何度見てもそれは衝撃的な映像である。国土交通省によると、河川の水位が10分で1・34m上昇したとなっているが、映像から14時40分で子供の膝下ぐらいの水深が、4分後の14時44分には1mほどになっているように見える。おそらく水は徐々に深くなっていったのではなく、突如として段波のように流れてきて、その先端部はかなりの衝撃をもたらしたのではないかと思われる。また、この日の11時30分に、愛知県蒲郡（がまごおり）市で突風が発生し子供3人がけがをしている。一見、遠く離れた場所で、関係の無いように思えるこれらの2つの事故は、どちらも同じ前線の不安定領域で発生した積乱雲によってもたらされた。北西から南東に延びる前線がゆっくりと南下したので、神戸のほうが、発生時刻が3時間ほど遅かった。積乱雲は突風や豪雨をもたらす危険な雲なのである。

2008年の雑司が谷と都賀川の水難事故は、日本の気象レーダ監視網に大きな転換をもたらした。これらの2つの事故を受けて、国土交通省は全国の政令指定都市を中心に、高時間分解能のレーダを配備した。現在、全国に39機が稼働しており、高解像度で1分ごとに降雨の状況を示すことができる。XRAIN（eXtended RAdar Information Network）と名付けられたこのシステムは、日本が世界に誇れる画期的な降雨観測システムである。XRAINのレーダ群はマイクロ波のうち波長が約3cm（Xバンド）のものを用いており、【図5-9】と同タイプのレーダで構成されている。全国をカバーする気象庁のレーダが波長5cm（Cバンド）のマイクロ波を用いているのに対して、より高解像度の観測を行えるという利点がある。一方で観測範囲が半径80kmと限定されるデメリットもある。XRAINは都市域を中心に観測を行っているため、観測範囲外の地域がある。これら

2つのレーダ観測網は相補的に用いることが効果的である。

2018年の西日本豪雨のとき、大水害の発生した岡山県倉敷市真備町もXRAINの観測範囲にあった。それにもかかわらず、XRAINの情報が適切な避難に結びつかなかったのはなぜであろう？　これについては十分な検証が必要である。

もっと速く、もっと早くのために

都賀川水難事故では、増水までに4分であった。実際にはもっと短い時間だったかも知れない。前ページのXRAINのレーダ群は、1分ごとに降雨分布を観測しているが、それは最下層だけで、上空まですべて観測しようとすると、5、6分はかかってしまう。現在のレーダは、【図5-9】のようなお椀状のパラボラアンテナから出るマイクロ波の細いビームを、アンテナにより回転させて観測しており、1周するのに約20秒かかる。この回転による観測をアンテナの上向きの角度（これを仰角という）を少しずつあげながら、15〜18回程度回転させて、レーダ周辺の下層から上空まで観測する。1分に3回転するとして、18回転には6分かかってしまう。

これでは都賀川水難事故をもたらした積乱雲を十分な時間分解能で観測することはできない。1セット18回の観測の間に事故が起こってしまうからだ。もっと早く積乱雲の情報を出すためには、レーダ観測をもっと速くしなければならない。そう考えた研究者がいた。もし上空の雨の塊（コア）を短時間で観測できれば、それが地上に達する前に警報を出せる。それは数分前の警報である。しかしその数分があれば、都賀川の事故は防げたかも知れない。

そして、これまでのパラボラアンテナのレーダとはまったく違うタイプのレーダであるフェーズドアレイ気象レーダ（Phased Array Weather Radar）という新しいレーダが、大阪大学と情報通信研究機構によって２０１２年に開発された。このレーダは30秒以下という極めて短時間で、地上から上空までのすべての領域の観測をすることができるという画期的なレーダである。水平方向にはこれまでのレーダと同じように回転するが、１回の回転で高さ方向の全領域を観測することができる。フェーズドアレイ気象レーダは、パラボラアンテナとはまったく異なり、平板の上にアンテナの役割をする素子が並んでいて、その平板を架台の上で水平方向に回転させるのである。

電波の送受信などの方法は異なるが、このようなフェーズドアレイ気象レーダの構想は、今から25年ほど前、私も東京大学旧海洋研究所で助手をしていたとき考えたことがあった。それをレーダメーカの日本無線に話したとき、開発には10億円かかりますよと言われて、それは絵空事と思って断念した。一介の助手に10億円など到底準備できるはずがなかった。しかし今思えば、私にはそれだけの情熱がなかっただけなのかも知れないと反省している。それが四半世紀を経て、実現したことは素晴らしいことである。

雨は空から降ってくるが、人間は雨粒が地上に達したとき、はじめて雨が降ってきたと認識する。その雨粒が空のどの高さでできて、どれくらい時間をかけて地上に達したかを知ることは、フェーズドアレイ気象レーダが開発されるまではできなかった。もちろんこれまでのパラボラアンテナのレーダでも上空を観測することは行われてきた。しかし、地上から上空までのすべてを観測するのに６分かかると、10㎧で落下する雨滴はその間に高度がおよそ４㎞も低下してしまう。降水の鉛直方向の落下を追跡することは、フェーズドアレイ気象レーダが登場してはじめてできるようになったのである。たとえば高さ８㎞で降水が形成されて、平均の落下速度10㎧で落ちてきたとすると、地上に達するのに約13分かかる。もし私が30年前に経験した降水コアのような突然の豪雨が起こったとすると、フェーズドアレイ気象レーダでは10分以上前から、降水コアが上空に存在することを検知できるのである。もし30年前にこの技術があったら、私は目の前が見えなくなるような雨脚のなかに突入する前に、安全なところに停車して、コアが過ぎ去るのを車の中で安全に待つことができた。さらに都賀川の水難事故も、雑司が谷の事故も防げたかも知れない。

フェーズドアレイ気象レーダの技術はさらに発展して、偏波を用いたフェーズドアレイ気象レーダが2017年に完成した。私の隣の部屋にいる高橋暢宏(のぶひろ)教授らの開発によるものである。[7]【図5-12】は埼玉大学の屋上に設置されたアンテナで、大きな八角形の平面には多数のアンテナ素子が配置されている。これにより高速にかつより正確に雨が観測できるだけでなく、どこであられが形成され、それがどのくらいの強さの雨になって落ちてくるのかを10分前に知ることができるようになる。偏波フェーズドアレイ気象レーダはレーダの究極の形態で、近い将来、日本のレーダはすべてこれに置き換わるだろう。そうすると、あなたのいる場所にあと10分で降水コアが落下してくるので、安全なところに避難してくださいといった予報ができるようになる。

フェーズドアレイ気象レーダの登場は、学術的にも積乱雲の研究において大きな変革をもたらしつつある。これまで積乱雲の内部構造は降水セルの概念を用いて記述され説明されてきた。降水セルのなかにもう一段細かい構造として、降水コアがあることは少しずつ分かってきていたのだが、これまでのパラボラアンテナのレーダでは、その時間変化を捉えることができなかった。30秒以下という極めて短時間で観測が可能なフェーズドアレイ気象レーダを用いるとその時間変化を詳細に追跡することができる。これはまさに今研究が進んでいるところであるが、前節で出てきたByers

南北50㎞未満の狭い領域に集中して豪雨が発生した。7月5日12時ごろから22時ごろまで、雨量強度100mm/hに達する豪雨が持続した。これもまさに集中豪雨である。長崎豪雨でさえ5時間ほどの持続時間であった。この豪雨はその2倍の時間にわたって非常に強い降雨が持続した。私には2つの意味で非常にショッキングな災害であった。一つ目の理由はいうまでもなくそれがもたらした災害の大きさである。もう一つの理由はこの豪雨が予測できなかったということである。気象庁の予報でも、雨が降ることは予測されていたが、毎時10㎜程度の強さであった。私の研究室で行っている予報実験でも、ほとんど雨は予報されていなかった。一方で同日午前0時から9時頃までに発生していた300㎜を超える島根県の集中豪雨は降雨量も位置も非常によく予報されていた。時間的にも空間的にも非常に近接して発生した2つの集中豪雨について、一つは非常によく予報され、もう一つはほとんど予報されていなかった。その意味するところは、豪雨には予報できるものとできないものがあり、九州北部豪雨のような予報できない豪雨に対して日本はまったく無防備であるということだ。なぜなら、九州北部豪雨のような雨の激甚気象は日本のどこで発生してもおかしくないからである。これについては第7章でもう少しくわしくふれる。

2017年の九州北部豪雨は、私も何度か再現シミュレーションに挑戦したが、うまくいかなかった。その後、京都大学防災研究所の竹見哲也氏が、雨量の再現に成功している[9]。しかしなぜ豪雨がこれほど長時間にわたって極めて局所的な領域で持続したのか、そもそもなぜそれが発生したのかについては明確な答えは得られていない。梅雨前線の北側にある対流圏下層の高気圧からの北東風と南西風のぶつかり合いが、線状降水帯を形成したように思えるが、九州北部は地形が複雑で、地表面付近の気流は一様ではない。線状降水帯を構成する積乱雲は豪雨の風上にあった脊振（せふり）山地付近、あるいはその周囲から発生しているようにも見えるが、脊振山地がこの線状降水帯の形成にどのようなはたらきをしていたのかははっきりしていない。少なくとも、北側の高気圧、南西からの暖かく湿った気流、九州北部の地形、そして上空の西風がこの集中豪雨の発生に重要な役割を果たしていたと考えられるが、いまだにそのメカニズムさえ解明されていないのが現状である。

線状降水帯

最近、「線状降水帯」という言葉が豪雨をもたらすものとして、テレビや新聞をはじめとするメディアで用いられるようになってきた。「集中豪雨」のように、これもまたマスコミの言葉のようだが、私の知る限り吉崎・加藤（２００７）の教科書の第1章に現れている[10]。この著者のお２人は気象庁の方だ。さらに最近は、危険な豪雨の原因として、気象庁も積極的に線状降水帯という言葉を用いている。専門用語は冗長性を嫌う傾向があるので、「線状」と「帯」という同じような意味を２つも含む「線状降水帯」は、やや奇妙に聞こえる。これまでは線状降水系、線状対流システムあるいは単にレインバンドのように表現されてきた。学術用語としてはやや違和感があるが、先に述べたようにそれが防災上適切な表現であれば、積極的に使うべきである。実際、「線状降水帯」はすでに世の中に浸透し、危険な豪雨をもたらすものとして定着しつつある。

線状降水帯による豪雨のメカニズム、すなわち強力な積乱雲群の発生と降水帯の維持・停滞のメカニズムは、メソスケールの力学、それを構成する積乱雲の力学、さらに積乱雲内部の雲物理学による説明が必要である。線状降水帯は日本以外にも、たとえば２０１０年９月にソウルの洪水をもたらした豪雨の例にみられるように、日本周辺の国々でも発生し豪雨をもたらしている。さらに米国などでもこれに相当するものが観測されており、線状降水帯については多くの研究がある。気象庁は線状降水帯をレーダで観測される降水域が細長くなっているものと定義しているが、一般の認識はもっと限定的で、停滞して集中豪雨をもたらす降水システムのように捉えられている。

線状降水帯は大きく分けて、山などの地形が直接の原因ではないものと、山や島が原因となって発生するものがある。後者は地形性豪雨の一形態と位置づけられる。前者の線状降水帯の形成は、大気の流れのパターンによって説明される。ここで重要な大気の流れは、線状降水帯を構成する積乱雲の移動方向を決める対流圏中層から上層の流れで、積乱雲のステアリングフローという。もう一つは線状降水帯に対流圏下層から水蒸気を供給する下層風で、入り込む流れという意味でインフローという。これら2つの流れによって、線状降水帯の形成メカニズムが説明される。[11]

線状降水帯の形態と形成メカニズムについて、【図5-15】を用いて説明する。まず、(a)のように、ステアリングフロー(中層風)と下層インフローの両方に対して、降雨帯が垂直であるとき、ステアリングフローによって降雨帯が移動するので、通過点では瞬間的には強雨となるが長時間持続しない。これは形態としては線状降水帯であるが、通常はスコールラインとよばれる。ステアリングフローに平行に降雨帯が形成されるとき降雨帯は停滞し、線状降水帯とよばれるようになる。この場合、(b)のように下層インフローが線状降水帯に平行であるとき、その風上側の地上の収束線付近で積乱雲が次々と発生し、ステアリングフローで風下に流されていくことで線状降水帯が形成される。個々の積乱雲の流される風下方向を前方、風上方向を後方というので、後方で形成されるという意味でこのような形成形態をバックビルディングという。次に(c)のようにステアリングフローが降雨帯に平行で、下層インフローが降雨帯に対して垂直の場合、積乱雲は降雨帯の風

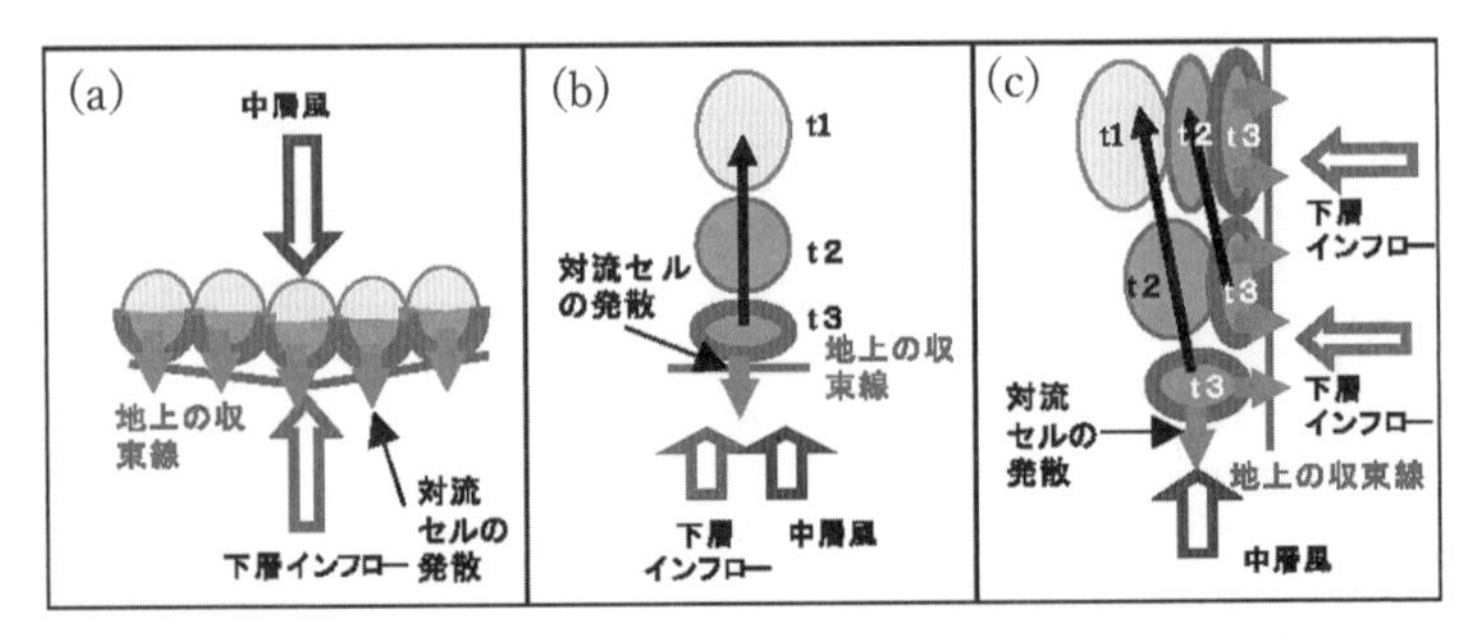

【図5－15】線状降水帯の形態とそれを構成する対流セルおよび流れの場の関係の模式図。楕円は対流セルで、t１、t２、t３の順に発生し、細い矢印の方向に移動する。細い実線は地上の収束線、短い太矢印はそれを作る対流セルからの発散風。中抜き矢印は下層のインフローと中層風（ステアリングフロー）。(a) スコールライン型、(b) バックビルディング型、及び (c) バックアンドサイドビルディング型（著者の許可を得て瀬古弘氏、2010より引用）。

上と横側で発生し、これをバックアンドサイドビルディングという。この場合、降水域はステアリングフローの風上側が尖ったにんじん状の形態となる。このとき下層のインフローは、線状降水帯の風下に向かって、右側から入り込む。これは線状降水帯が発生するときは暖気移流なので、風は高さとともに時計回りに回転するからである。

降雨帯に相対的な流れの方向を考えたとき、ステアリングフローとインフローの組み合わせとしては、ステアリングフローが降雨帯に垂直で、インフローが平行という場合がもう一つありそうであるが、この場合は、線状降水帯にならずにスーパーセルが発生する。このため停滞する線状降水帯の形成メカニズムとしては、バックビルディングとバックアンドサイドビルディングの2つが考えられている。実際にはこれらの中間的なものや、発生初期は複数の積乱雲が線状に並び初期部分を形成するものなど、多様な形成過程がみられる。

線状降水帯は日本のどこでも発生するが、梅雨期、特に梅雨末期における九州や西日本では多い。前節で述べた2012年と17年の九州北部豪雨、1993年の鹿児島豪雨、99年の福岡豪雨などは代表的なものである。その他に国内で発生しやすい場所として、関西では大阪から京都付近にかけての地域が知られており、淀川チャネル型豪雨とよばれている。ただし、淀川やそれに沿う地形が原因になっているわけではなく、おおよその付近で発生しやすいという意味である。過去の例では線状降水帯がバックビルディングにより形成されるものがみられた。この線状降水帯は関西圏の都市域に豪雨をもたらすという点で大きな災害の原因となる。このため京都大学防災研究所の中北英一教授を中心とするグループが、その構造とメカニズムの解明に向けた研究を精力的に進めている。また、大阪大学と情報通信研究機構が2台のフェーズドアレイ気象レーダを設置して観測を行っている。この地域は紀伊水道から暖かく湿った気流が入り込みやすいので、線状降水帯が発生しやすい地域となっている。同様に2014年の広島豪雨で非常に強い線状降水帯が発生したことから分かるように、豊後水道も水蒸気の通り道となっており、中国地方でも線状降水帯が発生することがある。

2000年に名古屋を中心として発生した東海豪雨においても、典型的な線状降水帯が発生し甚大な災害をもたらした。東海豪雨は9月11日～12日に発生した愛知県を中心とする豪雨で、時間雨量100㎜、総雨量500㎜を超える豪雨で、庄内川などの氾濫と洪水、内水氾濫、土砂災害が発生した。これにより10名の死者、床上浸水2万3896棟の被害が出た。総被害額は愛知県だけで8500億円、保険金支払額は1030億円（日本損害保険協会による）に上った。降雨域は知多半島北部から名古屋市周辺に集中しており、東海市のアメダスでは11日19時の1時間降水量が114㎜に達した。ここで内水氾濫というのは、河川の堤防を境にして河川の外側、つまり居住地側で降水が河川に流れ込む前に氾濫することである。これに対して河川の水が堤防を越えたり（越水）、堤防が決壊（破堤）したりして、氾濫することを外水氾濫という。

東海豪雨が発生した9月11日、台風サオマイ（2000年第14号）が九州の南、北緯25度付近で中心気圧925hPaの生涯最大強度に達していた。本州付近には秋雨前線が停滞しており、最も集中豪雨が発生しやすい状況であった。この非常に強い台風の東側では、台風の反時計回りの流れによって、南側から暖かく湿った気流が停滞する秋雨前線に向かって流れ込んでいた。10日から11日にかけてわずかに秋雨前線が南下し、11日には東海地方付近に停滞していた。この停滞前線にともなって、東海地方の北部では北西の風となり、一方、南から流れ込んだ湿った下層の気流は、静岡県付近の地形により、東〜南東の風となり、北西風と衝突（収束）した。その結果、その収束に沿って、11日13時過ぎから線状降水帯が形成され、17時頃まで約4時間にわたって、伊勢湾上に停滞した。その後18時頃突如として東にシフトし、知多半島から名古屋市付近にかけて2時間程度停滞し、その結果、東海豪雨が発生した。この線状降水帯は対流圏中層の南風が積乱雲を北に移動させることで形成した。下層では南端部で南〜南東からのインフローだったため、線状降水帯南端部ではバックビルディングともバックアンドサイドビルディングとも見える形成過程が見られた。

このとき直径500㎞ほどの雲の塊、クラウドクラスターが、少なくとも4回は秋雨前線に沿って、東海地方の上を西から東に通過している。線状降水帯はほとんど停滞していたが、上空10㎞ほどでは雲は西から東に移動していた。下層の南東風、中層の南風、上層の西風のように、風は時計回りに回転しているという複雑な状況下で発生した線状降水帯であった。上空を通過するクラウドクラスターは、下層の気流にも影響を与える。伊勢湾上で停滞していた線状降水帯は、3回めのクラウドクラスターの通過までは、その影響に耐えて伊勢湾上に停滞し続けた。海上にあるうちは、いくら強い雨を降らせても問題にならない。4回めのクラウドクラスターが通過したとき、線状降水帯はとうとう耐えきれなくなり、東に数十㎞平行移動してしまい、知多半島から名古屋の上に移動してきてしまったのである。

線状降水帯の上を通過したクラウドクラスターには、豪雨の形成においてもう一つの大きな役割があった。このときクラウドクラスターの雲は気温0℃の高度よりはるかに高く、氷点下の高度にあり、活発な氷晶や雪結晶を生成していたと考えられる。これらの氷粒子は線状降水帯内の積乱雲のなかに落下しただろう。つまり172ページで説明したシーダー（氷晶の供給）の役割をしていた。線状降水帯のレーダデータを注意深く見ると、東側から発達中の背の低い雲が線状降水帯に入り込む様子が見られる。これは高湿度で発生した雲で、多量の過冷却雲粒を含んでいただろう。すなわちフィーダーである。このような雲のなかに氷晶や雪結晶が落下していくと活発なあられ形成がおこる。このあられが効率よく雲粒子を雨に変換して降水を強化したと考えられる。実際に名古屋大学で観測された雨滴粒径分布をみると、極端に大粒の雨粒が観測されていて、あられ粒子の融解により形成されたことが推測される。さらに東海豪雨では非常に活発な雷活動があった。実際に経験した人の話では、雷鳴と雷光がほとんど連続的に起こっていたと思えるほど活発な雷だったそうだ。これはあられ粒子が多量に形成されていたことの証拠である。

上記の風の高さとともに回転する状況で、下層に多量の水蒸気が流れ込んで大気が非常に不安定になっていたことは、スーパーセル型積乱雲が発生しやすい状況であった。線状降水帯の南端部の積乱雲を見ると、詳細までは分からないが、スーパーセル型積乱雲の特徴である南西から北東にやや湾曲しながら延びる構造をしている。さらに線状降水帯がかかっているときに、知多半島では竜巻が発生した。また、名古屋市緑区でも竜巻が発生し、それに伴う斜面の崩壊により1人が亡くなった。東海豪雨をもたらした線状降水帯は、スーパーセル型積乱雲やそれに近い非常に発達した積乱雲で構成されていたことが推測される。

東海豪雨の教訓としては、豪雨は突然やってくるということである。東海市の1時間降水量の時間変化をみると18時までは20〜30㎜程度の雨であった（それでも相当強い雨ではあるが）。それが19時には114㎜と急激に強くなっている。これは線状降水帯の平行移動によって、豪雨域が東海市の上にやってきたからである。レーダ観測からそれは十分予想されたことだった。近くに非常に強い線状降水帯があるときは、いつ自分のところで豪雨が発生してもおかしくはないと考えて、レーダのリアルタイムデータに注意をしておく必要がある。

東海豪雨が発生したとき、このような豪雨はもう二度と起こらないと思っていた。その前の東海地方における豪雨は昭和47年豪雨で、そのときの総降水量は300㎜未満であった。ところが、8年後、2008年8月29日に愛知県岡崎市で最大1時間雨量146・5㎜という豪雨が発生した。この豪雨も東海豪雨とよく似た南北に延びる非常に強い線状降水帯によってもたらされた。このときの名古屋の最大1時間降水量は107・5㎜で、東海豪雨の97㎜を10㎜も超えてしまった。台風の代わりに低気圧が四国沖にあり、東海豪雨とよく似た水蒸気の流れ込みが起こっていたのだ。このときの豪雨の岡崎市の最大1時間降水量は、気象庁の記録では現時点で歴代8位である。また、この豪雨を気象庁は「平成20年8月末豪雨」と命名した。それほどの豪雨だったのである。さらにその2年後、10年7月15日には、岐阜県南部で集中豪雨が発生し、多治見市では83・5㎜の大雨となり、死者の発生を含む大きな被害が出た。最近では17年に五条川の氾濫が起こり、18年の西日本豪雨では、岐阜県郡上市ひるがので、総降水量1214・5㎜が観測されている。これらのことからだけでも、近年、豪雨が増えてきており、さらにその降水量も増大しているように思われる。

地形性の線状降水帯

たとえば紀伊半島の大台ヶ原や屋久島では日本の平均降水量の数倍から10倍近い降水があることから、山や島などの地形は降水の形成において重要な役割を果たしていることが分かる。その形態は山の規模や形によって非常に多様であることが知られている。そのなかでも地形によって線状降水帯が形成され、豪雨がもたらされることがある。2018年の西日本豪雨では、高知県安芸郡馬路村で総降水量1852・5㎜が記録されており、これが西日本豪雨における最大雨量である。レーダ観測から長時間にわたって線状降水帯が維持・停滞していたことが分かる。これがどのような地形によるのかは今後の研究を待たなければならないが、山などの地形は、同じ地域に長時間持続する降水をもたらしやすいことは容易に想像できる。ただ、同じ地形でも大気の安定度、風向・風速、および水蒸気量によって、形成される降水システムの形態や降水強度が変わる。豪雨のような極端な現象は、特殊な条件が大気の流れに備わってはじめて発生する。

山や島などの地形によって豪雨をもたらす線状降水帯が発生することは、梅雨期の九州でしばしばみられる。よく知られているのは、五島列島、長崎半島、鹿児島県甑島(こしきじま)の風下に形成される線状降水帯で、それぞれ五島ライン、長崎ライン、甑島ラインなどとよばれている。これらのどの地形も標高500~600m程度で、屋久島や紀伊半島に比べて小規模である。しかし、むしろそのことが局所的な豪雨をもたらす原因になる。また、特殊な条件が大気に備わることが豪雨の形成に必要となってくる。

鹿児島県薩摩川内市に属する甑島は、鹿児島県いちき串木野市の沖50㎞ほどのところにあり、甑列島ともよばれ、3つの主要な島が南西から北東に並んで細長い地形を形成している。漫画「Dr.コトー診療所」の舞台のモデルとなったことでも知られている。最大標高は最も南西に位置する下甑島の尾岳の604mである。甑島ラインの形成においてこの標高が重要である。1997年7月10日に鹿児島県出水(いずみ)市で大規模な土石流が発生し21人が亡くなった。2003年7月20日には熊本県水俣市で土石流が発生し19人が犠牲になった。これら2つの地域は、県は異なるが、20㎞ほどしか離れていない。どちらも梅雨期の南西風が吹いているとき、甑島の風下に当たり、甑島ラインが豪雨をもたらし、これらの災害が発生した。

梅雨期に東シナ海で南西風が吹くことはしばしばあるが、このような豪雨をもたらす線状降水帯はまれにしか発生しない。なぜならそのためには、大気下層に多量の水蒸気の流れ込みとそれに伴う大気の不安定が極端に大きくなる必要があるからだ。第4章で説明したように、自由対流高度は下層の水蒸気量が多くなるほど低くなり、空気塊を少し持ち上げるだけで、容易にそれに達することができるようになる。前述の甑島ラインが形成されるとき、その北側にはメソ対流系があることが多く、その南側に位置する甑島付近では非常に湿った南西風が吹く。このようなとき自由対流高度が甑島の標高の600m付近まで低下することがまれにある。この条件が整うと、甑島の気流に対する影響が顕在化して、甑島の上で積乱雲が発生を始める。これが中層の風で流されつつ発達し、最盛期に達した積乱雲が対岸の出水市や水俣市で豪雨をもたらすことになる。積乱雲は連続的に発生するので線状降水帯が形成される。風上につぎつぎと発生しそれが降水帯を形成するという点で、甑島ラインなどの地形による線状降水帯も、形態的にはバックビルディング型の形成過程といえる。

地形によって線状降水帯が形成されるということは、たとえば甑島の山を削って低くすると、甑島ラインは発生しなくなると予想される。そのようなことは実際の土木工事ではできないが、数値シミュレーションでは、地形を変えることは容易にできる。実際に２００３年の水俣豪雨の線状降水帯をシミュレーションで再現し、さらに甑島を取り除く実験をすると、雨域の中でこの線状降水帯だけが消える。このことから甑島ラインの形成において甑島の地形が原因となっていることが分かる。ただし、このような実験は注意深くする必要があり、安易な実験は誤った結論に陥ることを指摘しておく。先に述べた17年の九州北部豪雨で、脊振山地の風下にできた線状降水帯は、脊振山地の地形が原因だったのだろうか？　甑島ラインに比べてより複雑なこの現象に対する地形の効果については明確な結論はまだ得られていない。

第6章　台風

台風の統計的特徴

台風については日本の他に、米国、中国、韓国、台湾、香港など、それぞれの国・地域の気象機関が監視や予報を行っている。これらのなかでも日本の気象庁[1]と米国の合同台風警報センター（JTWC：Joint Typhoon Warning Center）は、比較的長期間の台風の記録を公開している。このような記録は台風のベストトラック（best track）とよばれ、リアルタイムで公開される台風情報と異なり、後日、解析と修正を行って最終的に決定された台風の位置や強度などの情報である。北太平洋西部と南シナ海に発生する同じ台風を監視しているので、どの国の記録も同じものと思われるかも知れないが、意外に大きな違いがある。この点については、231ページで詳しく述べるとして、ここでは日本の気象庁のベストトラックに基づいて台風の統計的な特徴をまとめる。

気象庁のベストトラックには、1951年から台風の名前、位置および中心気圧の記録があり、77年からは最大地上風速のデータが付け加えられた。さらにその後、強風半径などその他の情報が順次付け加えられている。一方、JTWCの台風ベストトラックデータには、45年から台風の名前、

台風の階級	10分平均風速	1分平均風速
台風	V ≧34kt （V ≧17.5m/s）	V ≧19.9m/s
強い	64kt ≦ V ＜85kt （32.9m/s ≦ V ＜43.7m/s）	37.4m/s ≦ V ＜49.7m/s
非常に強い	85kt ≦ V ＜105kt （43.7m/s ≦ V ＜54.0m/s）	49.7m/s ≦ V ＜61.4m/s
猛烈な	V ≧105kt （V ≧54.0m/s）	V ≧61.4m/s

【表6－1】気象庁の用いている台風の階級。kt はノットで1 kt ＝0.5144m/s（表中のV は最大地上風速）。1分平均風速は0.88で割った換算値。

位置、および最大地上風速のデータがあり、２０００年から中心気圧のデータが付け加えられている。ここで最大地上風速というのは気象庁の場合、10分平均の地上風速（地上10ｍ）の最大値である。最大地上風速を何分平均の値とするかは、国によって異なっている。多くの国は日本と同様に10分平均値を用いているが、米国は1分平均値を用いている。このため台風の風速を比較するときは注意が必要である。

気象庁とＪＴＷＣではこれらの異なる平均風速を用いて、さらに異なる台風の階級分けを使用しているのでややこしい。【表６－１】に気象庁の台風の階級を、【表６－２】にＪＴＷＣの西太平洋の熱帯低気圧、すなわち台風の階級をまとめた。気象学では風速の単位にノットを用いることが多い。ノットというのは地球の大きさを基準とした速度の単位で、１時間に１海里（緯度1分、すなわち１８５２ｍ）の移動を１ノットという。ただし、これは国際単位系（ＳＩ）には属さないので、メートル毎秒に変換して用いることが多い。１ノットは０・５１４４m/sである。10分平均と1分平均の間には、明確な変換式はないが、ここでは10分平均を０・88で割って1分平均に直した。逆も同様である。この係数にはさまざまな議

JTWCが定義する西太平洋の熱帯低気圧の階級	10分平均風速	1分平均風速
Tropical depression	V＜15.4m/s	V＜34kt （V＜17.5m/s）
Tropical storm	15.4m/s≦V＜29.0m/s	34kt≦V＜64kt （17.5m/s≦V＜32.9m/s）
Typhoon	29.0m/s≦V＜58.8m/s	64kt≦V＜130kt （32.9m/s≦V＜66.9m/s）
Super－typhoon	V≧58.8m/s	V≧130kt （V≧66.9m/s）

【表6－2】米国合同台風警報センター（Joint Typhoon Warning Center）が用いている西太平洋の熱帯低気圧（台風）の階級。10分平均風速は0.88をかけた換算値。

論があり、WMO（世界気象機関）のように0・93を推奨するというのもある。一般にJTWCの風速のほうが大きいので、ここでは気象庁の1分平均への変換値が大きくなるように0・88を用いた。

これらの表を比べると、日本と米国ではかなり異なった階級分けとなっていることがわかる。台風は英語では「Typhoon」であるが、JTWCの階級においては、その一つとして位置づけられている。また、最近、我が国でもよく使われるようになってきた「スーパー台風」という用語は、Super-typhoonの日本語訳で、【表6－2】にその定義が現れる。スーパー台風とは、気象庁の階級「猛烈な台風」をさらに超える強い台風を指している[2]。

現在、気象庁のベストトラックとして公開されている1951年から2019年の間に、台風は1811個発生している。この69年間の平均発生数は26・2個で、気象庁が平均値としている1981～2010年の平均発生数25・6個よりやや多い。これは長期でみると台風の数が減少しているためである。月別でみると8月が最も多く、この69年間の平均で5・5個発生している。これに次いで9月が

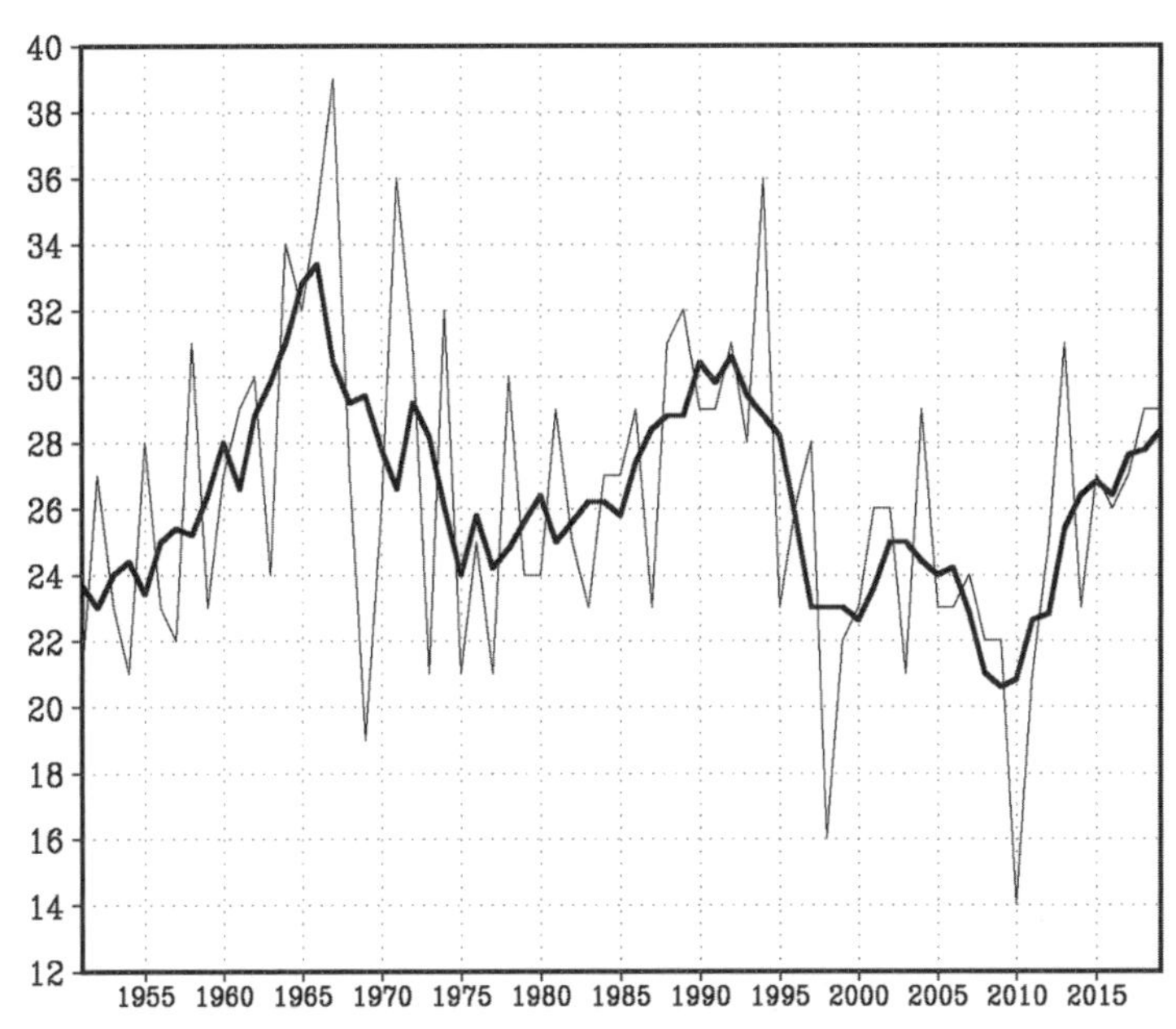

【図6－1】気象庁のベストトラックから数えた1951〜2019年の各年の台風の発生数（細い実線）。太い線は5年移動平均により平滑化したもの。

多く、5・0個である。一方、1〜4月は1個以下で、発生のない年もかなりある。特に2月は最も発生数が少なく、平均すると4年に1度ほどしか発生しない。平均でみると6〜11月の半年間で発生数は85％を占め、この期間に台風のほとんどが発生している。

　発生数は年々大きく変わる。【図6－1】は発生数の各年の変遷を示したものである。年ごとに発生数は大きく変化しているが、これを5年ごとに平均することで、変化をなめらかにしたものが、図中の太い線である。これを見るとこの69年間に1965年頃と90年頃に特に数の多い時期があり、25年ほどで増減を繰り返しているように見える。90年ごろから減少傾向になり、2010年の

14個という最小の発生数に達した。その後、増大に転じているように見える。実際、18年、19年はともに台風の発生数が平均より多い29個だった。ただし、これは69年間という短い期間で見ただけの特徴なので、これが普遍的な台風の特性で今後数が増える傾向が続くかどうかについては分からない。台風についての正確な記録が残っているのは、日本でも米国でもたかだか70年前後であるので、過去のデータから台風の数や強度の変化傾向を推定することはほとんど不可能といってよい。

この図をよく見ると台風の数が平均的に減少しているように見える。この69年間を直線で近似すると、100年で3個ほど減少するという結果が得られる。これは平均26・2個に対して11%ほどに相当し、100年あたりの減少量としては大きい。

次に台風の接近数と上陸数についてだが、1951〜2019年の間に、799個の台風が接近し、そのうちの206個が上陸している。平均すると、1年あたり12個が接近し、3個が上陸していることになる。ここで「接近」とは気象庁の気象官署から300km以内に達することと定義されており、主要四島だけでなく、沖縄・奄美諸島も含んでいる。一方、ここでいう「上陸」とは気象庁の定義に従い、主要四島の海岸線に達したものだけを数えている。第1章でも触れたように、沖縄・奄美諸島だけでなく、島に達した場合は「通過」という。さらにたとえば半島の先端を横切るだけでは上陸とは見なされず、これも通過とよばれる。

防災の観点からすると、上陸と同様に接近は問題となる。接近は日本全体を対象としていることもあるが、台風は接近しただけでも大きな災害をもたらすことがあるからだ。2019年の台風ファクサイ(第15号)は、器用なほど東京湾の中央を北東方向に移動した。最終的には千葉県に上陸したが、東京湾を通過しているときはまだ上陸と見なされていない。しかも三浦半島の上を〝通

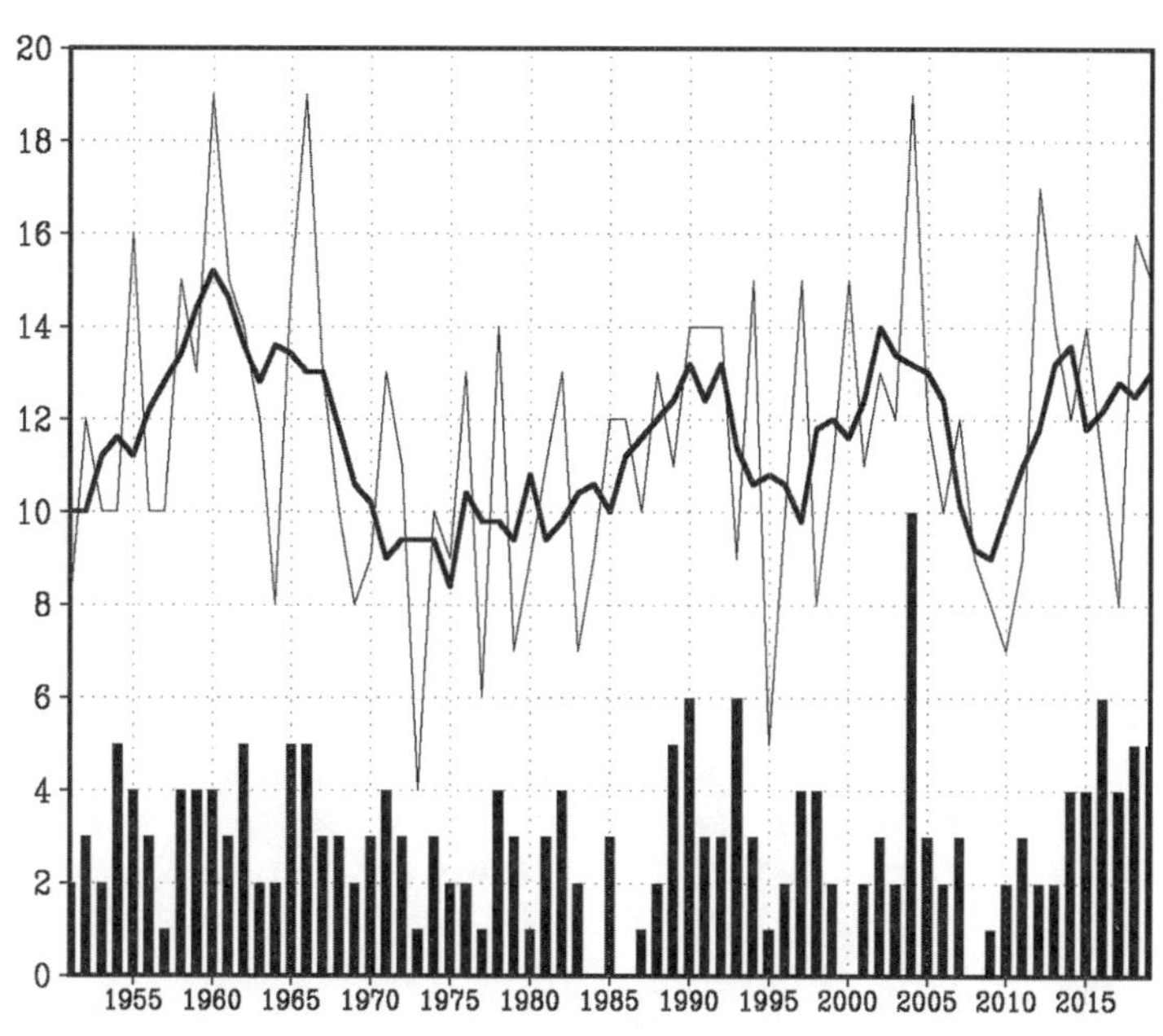

【図6－2】1951～2019年の各年の台風接近数（細い実線）とその5年移動平均による平滑化（太い実線）、および上陸数（棒グラフ）。気象庁の資料より作成。

過〟しているのである。それでもこの台風が房総半島にもたらした強風災害は甚大で、長期にわたる広域の停電と、9月とは思えない猛暑によって、多くの方が熱中症で命を落とした。さらに台風は遠くにあっても、豪雨災害をもたらすことがある。たとえば00年9月の東海豪雨はその典型である。これらのことも接近が上陸と同程度に問題となることを表している。

【図6－2】に各年の台風の接近数（折線グラフ）と上陸数（棒グラフ）を示した。接近数は年々大きく変動するが、5年の移動平均で見ると1960年ごろに多い時期があり、70～85年ごろは比較的少ない時期となっている。60年ごろの接近数の多い時期には、58年の狩野川（かのがわ）台風（国際

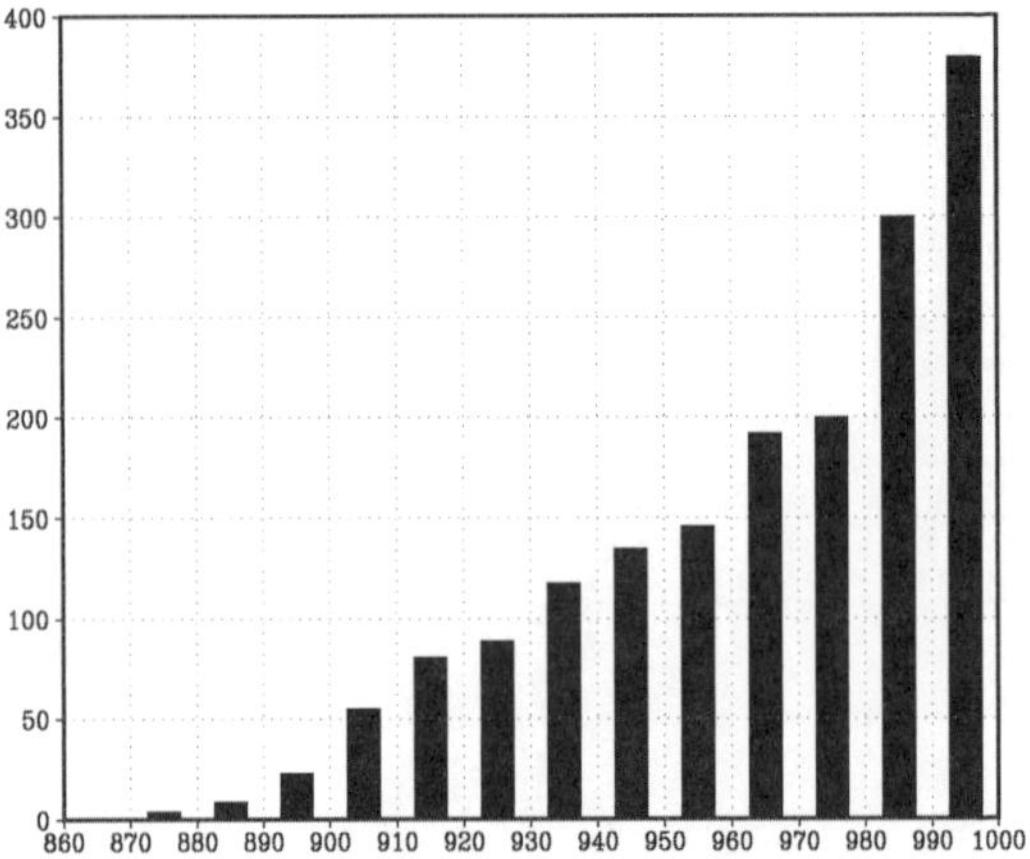

【図６－３】1951～2019年の気象庁のベストトラックデータから数えた、10hPaごとの台風の最低中心気圧の頻度分布。各区分の範囲は、下限以上、上限未満である。たとえば、900～910hPaの区分には、900hPaの台風は含まれ、910hPaの台風は含まれず、後者はその上の区分の数に含まれる。

名：イダ）、59年の伊勢湾台風（同：ヴェラ）、61年の第二室戸台風（同：ナンシー）が上陸し、それぞれ関東地方、東海地方、近畿地方に大きな災害をもたらしている。接近数が多い時期はそれだけ台風による災害が多くなる。

上陸数の変化傾向ははっきりせず、毎年概ね、２～５個程度の上陸がみられるが、ない年もある。そのなかでも際立っているのが、２００４年の10個で、第１章で述べた「災いの年」である。また、14年以降は平均数以上の上陸が続いており、16年は04年に次ぐ、６個の上陸があった。近年、台風の上陸が多い傾向が見られる。ここで注意すべきことは、上陸直前に温帯低気圧と見なされる場合は、上陸にカウントされないことである。このため上陸数からだけでは見えない台風災害もある。２７１ページにそのような例として、07年の台風ナーリー（第11号）を挙げてある。

一方、１９８４年、86年、２０００年および08年は台風の上陸のない年であった。だからといって、これらの年が台風について平穏な年とは限らない。主要四島に限ると１９５１～２０１９年の

順位	台風名	年	月	日	気圧	風速
1	ティップ（TIP）	1979	10	12	870	81.8
2	ノラ（NORA）	1973	10	6	875	81.2
	ジューン（JUNE）	1975	11	19	875	81.2
4	イダ（IDA）	1958	9	24	877	80.4
5	キット（KIT）	1966	6	26	880	79.2
	リタ（RITA）	1978	10	25	880	70.2
	ヴァネッサ（VANESSA）	1984	10	26	880	70.2
8	ニーナ（NINA）	1953	8	13	885	77.2
	ジョアン（JOAN）	1959	8	29	885	77.2
	イルマ（IRMA）	1971	11	11	885	77.2
	フォレスト（FORREST）	1983	9	23	885	64.3
	メギー（MEGI）	2010	10	17	885	73.1
13	マージ（MARGE）	1951	8	15	886	76.8

【表6－3】1951～2019年の気象庁のベストトラックデータから抽出した最低中心気圧が890hPa未満となった台風とその最低中心気圧の日付。風速は1分平均の最大地上風速。1977年以後の風速は気象庁ベストトラックデータから取り出したもの、それ以前は気圧から経験式で計算した。このため風速の大きさについては前後するものがある。

接近数の平均は5・6個であるが、1986年と2000年はそれぞれ5個が接近している。その一つが00年の東海豪雨をもたらした台風サオマイ（第14号）である。また、沖縄・奄美諸島への平均接近数は7・6個であるが、これらの4年はこの平均数に近いかそれ以上の接近が見られる。特に00年は10個が接近している。台風については上陸だけでなく接近にも十分な注意が必要である。

台風は発生数や上陸数の次に、強度が問題であるが、台風の強度ごとに見ると、どれくらいの数の台風が発生しているのだろう。【図6－3】は、1951～2019年の気象庁のベストトラックデータから、10hPaごとに区切った最低中心気圧の区分ごとの発生数分布である。この図は台風が最も低い中心気圧のとき、すなわち台風の最大強度の数の分布を表している。この図から、弱い台風ほど数が多くなり、最低中心気圧960hPa以上の台風が約60%を占めることが分かる。920hPa未満の台風は約10%しかなく、900hPa未満の台風は、この69年間で36個しかない。さらに最低中心気圧が890hPa未満にまで下がる台風は、【表6-3】に示した13個だけと、非常に少ない。ただし、231ページで議論するように、この数については非常に怪しいと考えるべきである。

台風の構造とメカニズム

台風の大きさにはさまざまなものがあるが、おおよそ直径1000km程度の水平スケールと考えてよい。それに対して台風を構成し、発達させる積乱雲はたかだか直径10km程度の水平スケールである。これら2桁も水平スケールが異なる現象が協働することで台風が発生するのだが、大気は地球の回転の効果を利用して、きわめて巧妙なメカニズムにより、台風という地球上で最も激しい擾乱を発生させる。積乱雲はその上昇気流により大気下層の空気と水蒸気を上空に持ち上げ、雲粒子を形成するときに膨大な熱を発生する。台風は積乱雲の集団であり、特に台風の中心の眼をとりまく雲の壁である「眼の壁雲」が最も活発な上昇気流により多くの熱を発生している。その熱がエネルギーとなり、台風を発達させる。台風が発達すると、強くなった地上風がより多くの水蒸気を海から大気に取り入れる。それが活発な積乱雲の集団を発生させ、台風をさらに強化することになる。このような雲と大規模な大気の流れの正のフィードバックがはたらくことで、台風は発達していく。

発達した台風は特徴的な構造をしている。ハリケーンもサイクロンも台風と同じ熱帯低気圧であ

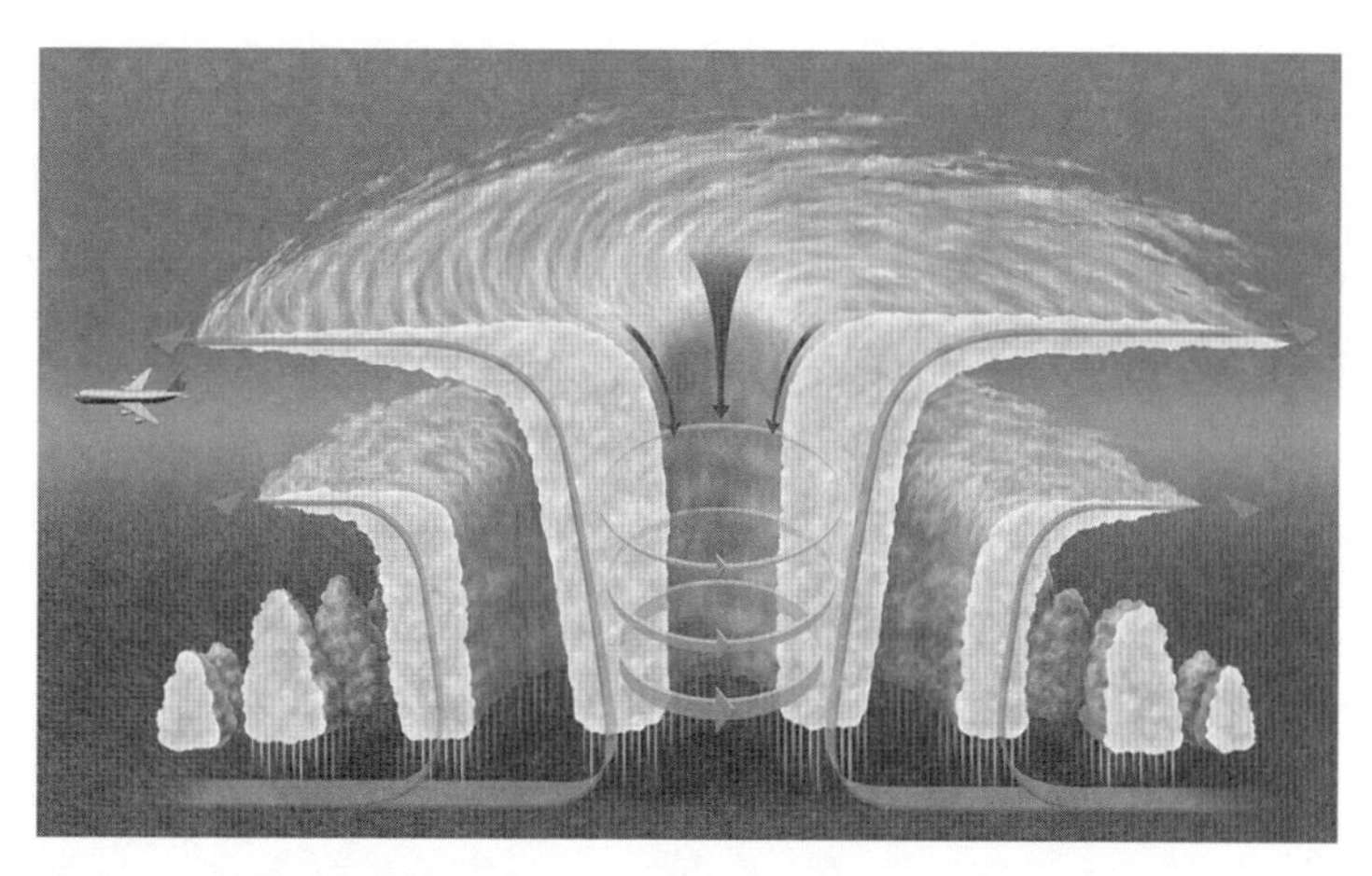

【図6－4】地表近くから高度約15kmまで発達した台風の構造についての模式図。眼の壁雲のところの環状の矢印は台風の一次循環で、太い矢印ほど強い風速を表す。断面内の帯状矢印はこの断面に投影した半径方向の流れ（二次循環）。実際には眼の周辺の一次循環とともに眼のまわりを回りながら、地表面付近で眼に近づき、眼の壁雲で上昇し、対流圏と成層圏の境界（圏界面）直下で、回りながら外向きに吹き出していく（出典：『わかる！取り組む！　災害と防災4　豪雨・台風』帝国書院、2017年）。

るので、十分発達したときの構造は基本的に同じで、【図6－4】はその構造を模式的に示したものである。台風の構造のなかで最も重要なものは、眼の中にある暖かい空気である。これは「暖気核」とよばれる台風の最大の特徴であり、暖気核が発達するほど台風は強くなる。暖かくなった空気は膨張して密度が小さくなる。すなわち軽い空気が台風の眼の中にあることで、中心付近の気圧が周囲より低くなる。なぜなら気圧とはその高度より上にある空気の総質量で決まるからである。たとえば245ページで詳しく説明する伊勢湾台風では、非常に強い暖気核が形成されていた。

中心気圧が低下すると、【図6－4】に示すように反時計回りの流れが形成される。これが台風の「一次循環」で、気圧傾度力がコリオリ力および遠心力と釣り合っている。図中の回転する流れがそれである。それを表す矢印付の帯は上ほど細く描かれていて、台風の眼の周囲を回転する流れが上空ほど弱いことを表している。暖気核があることで必然的に台風の一次循環は上空ほど弱くなる。つまり台風は、最大風速が地上に近いところにあり、上部では比較的風が弱いという構造をしている。

地上付近では一次循環の流れに地表の摩擦がはたらくので、地上風は円周方向から少し中心向きに逸れて吹いている。【図6-4】の断面にその流れを投影すると、中心に向かって流れ込むように見える。これを「二次循環」といい、図の両縁から眼に向かう帯で示されている。この流れに乗って空気塊が遠方から中心に近づいていくと、どんどんと円周方向の風速（すなわち一次循環）が大きくなる。

円周方向の速度の増大とともに空気塊にはたらく遠心力が大きくなるので、台風中心に近づいていくと、やがて中心向きの気圧傾度力では、遠心力を支えきれなくなる。その結果、行き場がなくなった空気は上昇することになり、その上昇気流で眼の壁雲が形成される。上昇とともに上空では気圧傾度力が弱くなり、外向きの遠心力がそれを上回るので、対流圏上部では外向きの流れとなる。これが二次循環である。【図6-4】に描かれているように、眼の壁雲の外に「らせん状降雨帯（スパイラルレインバンド）」があると、二次循環の一部は途中でそれに取り込まれる。これは眼の壁雲に向かう水蒸気を消費するので、眼の壁雲に達する水蒸気が減少する。このためらせん状降雨帯が不活発な台風のほうがより強くなる。

【図6-4】では二次循環が断面内をまっすぐ中心に向かうように描かれているが、実際は台風の周囲を円周方向に回転しながら、徐々に中心方向に移動していく。このため眼の壁雲付近の円周方向の風速は非常に大きくなり、強い台風では50m/sをはるかに超えることがある。風速に比例して海洋から大気に与えられる水蒸気量（これを水蒸気の海面フラックスという）が決まるので、風速の増大とともに、水蒸気の海面フラックスが大きくなる。このようにして大気に入った多量の水蒸気が、二次循環により眼の壁雲に輸送されて、エネルギー源となる。

第4章で説明したように、大気に与えられる水蒸気は潜熱と等価とみなし、熱エネルギーとして扱うことができる。台風を車にたとえると、大気に与えられる水蒸気はガソリンで、眼の壁雲がエンジンである。眼の壁雲のなかで水蒸気が凝結することで熱を出し台風が発達する。車のエンジンにも効率がよいものと悪いものがあるように、台風のエンジンである眼の壁雲にもよいものと悪いものがある。一般に眼の壁雲がドーナツのように対称的構造であるものほど効率がよく、非常に強い台風となることができる。

眼の壁雲の対称性がよく、台風が非常に強いものに発達するためには、その阻害要因である上層と下層の風速差（鉛直シアー）が弱いことが必要条件である。また、乾燥空気や寒気の流れ込み、さらに非対称なら せん状降雨帯の形成も阻害要因となる。これらの阻害要因がなく、海面水温、より正確には海洋上層部の熱エネルギーが十分であれば、台風規模の流れと雲の間の正のフィードバックにより、台風はどんどん強くなる。地球上の熱帯低気圧の最低中心気圧は、1979年の台風ティップが記録した870hPaで、経験的にはこれぐらいが現在の気候における台風の最大強度だろう。それでは海の温度が十分高く、条件さえそろえば、台風はいくらでも強くなるのだろうか？

大気下層で台風の中心に向かう流れである二次循環は海面の摩擦によって起こる。この点で、摩擦は台風の発達に不可欠な要素である。実際、数値実験で摩擦の全くない海面を与えると、台風は急速に消滅する。一方で摩擦は大気の流れに対してブレーキをかけるものであるから、台風を弱めるはたらきをする。これらの両方のはたらきのちょうど間にある絶妙な地表面摩擦によって台風は発達する。もし地球の海面がもっとなめらかであるか、逆にもっと強い摩擦を有していたら、台風という現象は地球上に存在しなかっただろう。

台風を強化する海面からの水蒸気の海面フラックスは風速におおよそ比例する。一方で海面付近の風の運動エネルギーが、地表面摩擦で失われる割合は風速の3乗に比例する。初期には台風の発達とともに風速が増大し、海面フラックスも増大して台風を発達させる効果が摩擦によるエネルギー損失を上まわる。この正のフィードバックにより台風が発達し風速が増大していくと、やがて3乗で増大するエネルギー損失による抑制の効果が上まわる。このときが台風の最大強度となる。ある海面水温で決まる最大地上風速や最低中心気圧を「最大可能強度」とよぶ。台風はまったく阻害要因がなかったとしても、これを超える強度にまで発達することはできない。これは理論的に求めることができ、地球温暖化に伴う海面水温の増大とともに、この最大可能強度も増大することが知られている。[3]

台風がもたらす災害

台風は地球上で最も激しい気象であり、そのエネルギーはきわめて巨大で、さまざまな災害をもたらす。暴風と豪雨による災害の他に、強風に伴う高潮・高波も大きな災害の原因となる。日本の場合、台風に伴って発生する竜巻も大きな問題である。また、強風により海の波しぶきが内陸まで運ばれることで、電線に障害を起こしたり、野菜などの農業に大きなダメージを与えたりする塩害もある。これらは複合的に発生し、一つの台風の接近や上陸で大きな災害がもたらされ、79ページに述べたように日本における風水害のほとんどが台風によって引き起こされている。

災害をもたらした台風は、被害の形態からしばしば「風台風」や「雨台風」とよばれることがある。前者は主に風による災害をもたらし、夏から秋の初めに多い。後者は雨による災害をもたらし、秋の中頃から後半に多い。台風の暴風による災害は、大気そのものが直接災害を引き起こすものである。風台風はその暴風により地上の建築物や交通機関、農作物、森林などに大きな被害をもたらす。特に建築物などの被害は、風速とともに増大するというものではなく、ある風速まではほとんど被害が出ないのに、その風速を超えると被害が一気に増大するという特性がある。

2019年9月に東京湾に沿って北東に進んだ台風ファクサイ（第15号）では、進路の右側（東側）の千葉で57・5m/s（9月9日午前4時30分）を超える最大瞬間風速を記録しているのに対して、東京湾の反対側で進路の左側（西側）の羽田では43・2m/s（同日午前3時30分）が最大であった。もちろん東京側の最大風速も尋常ではなく、工事用足場が崩れたりはしたが、千葉県君津市の鉄塔倒壊やおびただしい電柱や家屋の損壊に比べると被害はかなり小さい。これらの最大風速の差は10m/sあまりで大きくないが、建物にはたらく力は風速の2乗に比例するため、この場合、力は7～8割増となる。これらの風速の間あたりに建築物などの被害が階段状に増大する風速があるのだろう。

送電施設の被害が広域の場合、その復旧に時間がかかる。ファクサイによる千葉県の停電は数週間に及んだ。同様の強風の被害は2018年の台風チェービー（第21号）により、大阪でも発生している。これについては第1章で述べたとおりである。また同年の台風チャーミー（第24号）では、中部電力管内で延べ119万戸という平成最大の停電が発生した。台風の強風は社会インフラを大きく損壊し、人間社会に大きな被害をもたらす。

　台風に伴う強風は、暴風域や強風域の広い範囲で吹いているように思われるが、上記のような甚大な被害をもたらす暴風は、眼の壁雲周辺の狭い領域に局在している。眼の壁雲から１００㎞程度も離れれば、暴風による被害は激減するが、壁雲周辺の特に進行方向右側を指す「危険半円」の暴風域が通過する地域は壊滅的な被害を受ける。このため台風の進路予報には高い精度が要求される。台風ファクサイ（２０１９年）がもし50㎞西を通過していたら、東京都内ははるかに甚大な被害を受けた可能性がある。さらにその強風にさらされる東京湾の湾奥では、大規模な高潮が発生したかも知れない。それは２０１８年の台風チェービーによる大阪や関西国際空港の被害を思い出せば容易に想像できることである。ただし、眼の壁雲の他に、その外側に形成されるらせん状降雨帯も強風を伴うことがあるので注意が必要である。

　台風に伴う暴風は高潮・高波により甚大な災害をもたらすことがある。高波というのは、強い風で発生する30秒以下の短周期の海面変動で、ザブンザブンと波打つイメージを持っていただければよい。これに対して高潮はもっと長周期の、数十分単位の海面の上昇で、その点で津波とよく似ている。日本人は津波に対して危機意識が高く、津波は危険なものという認識が強い。一方で高潮・高波に対する危機意識は意外に低い。どれほどの人が高潮・高波も津波と同じように危険なものであると認識しているだろう。伊勢湾台風の高潮・高波は、防潮堤を破壊したし、１９９９年の台風バート（第18号）は熊本県の不知火（しらぬい）町（現、宇城市の一部）で海岸の堤防を破壊して、流れ込んだ高潮により12人の方が亡くなった。

　２０１３年のフィリピンに上陸した台風ハイエン（第30号）は、中部の都市タクロバンに大規模な高潮と浸水被害を引き起こし、7000人を超える犠牲者をはじめとして甚大な被害をもたらした。このとき高潮が襲来した太平洋側の海岸には多数の巨大な岩が打ち上げられていた[4]。【図6－5】はフィリピンで発見された巨礫の一つである。これは台風ハイエンの高波により運ばれてきた海底の岩であることが分かっている。高潮・高波の強大な力は、海底や崖から長径8m、重さ200トンを超える大きな岩を陸上まで運び上げるほどなのだ。京都大学防災研究所の森信人（のぶひと）教授によると、このような岩は高波の痕跡として各地の沿岸部に残っていて、それを調べることで、過去の高波および台風の発生や強度を知ることができるということである。

【図6－5】フィリピンの海岸近くにおける台風ハイエン（2013年）の高波で打ち上げられた巨礫の写真（京都大学防災研究所森信人先生のご厚意により提供）。

高潮はさまざまな条件によってその規模が大きく変化する。基本的に高潮の潮位は、風向・風速、湾の形、および湾の海底地形によって概ね決まる。台風に伴う高潮の場合、台風の気圧の低下に伴い、海面が持ちあげられる効果があり、「吸い上げ効果」とよばれる。水平な海底があるとき、そこでの空気と海水の両方による圧力が水平方向に一定になるためには、台風の中心で気圧が低下した分を、海水が盛り上がることで補う必要がある。台風の中心がやってきて、気圧が1000hPaから950hPaに下がったとすると、第3章の気圧のところで説明したように、1㎡あたり500kgの空気が減少したことになる。その減少分を海水が補うためには1㎡あたり500㎏の海水が必要である。これは海水50㎝分に相当する。すなわち気圧が50hPa低下すると、吸い上げ効果だけで海面は50㎝上昇することになる。気圧1hPaあたり、海面が1㎝変化すると覚えるとよい。

台風による高潮の発生メカニズムとして、もう一つ、「吹き寄せ効果」というものがある。これは強い風によって海水が引きずられ、海岸部に海水が集積するもので、実際にはこちらの方が吸い上げ効果よりはるかに大きい。風向にもよるが、風速の2乗に比例して、潮位が高くなるといわれている。つまり風速40m/sに対して、50m/sの風速の場合、高潮はおおよそ1・6倍になる。この高くなった潮位に対してさらに高波が重なるので、海水の上端は非常に高いものとなる。

海面高度というものは一定ではなく、時間や地域により大きく変化する。潮汐による変化、大潮・小潮による変化、さらに異常潮位というものもある。潮汐は月と太陽の引力によるもので、満潮は1日2回起こる。大潮は月と太陽の位置関係によって起こる。異常潮位は海の流れ方の変化が主な要因である。大気の流れと同じように海の流れにもコリオリ力がはたらくので、北半球で時計回りの回転をする大きな渦は中央が盛り上がっている。強い流れの黒潮では、日本の太平洋沿岸側より、太平洋側のほうが100㎞につき1mも高くなっている。このような流れの変化で異常潮位が発生することがある。高潮を考えるとき、異常潮位、大潮、さらに満潮が重なったときに、高潮が起きたとするとどれくらいになるかを防災上は考えるべきである。

1959年の伊勢湾台風では高潮が大きな災害をもたらした。この高潮は我が国の観測史上最も高いもので、3・45mといわれている。ただし、これは天文潮位を含んでおらず、実際の最大水位は3・9mだった。このため、この高潮は2階建ての家の天井に達するほどの高さになった。伊勢湾台風による高潮がいかに大規模であったかが想像できる。これが戦後最大の風水害による犠牲者を出した主要因である。

雨台風は台風そのものが大雨をもたらすことの他に、モンスーン、特にその前線である梅雨前線や秋雨前線とともに台風が大雨をもたらすことがある。停滞前線があるところに台風が接近するパターンでは、大雨になることが多い。18ページで取り上げた2004年の台風トカゲ（第23号）は秋雨前線と台風による大雨の典型的な例で、総降水量は500～600㎜であった。これは大規模な洪水をもたらしたが、これが台風による最大規模の降水ではない。台風によってはそれをはるかに超える降水がもたらされることがある。

札幌から道央自動車道を旭川方面へ1時間ほど走ったあたりに新十津川町（しんとつかわちょう）がある。ここは奈良県吉野郡十津川郷（現在の十津川村）をやむをえず離れ、移住してきた人々が拓いた町である。1889年8月18日～19日にこの地域は総降水量1000㎜を超える豪雨に見舞われた。死者168人、洪水や大規模な土砂崩れなど、十津川村は壊滅的な被害を被った。十津川大水害である。当時はもちろん気象衛星やレーダがないどころか、天気図さえも十分ではなかったので、どのような降水システムがこの豪雨をもたらしたかは分からない。しかし少ない情報からも、このとき18日から19日にかけて太平洋から接近した台風が四国付近に停滞し、その後、20日にかけて四国から中国地方にゆっくりと進んだことが分かっている。四国東部に上陸した台風の東側では、南から大量の水蒸気が流れ込んでいたはずである。そこでは台風の降雨帯や紀伊半島の山地で発生した降雨帯が、停滞、またはゆっくり北上する台風に伴って、長時間持続し、その結果、十津川村に豪雨をもたらしたと考えられる。ゆっくり進む台風は、総降水量を増大させる。

時代は、1869年に蝦夷地が北海道と改称され開拓使が置かれ、82年に開拓事業が終わったころである。86年には北海道庁が設けられている。屯田兵制度が定められたのは74年、アメリカからウイリアム・スミス・クラーク博士が招かれ、北海道大学の基となる札幌農学校が開校されたのは76年のことである。このころ開拓使として多くの人が北海道に入植した。北海道開拓の時代であったとはいえ、未開の大地、本州と異なる寒冷な気候と植生、動物、そして作物、さらに粗末な住居など、新十津川町の開拓には想像を絶するような困難があっただろう。さらに本州にはいないヒグマは入植者にとって大きな脅威だった。実際、新十津川町の近くの沼田町にある資料館には、村人を襲撃するヒグマの、身の毛もよだつような話が、村人を何人も食したヒグマの毛皮とともに展示してある。そうであっても、十津川大水害は、村人が住み慣れた郷里を捨て、津軽海峡を越えてはるか遠くの北海道に移住しなければならないほど甚大なものだった。このように台風に伴う風水害はコミュニティを大きく変えてしまうこともある。

日本ではないが、台風が村単位のコミュニティを消滅させてしまうほどの災害を引き起こした例がある。2009年の台風モラコット（第8号）は、台湾北部に東海岸から上陸し、台湾南部に2～3日間で総降水量3000㎜を超える降水をもたらした。雨の多い日本の平均的な年間降水量がおよそ1500㎜なので、その約2倍がこの期間に降ったことになる。大気中に存在できる水蒸気量を水にすると、台風の中心付近のようなきわめて湿ったところでも最大80㎜ぐらいである。その約40倍に相当する水が地上に降ってきたことになる。通常、降水はミリメートルの単位で表すが、この降水は3ｍに及ぶもので、もはやメートル単位で表してもよいぐらいの、まさに「メートル級」の豪雨である。

そのような豪雨が発生したとき、何が起こるのかは想像しがたい。大規模な内水氾濫、河川の決壊、無数の大規模斜面崩壊など、経験したことがない災害が数知れず起こる。2009年のモラコットに伴う豪雨により、台湾南部ではこれらすべてが起こった。台湾を南北に貫く中央山脈の南西端付近、高雄から車で1時間ほど走って山間に入ったところに、小林村（しょうりん）（現・小林里）という400人余が住む集落があった。この豪雨はその集落の裏山を崩壊させ、村全体を土石流が飲み込むという大災害を発生させたのである。山体斜面の深いところまで崩壊する「深層崩壊」が発生した。400人近い村人がこの斜面崩壊で犠牲となり、村というコミュニティが失われた。

私の研究室は国立台湾大学の大気科学系の研究室と交流が深く、毎年のように研究者や学生が行き来している。そこのB・ジョウ教授が台湾南部で行っていた観測拠点を訪問したとき、見せたいものがあるといわれ、車で30分ほどの山間に入った。モラコットの災害から4年ほどたった頃のことである。車が行き着いたところで目の当たりにした光景に、私は言葉を失った。その風景は今もよく覚えている。荒涼とした岩と石だらけの広大でゆるやかな斜面と、その遥か向こう側に山肌がむき出しの急な斜面、そしてその背景にかすむ深い山々。小林村の災害の跡だった。ジョウ教授からここに村があったと聞かされても、にわかには信じがたく、斜面の端に残された小屋のような家屋が唯一その証拠となっていた。【図6－6】の写真はそのとき撮影したものである。この写真のどこに村があったというのだろう。もとは緑豊かな斜面の、その緑の中に村があったそうだ。写真中央の土砂がむき出しの斜面が崩れた跡である。

台風モラコットがもたらしたこの歴史的豪雨については、多くの研究がさまざまな観点から行われている。それらにより豪雨のメカニズムは解明されつつあるが、直接的な要因はモラコットが台

【図６－６】台湾南部で、2009年の台風モラコット（第８号）に伴う豪雨で発生した深層崩壊により失われた小林村の跡。13年４月10日著者撮影。

湾北部を通過するときに移動速度が遅くなったことと、南シナ海から流れ込む湿ったモンスーン気流により形成された直線状の降雨帯である。台風モラコットが台湾上陸前後で移動速度が遅くなったことについてはいくつかの理由が考えられる。台風の移動は基本的に大きな場の流れによって決まるが、モラコットの場合は進行方向後ろ側に非常に活発な対流があり、その対流加熱が原因という説がある。大気が加熱されることで、低気圧が引き留められるような効果があるという考えである。[5]

もう一つの特徴である台風の南西側に発生した直線状の降雨帯は、南シナ海からの多量の水蒸気の流れ込みの中に形成されており、台湾の中央山脈に垂直に突き刺さるように東西に延びていた。【図６－７】は台湾中央気象局のレーダが観測した台風モラコットに伴う降水分布である。このとき台風の中心は台湾北部の台湾海峡沿岸にあり、その東側には湾曲した眼の壁雲ともらせん状降雨帯とも区別ができない降雨帯がある。台湾南部には南シナ海から東西に延びる直線状の降雨帯が形成され、台湾の中央山脈に達している。この降雨帯は活発な積乱雲

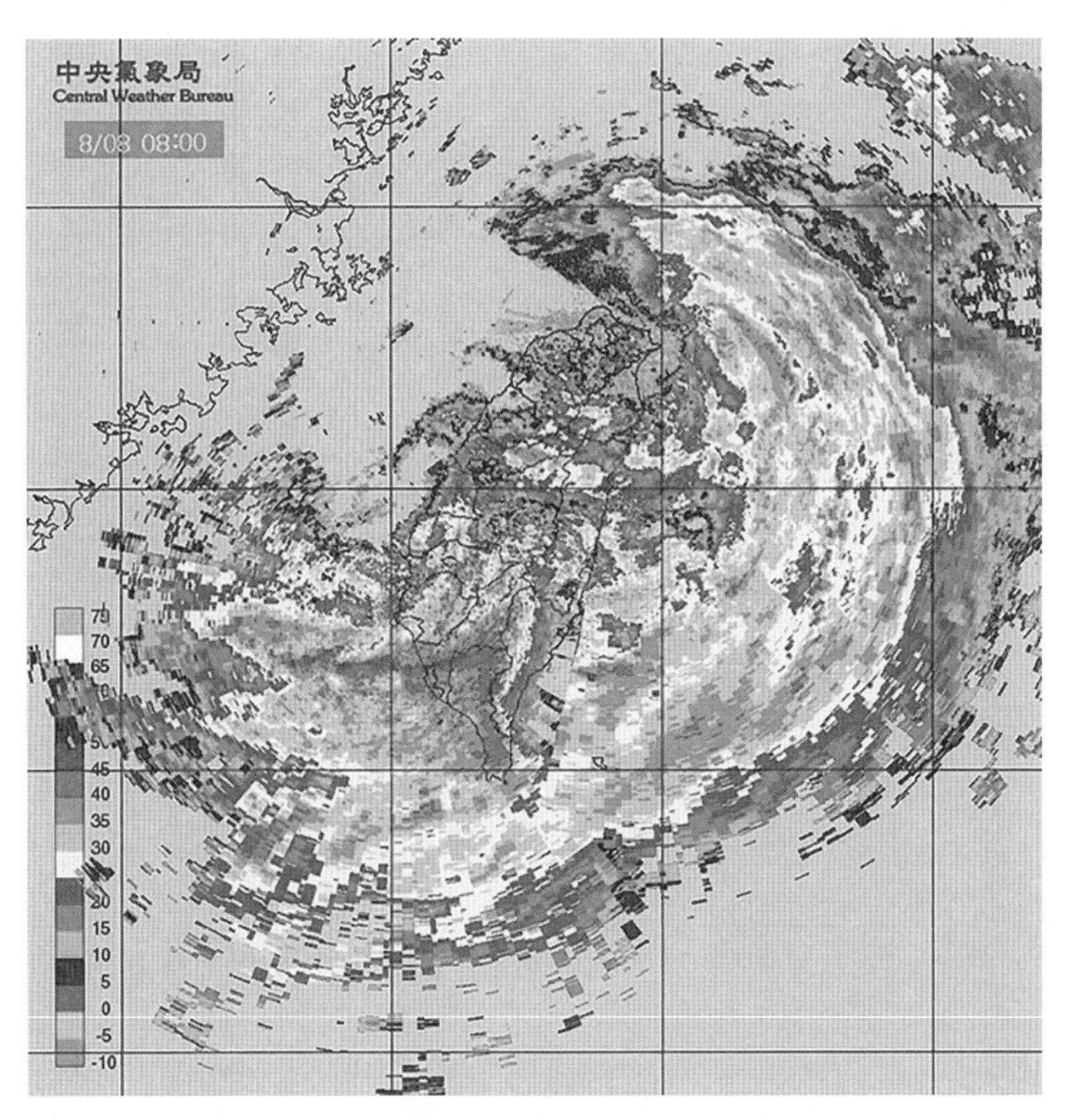

【図６－７】2009年８月８日、日本標準時午前９時の台湾中央気象局のレーダによりとらえられた台風モラコット（第８号）に伴う降水分布（レーダ反射強度；dBZ)。台湾南部の東西に延びる降雨帯が小林村の災害をもたらした（台湾の Chung-Chieh Wang 教授のご厚意により提供)。

により構成されており長時間持続した。その結果、台湾南部ではきわめて強い降水が3日程度続いた。この降雨帯の直下に小林村があった。

その雨はすさまじいものだったと想像される。台風の眼の周辺に形成される降雨帯は、通常、らせん状をしており、台風の周辺を回転するので、降水強度は大きいが、長時間持続するものではない。ところが直線状の降雨帯が形成されると、それに沿って次々と流れ込む積乱雲が同じ場所に強い雨を降らせ続ける。多くの場合、直線状の降雨帯は移動が遅く、同じ場所に強い雨が長時間持続し、そこでは洪水や土砂崩れなどの災害が発生しやすい。

台湾でモラコットによる豪雨災害が発生したとき、私はこのような1mをはるかに超える総降水量の大雨は日本本土では起こらないだろうと思っていた。日本本土は温帯の気候区にあり、一方、台湾は亜熱帯気候区で、そもそもバックグラウンドとなる気候が異なる。上陸する台風の平均的強度も日本より大きい。ところがそのわずか2年後の2011年9月1日〜4日に、1800㎜という驚くべき総降水量が紀伊半島で発生した。この降水は四国東部をゆっくり北上していた台風タラス（第12号）によってもたらされたものである。

台風タラスは2011年8月25日に日本の南海上北緯18度付近で発生し、発達しながら北上し30日に大型で強い台風となり、さらに北上して9月3日に高知県東部に上陸した。最も発達したときの中心気圧は970㍱で、上陸した台風としては中程度の強度であった。接近時の9月2日ごろまでは大きな眼が特徴であったが、3日には眼は不明瞭となり、台風の雲分布も非対称となっていた。タラスの最大の特徴は上陸ごろにみられたこの非対称な雲分布で、特に紀伊半島付近から南に延びる直線状の降雨帯を伴っていたことである。

ゆっくりと移動する台風とその右側にできる直線状の降雨帯は、台湾の2009年のモラコットの場合とそっくりである。タラスの降雨帯も長時間持続し、紀伊半島に多量の降水をもたらした。奈良県南東部にある気象庁アメダス地点、上北山では9月1日〜4日までの4日間の降水量が1744・5㎜、うち9月3日の1日だけで661㎜と驚異的な降水量が記録されている。この降水は紀伊半島を中心に大規模な洪水だけでなく、斜面崩壊をもたらし天然ダムを形成した。この災害による死者・行方不明者は98人に上った。

日本でも台湾と同じような多量の降水が発生するのである。この災害が発生したとき、台湾で発生したモラコットの災害をもっと研究しておくべきだったと強く後悔した。振り返ってみれば、本節で紹介した十津川村の豪雨災害も同様のものだったと考えられる。台風が太平洋上にあったことや長時間強い降水が持続したこと、さらにその総降水量が尋常でなかったことなどの共通点が多い。やはり災害は繰り返すのである。

この台風タラスの災害のように、一つの台風で100人近い死者・行方不明者が出た他の例としては、2004年10月の台風トカゲ（第23号）がある。そして19年10月にやはり台風ハギビス（第19号）で、それに近い人的被害が発生した。これについては257ページで詳しく述べるが、近年、7〜8年に一度の頻度でこのような大規模災害が発生している。04年の前となると、その22年前の台風ベス（1982年第10号）による死者・行方不明者95人と、さらにその3年前の台風ティップ（79年第20号）の死者・行方不明者115人にまでさかのぼることになる。

これらに加えて、2018年の台風チェービー（第21号）とチャーミー（第24号）、17年の台風ラン（第21号）、16年の北海道・東北への4個の台風の上陸、15年の鬼怒川決壊の関東・東北豪雨をもたらした台風アータウ（第18号）とキロ（第17号）、14年の台風ノグリー（第8号）と梅雨前線による暴風と豪雨、台風ハーロン（第11号）・ナクリー（第12号）及び前線による暴風と豪雨（「平成26年8月豪雨」）、台風ファンフォン（第18号）による暴風と豪雨、13年の伊豆大島で24時間に824㎜の大雨と大規模土石流をもたらした台風ウィーパ（第26号）、そして上記、11年のタラスが甚大な災害をもたらした。さらに18年の「平成30年7月豪雨」、12年には「平成24年7月九州北部豪雨」が発生している。近年、台風と豪雨による災害がまさに毎年発生するようになってきているのである。

なぜ台風の眼を目指すのか

冒頭の「まえがき」では、名古屋大学、琉球大学、気象庁気象研究所の観測プロジェクトチームが、台風ラン（2017年第21号）が沖縄の南海上で最も発達したときに、ジェット機で台風の眼に入った瞬間の話から始めた。また、79ページでは日本がいかに台風の影響を受ける地理的位置にあるのかを述べた。そこで示した日本損害保険協会の保険金支払額などからも分かるように、日本における風水害のほとんどは台風に関係して発生する。2018年の台風チェービー（第21号）では、関西国際空港の高潮被害、タンカーの連絡橋への衝突、さらに大阪府などにおける強風被害により、保険金支払額が1兆円を超えた。実際の被害額は数兆円に達しただろう。1959年の伊勢湾台風以降は、一つの風水害で1000人を超える犠牲者が出たことはない。しかしながら、2004年の台風トカゲ（23号）、11年のタラス（12号）、そして19年のハギビス（19号）では、それぞれ一つの台風で100人近い犠牲者が出ている。現在でも台風は依然として我が国における風水害の最大要因である。

台風がもたらす激甚災害は現代の問題だけではない。現在進行している地球温暖化という気候変動に伴い、今後、台風の強度が増大し、それに伴って、さらに台風災害が激甚化する可能性が懸念されている。注意すべき点は、地球温暖化は気候の問題であり、個々の台風は気象の問題なので、ある一つの台風災害を取り上げて、それが地球温暖化によるものかという議論は難しいということだ。気候の問題は統計的、あるいは確率的であり、台風については、強い台風の頻度が増大していく、あるいは台風災害の確率が増大していくということが地球温暖化の台風に関する問題である。

台風やハリケーンなどの熱帯低気圧は、年々変動が大きく、さらに個々の熱帯低気圧は個性が強い。一方で北太平洋西部の台風についての記録はたかだか70年程度しかなく、その数を正確に知ることができるようになったのは、１９７０年代に静止気象衛星が登場して以降である。このため過去のデータを用いて、台風などの熱帯低気圧の長期変動を議論することは容易ではない。そのような制限の範囲内ではあるが、熱帯低気圧の最大強度をとる位置が年々北上しているという結果が『Nature』誌に発表された[6]。また、台風の強度については、その精度に問題はあるものの、最大強度のカテゴリーの割合や各年の最大強度が年々増大しているという報告もある[7]。

台風などの熱帯低気圧の将来変化を予測しようという研究も世界中で活発に行われており、高性能の数値シミュレーションモデルを用いて、今世紀末の台風の活動についての研究が行われている。さまざまな議論はあるが、北太平洋西部の台風については、発生数は減少するが、最大強度は増大し、最大強度のカテゴリーの台風の数は増大するというのが概ねの共通認識となりつつある。

私たち名古屋大学の研究グループも、今世紀末ごろの台風の最大強度を推定するための数値シミュレーション実験を行い、スーパー台風の最大強度は、中心気圧で８６０hPa程度、最大地上風速で

85〜90㎧に達すると発表した。現在の気候で観測された台風の最低中心気圧は、1979年の台風ティップ（第20号）の870㍱なので、それをさらに10㍱も下回る中心気圧である。さらに海面水温が西太平洋全体で現在より2℃程度上昇することで、スーパー台風の強度を維持したまま日本本土に到達する台風が発生する可能性を示唆した。[8] また、仮に今世紀末ごろの気候において、59年の伊勢湾台風と同じ程度の台風が同じ経路を辿ったとき、〝未来の伊勢湾台風〟は過去の伊勢湾台風よりはるかに強いものになることも数値シミュレーションから示された。[9]

このように北太平洋西部の台風は、現代において風水害の最大要因で毎年のように激甚災害をもたらしているだけではなく、地球温暖化とともに今後さらに日本などの中緯度地域の台風災害のリスクが増大することが予想されている。それにもかかわらず、台風について重大な問題が2つ存在している。

まず、台風についての最大の問題は、その強度値の不確実性である。これは北太平洋西部において1987年に米軍による台風の航空機観測が終了して以来、台風の強度は衛星で観測される台風の雲パターンからの推定値となっていることに起因している。台風はその発達過程により強度と対応した雲パターンを示すことが分かっている。その特性を利用して、米国のドボラック法という研究者が台風の雲パターンから強度を推定する方法を開発し、現在、日本も米国もドボラック法とよばれるこの方法により、台風の強度を推定している。つまり観測された中心気圧や最大地上風速と雲パターンを経験的に関係づけて、台風の強度を推定しているのである。この方法は航空機観測に比べて、静止気象衛星があれば安価でしかも連続的に強度データを得ることができるという点で優れており、特に中程度の強度の台風についてはよい精度で強度を推定することができる。

ところが気象庁の台風の階級の「猛烈な台風」や米国JTWCの最大強度のカテゴリーであるスーパー台風のような非常に強い台風となると、その精度が極端に悪くなる。そのような台風の観測例は極めて少なく、経験的に雲パターンと関係づけるデータがほとんどないから当然である。実際、「猛烈な台風」の数を、日本の気象庁と米国のJTWCが発表しているベストトラックデータから数えてみると、1980年ぐらいまではよく合っているが、それ以後になると、気象庁は数が減少し、少ないときは2年に1個程度しか発生していないとなっているのに対して、JTWCでは、逆に数が増大し、毎年6~7個発生しているとなっている(【図6-8】)。

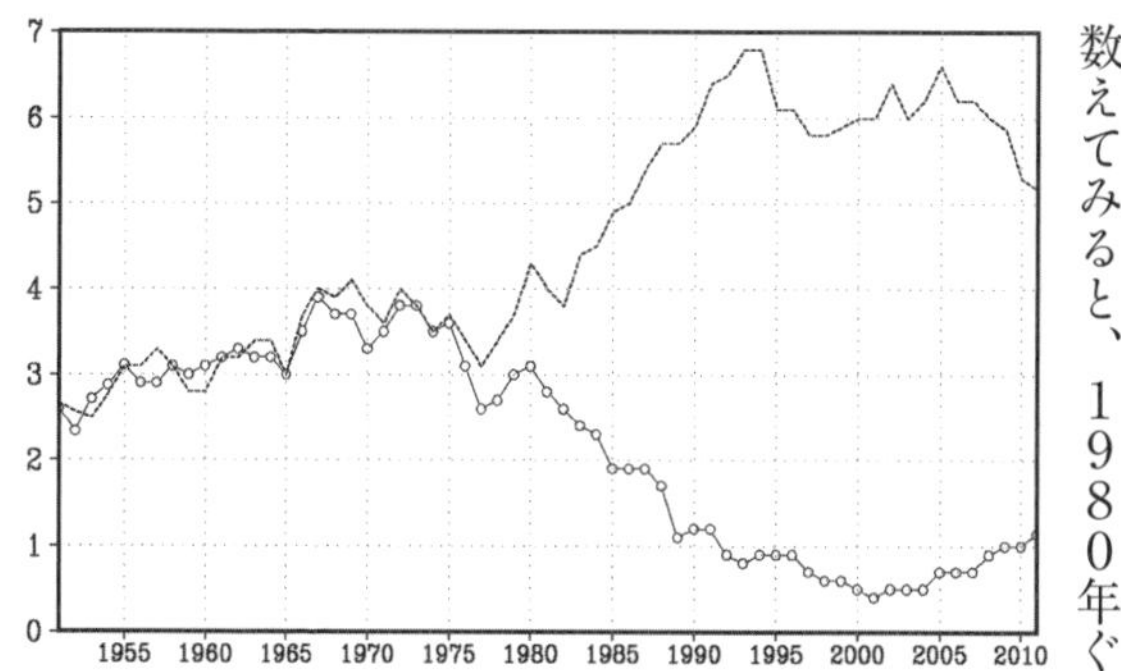

【図6-8】1951~2011年の気象庁(白丸のついた実線)とJTWC(米国合同台風警報センター、点線)のベストトラックデータから数えた「猛烈な台風」(地上風速54m/s以上)の数の経年変化。折れ線グラフは10年移動平均でなめらかにしてある。

同じ海域の同じ台風を監視しているにもかかわらず、これほど大きな違いが出るのは、「猛烈な台風」のような非常に強い台風については、その強度推定値に大きな誤差が含まれていることを示している。このような強度の誤差が、激甚災害をもたらす可能性が高い強い台風について大きいことは防災情報という点で非常に問題がある。さらにこれらの基礎データに基づいて、台風強度の長期変動を調べると、米国JTWCのデータでは、強い台風が増大しているという結果になるが、一方、気象庁のデータでは、強い台風は減少しているという正反対の結果になる。

さて、それでは日本の気象庁と米国のＪＴＷＣのどちらのベストトラックデータが正しいのだろう。それぞれ台風の専門家の、しかも特に優れた人たちが、台風強度を推定しているのだから、それぞれにその推定値には自信も根拠もあり、自分たちが正しいと主張するだろう。しかしながらどちらが正しいかを判定することは不可能である。なぜなら台風強度の直接の測定値、つまり〝真値〟がどこにもないからである。１９８７年までは航空機観測により真値が測定されていた。しかし気象衛星の発達と、一方で航空機観測にかかる高額の経費のため、米軍による航空機観測が終了し、真値を得る手段がなくなってしまったのである。

もう一つの例を示そう。１９５１年から２０１９年までの間に北太平洋西部で発生した１８１１個の台風のうち、８９０hPa未満にまで発達した台風は、２１１ページの【表６－３】に示した13個で、これをみると２０１０年のメギーを除いて、すべて１９８７年以前に発生していることがわかる。さらにこのメギーは国際共同観測プロジェクトの一環として米国の航空機により直接観測が行われたので、８８５hPaであることが記録されている。すなわちこの表の台風はすべて航空機観測によって、その強度の真値が得られたものばかりである。米軍による航空機観測が終了した後、メギーを除いて８９０hPaを下回る台風は発生していないのだろうか？　その真偽は不明である。なぜなら気象庁のドボラック法では、このような強い台風の中心気圧を推定することができないからである。

航空機による台風の直接観測が終了して、30年以上が経過した。その意味するところは、観測プロジェクトによる数回の事例を除けば、台風強度の真値の得られていない空白期間が30年にわたっているということである。このままでは、１００年後、未来の台風研究者が地球温暖化に伴い台風の強度がどのように変化してきたのかを調べようとしたとき、現在の研究者も直面している〝真値〟がないという同じ問題に直面する。そして未来の研究者は、100年前の台風研究者は何をしていたのだろうと思うに違いない。そのことが強く危惧される。つまり台風についての気候学的データの決定的な欠落が起こっているのである。

台風についてのもう一つの大きな問題は、強度予報が過去数十年間にわたってほとんど改善されていないという点である。日本の気象庁だけでなく、米国やヨーロッパの気象予報機関は、台風やハリケーンなどの熱帯低気圧の予報精度のデータを公開している。台風などの熱帯低気圧の予報の重要なものとして、進路予報と強度予報がある。近年のスーパーコンピュータの発展により、また、予報モデルの高精度化により、どの予報機関においても進路予報は年々改善されている。予報機関により、また、年によりばらつきはあるが、進路予報の平均誤差は、1日予報で100km、2日予報で200km、3日予報で300km程度である。最近、もう少し良くなっているが、概ねこの程度である。ただし、これは平均値であって、台風によっては数百kmから1000kmも進路予報が外れることがあるので注意が必要である。一方で強度予報の平均誤差は過去数十年間でほとんど改善されていない。これは世界中の気象予報機関に共通する問題である。

それほど台風の強度予報は難しいのである。台風のエンジンである眼の壁雲は、厚さがたかだか数十kmしかない。その小さな構造が台風の強度をコントロールしている。雲の内部では複雑な雲物理過程が起こっており、それが眼の壁雲内部の水やエネルギーの循環を規定している。これらを正確に計算し、かつ台風全体が大規模な流れの中でどのように振る舞うのかをシミュレーションするのはきわめて大規模な計算となり、現在のスーパーコンピュータをもってしても、十分な精度を得ることが難しい。さらにすべての数値シミュレーションによる数値予報は、初期値とよばれるデータを与えることによって実施される。その初期値は観測データに基づいて作成されるのであるが、台風のようなはるか彼方の洋上で発生する現象については、ほとんどデータを得ることができない。気象衛星のデータはあるが、気圧、温度、湿度、風向・風速の大気全層にわたる詳細なデータを得ることは難しい。そのためほとんど実測値のない初期値から予報を始めることになり、これが台風の強度予報の不確実性を大きくしている。

これら2つの問題は、台風の監視、予報、接近・上陸に対する防災、台風の気候学的変化、さらに台風そのものの学術的理解の大きな障害となっている。そしてこれらの問題の解決には、台風の航空機観測が唯一かつ最も効果的な方法である。特に大気の単位面積あたりの総質量の〝むら〟(非一様性)である気圧分布は気象衛星からは直接測定できない。台風の中心気圧の真値を得るためには、航空機により台風の眼の中に入って、そこでドロップゾンデ(第5章【図5-4】)とよばれる測定器を投下し、中心気圧を直接測定することが唯一の方法なのである。

世界では現在、米国と台湾が、台風やハリケーンなどの熱帯低気圧の航空機観測を実施している。米国はハリケーンに対して多数の航空機を使用して、非常に高頻度で観測を実施している。米国海洋大気庁と米軍ではハリケーンハンターとよばれる特別な部隊がその任務を担っているほか、研究機関なども航空機を所有してハリケーンの航空機観測を行っている。いうまでもなくそれには毎年億円単位の経費がかかるが、ハリケーンから人命を守るために、それは必要な経費であると考えられている。

北太平洋西部の台風については、台湾が約15年前から台湾に影響を与える可能性のある台風について航空機観測を行っている。台湾では国立台湾大学がその方法を開発し、日本の気象庁に相当する中央気象局に移管した。現在は中央気象局が台風の航空機観測を毎年行っている。この観測では台風の周辺を飛行して、ドロップゾンデ観測を行い、台風の眼の中へは決して入らない。やはり北太平洋西部の台風の中心気圧の真値は得られていない状況に変わりはないのである。

日本が台風について航空機観測を行ったのは、2008年のT－PARC（THORPEX-Pacific Asian Regional Campaign）プロジェクト[10]だけで、それ以来、台風の航空機観測は行われていない。日本はその地理的位置から東アジアにおける台風の最前線にあり、北太平洋西部の台風を最も観測するべき位置にある。しかもそれは社会的意義の非常に大きなものであるにもかかわらず、これまで台風の航空機観測は行われてこなかった。そこで名古屋大学宇宙地球環境研究所を中心とする研究グループは、台風の航空機観測を行うT－PARCⅡ（Tropical cyclones-Pacific Asian Research Campaign for Improvement of Intensity estimations/forecasts）プロジェクトを16年から開始した。

台風は太平洋のはるか遠方の海上で発生し、海洋上を長距離移動して日本に接近する。広大な太平洋の陸から遠く離れたところで発生・発達する台風を観測するためには、長距離を飛行できるジェット機が不可欠である。さらに台風は十数㎞の高度まで発達するので、その高度まで上れる航空機が必要である。T－PARCⅡでは、名古屋にあるダイヤモンドエアサービス株式会社のガルフストリームⅡ（G－Ⅱ）というジェット機を使用しており、この機体にはドロップゾンデ投下装置と受信機を搭載することができる（【図6－9】）。

台風は海上から日本に上陸してくる。日本は島国であるので、台風の他に豪雨をもたらす線状降水帯の水蒸気も海上から流れ込んでくる。これらの予測、しかも高精度の予測のためには海上での

【図６－９】台風の航空機観測に使用するジェット機、ガルフストリームⅡ。主翼付け根付近にドロップゾンデの投下装置がつきだしているのが見える。ダイヤモンドエアサービス株式会社所有。県営名古屋空港にて著者撮影。

観測が不可欠である。航空機観測は台風や豪雨の予測に欠かせないデータを提供する非常に有効な手段なのである。前述の寺田寅彦の「天災と国防」において、興味深い記述があるので紹介したい。

「台風の襲来を未然に予知し、その進路とその勢力の消長とを今よりもより確実に予測するためには、どうしても太平洋上ならびに日本海上に若干の観測地点を必要とし、その上にまた大陸方面からオホツク海方面までも観測網を広げる必要があるように思われる」

１９３４年の時点では当然ながら航空機観測は考えになかっただろうが、太平洋などの洋上での観測の重要性を説いている点は寺田の卓見である。これを現代版の言葉で言えば、航空機による洋上の直接観測ということになる。このように80年前にすでに指摘されていたことであるが、気象衛星が発達したとはいえ、台風の中心気圧のような衛星では測れない量については、いまだにそれが実現されていないというのが現状である。

はじめて日本の航空機が台風を観測

結婚のためにお見合いを何人かの人とすることを考えよう。今はやりの婚活のようなものを考えていただければよい。ただし、結婚するかしないかは、そのお見合いの席で決断しなければならず、一度、断った相手とは二度とお見合いできないとする。さて、読者のあなたは何人目で結婚の決断をするだろう。一人目とは、この後まだ何人とも見合いするので、特段よい相手でなければたいていは断る。二人目、相性のよい相手ならここで手を打つことを考えるが、もしかすると次にお見合いする相手はもっとよい条件の人かも知れない。三人目、相性がよければ、そろそろこのあたりでと思う。しかし待てよ、次こそはもっとよい条件の人に会えるかもと迷う。そうこうするうちに、これまでの相手以上によい条件の人が残っていないとなるかもしれない。さて、どこで手を打つか。

私たちの航空機観測もまさにそのようなものだった。予算が限られているために、その年に観測できるのはただ一つの台風である。チャンスが一度しかないのに、成果を上げられる台風を観測しなければならない。観測の対象となる台風は、日本に接近・上陸するものでかつできるだけ強大で影響が大きな台風である。さらに観測域は沖縄の南方で北向きに転向するような台風を観測したい。さて、次に来る台風は最も条件にあう相手だろうか。9月の台風は強大になりやすく日本に災害をもたらすことが多い。しかし次の台風こそはと見送っていると、すぐに10月になり、台風シーズンが終了となってしまう。さて、どこで手を打つか。

まず、失敗談から始めよう。私のお見合いの話ではなく、台風の航空機観測の失敗談である（私はお見合いをしたことがない）。プロジェクトがはじまって2年目の２０１７年、すべての観測準備が整って、あとは台風の発生を待つばかりとなった。しかしこの年に限って、そのような観測に適当な台風がなかなか発生しないまま9月を迎えた。9月も中旬にかかったとき、台風タリム（第18号）が日本の南の海上で発生し、多くの秋台風がそうであるように、発達しながら西北西に進行し、9月12日には沖縄本島の南東海上で北緯20度に達した。

このとき台風タリムを観測するべきかどうかを、研究代表者の私が判断しなければならなかった。

当日の気象庁の進路予報はそのまま西に進み台湾の南部に接近するというものだった。かなり迷ったが、結局、その日の朝、タリムの観測を見送ることにした。ところが夜になって予報が大きく変わり、日本本土に接近する可能性が出てきた。私はあわてて、飛行機会社に電話して、タリムの観測をお願いした。しかしながら時すでに遅しであった。このプロジェクトで用いる航空機は、私たちの専用観測機ではなく、観測の都度、一から準備をしなければならない。航空局への飛行申請と飛行空路の調整、ドロップゾンデの投下許可、搭乗者保険、機材の積み込みなど、多くの事前準備をすべてはじめからしなければならず、フライトまでに少なくとも2日間を要する。理想的には3日前に判断しなければならない。今日判断して、明日飛行するということはできないのである。そのため残念ながらこの観測は断念せざるを得なかった。無念だった。

その無念な気持ちをあざ笑うように、台風タリムは発達し、九州南部に上陸し、さらに四国、本州にも上陸、最後には北海道にも上陸した。つまりタリムは日本列島を縦断し、大きな影響を日本全国に与えたのである。北海道上陸時は温帯低気圧になっていたが、日本の主要四島すべてに上陸するというまれな台風であり、これこそまさに航空機観測を行うべき台風だった。これは私の痛恨の判断ミスだった。さらに悪いことにその後発生した台風トクスリ（第19号）、カーヌン（第20号）はフィリピン付近を西に移動してしまい、日本に影響する台風がないまま、その年の10月中旬になってしまった。

台風の上陸数は8月が最も多く、ついで9月が多い。10月になると極端に上陸数は減少し、11月となると1951〜2019年の69年間で1990年の1個だけである。10月も中旬に入ったころ、プロジェクトチームには諦めムードが漂っていた。

「今年は成果ゼロか……」。口には出さないが、そんな雰囲気がチーム全体に漂っていた。このプロジェクトは大型の科学研究費補助事業の予算により行われており、3年目には中間評価が行われる。2年目に成果がゼロとなると、中間評価に耐えられないかもしれない。そうなるとやっと始められたこのプロジェクトの予算が、打ち切られる可能性が出てくる。私はその大きな不安で押しつぶされそうになりながら、非常に苦しい状況に陥っていた。研究代表者としての私の判断ミスで、9月の台風タリムの航空機観測を逃したことが激しく悔やまれた。タリムのとき飛んでいれば……。逃した鯛は大きいのである。

この年の10月17日〜20日に台風や大雨についての国際会議が、台湾で開催された。私たちのグループのメンバーの多くがこれに参加することになっており、会議での座長や講演も予定されていた。ところがこの台湾の会議に出発する直前になって、ラン（第21号）と後に名付けられる台風の発生が予想された。皮肉なことに観測を実施することが最も困難なときに、最後のしかも最大のチャンスが廻ってきた。しかしながら、発生前で針路も定まらない段階では、私たちはとりあえず台湾に行くしかなかった。

会議の最中、フィリピン東方海上で台風ランが発生・発達すること、そして北上し沖縄本島の南東海上に達し、さらに日本に接近する可能性があるという情報が入ってきた。この期におよんで、またしても研究代表者の私は苦しい状況での判断を迫られたのである。なにしろ航空機観測の主要メンバーのほとんどは台湾にいて、観測を最もやりにくい状況だったのだ。そのとき私は判断に迷いつつも、この台風の航空機観測も無理だと、ほとんど諦めかけていた。

しかし、捨てる神あれば拾う神ありである。そのとき会議に参加していた、台湾の航空機観測を行っている中央気象局の研究者が、会議を中座して一緒に飛んで観測してあげようという提案をしてくれた。これには耳を疑うほど驚いたが、この言葉が私の背中を強く押してくれた。台風ランは明らかに北上し日本には影響するが、台湾には向かわない。航空機観測先進国の台湾といえども予算は限られていて、自国に向かう台風だけが観測対象である。観測予算は台湾の人々の血税であるから当然である。それにもかかわらず今回は日本のために、日本の航空機観測を応援するために、台湾の飛行機も飛ばして一緒に観測をしてくれるというのである。その台湾の協力の申し出は、涙が出るほどうれしかった。

即座に私たちのグループの何人かは、帰国準備と観測準備を開始し、会議を中座して、19日に帰国、翌20日早朝に県営名古屋空港に集合し、その日のうちに観測用航空機ガルフストリームⅡ(【図6-9】)で鹿児島に移動した。

2017年10月21日、私たちの搭乗したジェット機ガルフストリームⅡは、12時20分に鹿児島空港を離陸し、沖縄本島の南東海上、北緯21度付近に中心を持つ台風ランの観測に向かった。このときランはJTWCの階級ではスーパー台風の強度に達していた。気象庁の階級では、強度は「非常に強い」、大きさは「超大型」であった。そしてランはこの年の最低中心気圧を記録する最も強い台風となり、その最盛期を観測することとなった。気象衛星で見ると直径90㎞の大きな眼と、その周囲を取り巻くドーナツ状の強力な壁雲が形成されていた(【図6-10】)。私たちにとっても、日本の航空機観測としても、これが初めてのスーパー台風の観測である。

鹿児島空港を飛び立ったときは、台風の周囲を飛行してドロップゾンデを投下するという計画であった。しかしそこは現場判断の達人、琉球大学の山田広幸先生は、台風の眼の壁雲まで後20マイ

【図6－10】2017年10月21日14時20分（日本標準時）、ひまわり8号による台風ランの中心付近の可視画像。この時、「眼」の中に私たちはいた。

ルというところで、パイロットと相談し、眼への貫入飛行を決断した。【図6－11】はそのとき、ガルフストリームⅡの先端レーダが捉えたまん丸いランの眼の様子である。ぽっかり空いた穴が眼であり、そのまわりを壁雲が取り巻いている。明瞭なドーナツ状の壁雲であったが、その西側に少し弱く薄い部分が発見された。飛行機から約20マイル先の壁雲である。時間にして3分で到達する距離である。そこでその〝隙間〟を縫って眼の中に入るという観測に変更したのだ。

その後の様子は、本書の「まえがき」の冒頭に書いたとおりである。

ランの眼から再び壁雲の外に出たとき、眼に貫入したことについて山田先生は「俺たちはルビコン川を渡ってしまったのかと思った」と言葉をもらした。「それってどういうこと？」ジェット機のキ

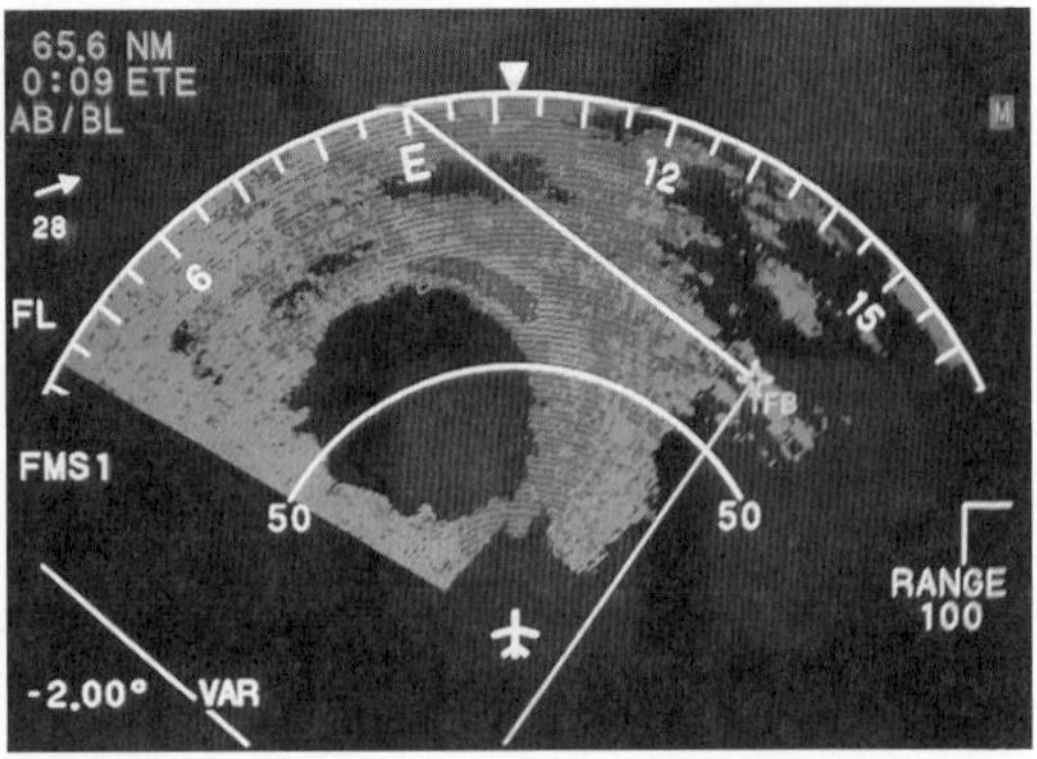

ヤビンで作業をしていた私は、その意味をすぐには理解できなかった。ルビコン川？　ヨーロッパのどこか、いや、中東か東南アジアの川だったか……？　そもそも私は高校のころ世界史が苦手だった（今も得意ではない）。

ルビコン川はイタリア北部の川の古称で、カエサルが軍を率いて後戻りできない覚悟で渡ったことに、「ルビコン川を渡る」というフレーズは由来している。重大な決断をするという意味であるが、山田先生はむしろ「後戻りできない」ということを意味していたのだろう。そのとき私たちの乗ったガルフストリームⅡは、壁雲の隙間から眼の中に入ることができた。しかしその隙間は一時的なものかも知れず、眼のなかで観測している間に、そこで対流が活発になり、隙間が塞がってしまうかもしれない。そうなると外に出られなくなる可能性がある。

【図6－11】2017年10月21日、台風ランの眼に近づく航空機のレーダがとらえた台風の眼（琉球大学山田広幸先生のご厚意により提供）。

一旦、眼から出て、眼の壁雲周辺の周回飛行観測を行った後、約1時間後、西側からもう一度、眼のなかへの貫入飛行を行った。2回目はかなり気持ちに余裕がでてきたので、20分ほど眼の内部にいて観測を行った。これらの眼内部での観測により、中心気圧を直接測定するだけでなく、眼内部の温度や湿度などの鉛直分布を観測することができた。このような眼の構造観測により、台風の構造のなかで最も重要な眼の暖気核構造を観測することができたことは大きな成果であった。暖気核の中心は対流圏上部にあることが知られていたが、このスーパー台風ランには、高度３㎞という驚くほど低い高度にもう一つの暖気核が存在した。

また、中心気圧を直接測定することで、気象庁の推定値９３５hPaに対して、実際は10～15hPaも中心気圧が低いことを示した。さらに重要なことは気象庁の推定値では、10月21日の９３５hPaから翌日22日の９１５hPaへと20hPaも気圧が低下するということ、すなわち台風が北上とともに発達しているということを示していたが、翌日も実施した眼内部での観測から、実際には22日の中心気圧はやや上昇しており、逆に台風は衰退期に入ったことが示された。つまり台風の強度の変化傾向について、観測は正反対であることを示したのである。このような台風強度の時間変化の傾向は、強度情報とともに台風防災に重要な情報を与える。観測終了後、観測機にも搭乗した琉球大学の伊藤耕介先生は、観測データを予報モデルに取り込むことで、台風予測が改善することを示し、その論文は日本気象学会から論文賞を受賞した。

ハリケーンの航空機観測を長年活発に行っている米国では、中程度の強度以上のハリケーンにはジェット機で入ってはいけないという規約がある。かつてハリケーンの航空機観測で重大な事故があったからだ。米軍の特別な機体（四発のプロペラ機）でハリケーン観測を行っているハリケーンハンターは、高度３㎞で眼への貫入飛行を行っている。台風の航空機観測を行っている台湾は、台風の周囲の観測を行うだけで、眼への貫入飛行観測は行わない。すなわち眼の内部の暖気核構造を台風上端部付近からジェット機で観測できるのは私たちの観測だけである。その意味でこの観測は重要なデータを得ることができた。

この観測にはもう一つの重要な意義がある。これまでは危険で民間航空機ではできないと考えられていた台風の貫入観測が、〝適切な現場判断ができれば〟、台風上部で可能であることを示したことである。台風の基本的構造は分かっているので、台風上部では風が弱いことは知られていた。しかし眼の壁雲付近には、強い上昇気流や乱気流があっても不思議ではない。そのようなこれまでの〝常識〟とはうらはらに、十分に成熟した台風であれば、民間航空機でも安全に眼内部に入ることができるのである。結局、私たちのグループは、この台風ランに対して3回の貫入観測を実施したが、一度も強い乱気流は経験しなかった。

この貫入観測の結果を米国での学会で発表したとき、その成果の重要性より、安全性への懸念が米国の研究者から出された。しかしながら、成熟した台風における対流圏上部での貫入飛行の安全性は、翌2018年9月に実施した台風チャーミー（第24号）の航空機観測において、私たちのグループが実施した6回の貫入飛行観測によりさらにはっきりと示されることになる。この意義は、民間航空機を用いて台風の眼に入る観測が可能であることを示したことで、台風観測の可能性が格段に広げられたことである。ただし、ここで重要な点は、どのような台風でも眼には入れるということではなく、「眼の壁雲へ安全に貫入飛行ができることを正しく現場判断できれば」という条件付きであることだ。

2018年9月30日午後、台風チャーミー（第24号）は、和歌山県田辺市付近に上陸し、東海、北陸、東北と列島を縦断するように進み、各地に大きな災害をもたらした。これにより中部電力管内では100万戸を超える停電が発生し、伊勢湾では2・21mの高潮が起こった（このときの最大の潮位偏差は和歌山県御坊市の296㎝）。

この台風について、私たち航空機観測のグループの一人である、気象研究所の中澤哲夫博士から「まだ気が早いですが」ではじまるメールがグループ全体に流れたのは9月15日だった。気象庁が台風チャーミーの発生を発表する1週間も前のことである。そしてこの台風についての観測の検討会が始まった。台風チャーミーの航空機観測は、北海道大学の高橋幸弘教授と共同で行った。そのため9月25日〜28日の4日間にわたって連続観測を沖縄南方海上で実施できた。このときも台湾のグループが一緒に航空機観測を行ってくれて、スーパー台風から通常の台風に変わるまでの台風の変化を連続的に観測することができた。これについてはまだ研究の途上であり、その詳細はまた別の機会にお話ししたい。

次の課題——伊勢湾台風と狩野川台風

5098人の死者・行方不明者を出した伊勢湾台風の上陸日は9月26日だった。その前年、関東地方に上陸し1269人の犠牲者を出した狩野川台風も1958年9月26日から27日にかけて上陸している。さらにさかのぼると54年に青函連絡船洞爺丸（とうやまる）をはじめ多くの船を遭難させた洞爺丸台風が上陸したのも9月26日である。9月26日は台風による大災害が起こる日なのである。これは偶然ではない。2018年の台風チェービーもチャーミーも9月に上陸し甚大な災害をもたらした。第2章【表2-1】の台風のうち半分が9月に上陸している。台風の発生数は8月が最も多いが、9月は日本が最も台風の災害を受けやすい月であり、長い年月の間には、台風が3個、同じ日に上陸して大災害を起こしたとしても何も不思議ではない。日本には「二百十日」（立春から210日目）という言葉もある。これはおおよそ9月1日ごろのことで、その頃は台風による被害が多いということを語り継ぐための言葉である。このように昔から9月は台風災害の月であり、常に台風に注意が必要であることを日本人は経験的に知っているのである。

2019年は伊勢湾台風から60年にあたり、東海地方では講演会や写真展など、伊勢湾台風に関するさまざまな催しが行われた。名古屋大学減災連携研究センターでは、米軍が撮影した当時の詳細な航空写真を復元して公開している。60年前の伊勢湾台風は、決して過去の出来事ではない。それは多くを学ぶべき対象であり、台風を含む気象が激甚化しつつある現代において、伊勢湾台風から学ぶべきことはむしろより多くかつ重要になってきている。その点は狩野川台風も同様である。

これら2つの台風の特徴的な点は、発達初期に驚くべき急激な発達をしたことである。中心気圧が狩野川台風では1日で93hPa、伊勢湾台風では91hPaも低下した。これらは、1日あたりの気圧低下としては、気象庁のベストトラックデータが残る69年間で、第1位と第2位にあたる。およそ90hPa気圧が低下するということは、地上から約1000m付近にある900hPaの気圧面が、1日で地上に降りてくることを意味する。別の言い方をすると、地上から約1000mの高度までの空気を1日で取り除いたことになる。この高度から地上の間には1㎡あたり約1トンの空気が存在している。台風中心付近の総質量は、仮に半径100㎞内だけを考えても約3000億トンになり、その空気を台風中心付近から1日で取り除いたのだ。これに伴い台風の眼の中の気温が1日で急激に上昇している。伊勢湾台風の場合、1959年9月22日15時頃の米軍の航空機による観測では、700hPa高度の気温が15℃であったのが、翌日の同じ時刻では30℃に上昇している。1日で気温が15℃も上昇するということは対流圏では他に例を見ないほどの大きな気温上昇である。

【図6-12】は1951~2019年の気象庁ベストトラックデータから求めた、台風の24時間あたりの気圧の低下率の度数分布（ヒストグラム）である。伊勢湾台風と狩野川台風は、図の最も左側のマイナス95hPa以上、マイナス90hPa未満の区分に含まれる。これよりこれらの台風の急速な強化は、特別に大きなものであることが分かる。実は、これらのさらに左のマイナス100～マイナス95hPaに1953年のテス（第13号）の24時間あたりマイナス96hPaという記録がある。しかし最大気圧低下率を6時間で計算してみると、この台風は6時間で93hPaの気圧の低下という、あり得ない低下率となる（狩野川台風で39hPa、伊勢湾台風で35hPaの低下）。これはあきらかに測定に問題があったと判断できる。このため、記録の残る51年以降では、伊勢湾台風と狩野川台風が1日当たりの最大の気圧低下を示した台風と判断できるのである。データは必ずしも正しいとは限らないので、このような吟味はデータを解析するときに不可欠である。一方でそれは客観的でなければならず、データを恣意的に操作してはいけないことは科学の基本である。

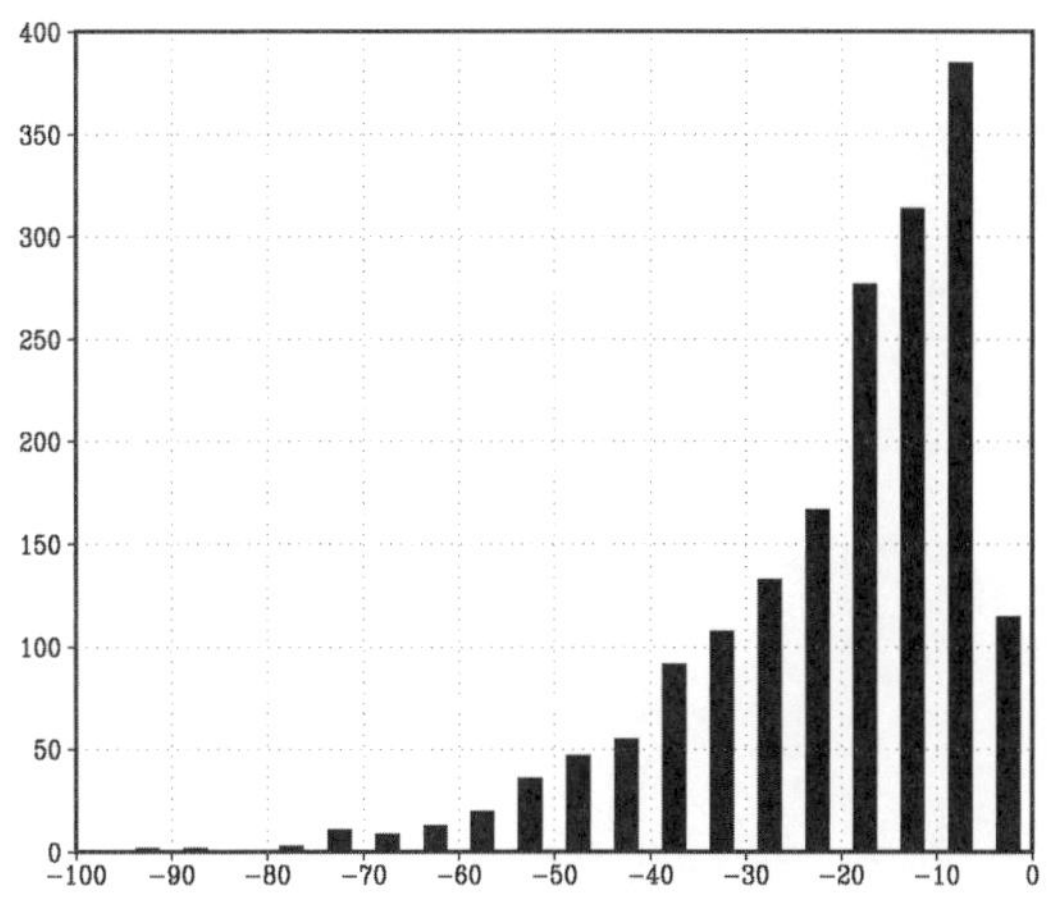

【図6－12】1951～2019年の気象庁のベストトラックデータから求めた台風の24時間あたりの最大中心気圧低下率の分布。5 hPaごとの区分で、下限以上、上限未満として数えた。

急激な発達は、台風だけでなくハリケーンでも見られ、rapid intensification とよばれて近年活発な研究が行われている。日本語では「急速強化」、あるいは「急速発達」と訳される。

その定義は、台風などの熱帯低気圧の最大地上風速が1日でおよそ15m/s以上増加することである。中心気圧の低下率による定義にはいくつかのバリエーションがある。気象庁のベストトラックデータの場合、中心気圧が24時間で40hPa以上低下する台風は、全体の上位およそ10%に相当する。2019年のハギビス（第19号）は急速強化で話題となったが、その気圧の低下率は24時間で60hPaであった。それは低下率の大きい方から数えておよそ2%に相当する。伊勢湾台風や狩野川台風のクラスには達しなかったが、近年まれに見る大きな急速強化で、国内外の研究者が注目した。

この急速強化は台風の発達プロセスの顕著なもので、研究者が注目しているだけではなく、台風予報の大きな誤差の原因となっているという点でも問題である。今の予報技術では台風やハリケーンの急速強化を正確に予測することができない。近年のコンピュータと予報モデルの発達により、台風の進路予報は年々改善しているが、強度予報はほとんど改善されていない。その原因の一つがこの急速強化である。強度予報を改善するためには、急速強化のメカニズムを解明し、その予測ができるようになることが必要条件なのである。

さらに急速強化は台風がスーパー台風の強度に達するための重要なプロセスでもある。本書でも何度も出てきた2013年のスーパー台風ハイエンや10年のメギーをはじめとして、多くのスーパー台風は急速強化のプロセスを経てその強度に達している。19年のハギビスもそうであった。もちろん急速強化を経ないでスーパー台風になる台風もあるが、短い台風の生涯の間にスーパー台風になるためには、急速強化を経る場合が多い。

多くの場合、急速強化は台風の発達初期に暖かい海上で起きる。このとき台風の発達に対して阻害要因となる、鉛直シアー（対流圏上層と下層の風速差）が小さいことや、周囲に乾いた空気がないなどの条件が整っていることが必要である。台風ハギビスの場合は、このような阻害要因がほとんどない環境で、10月にもかかわらず、30℃という高い海面水温が広がる北太平洋西部で急速強化を起こした。このような環境下で、台風の中心付近、特に最大風速半径より内側で、激しい対流が発生することが、急速強化を起こす要因と考えられている。こうした対流現象は「対流バースト」とよばれる。台風の発達初期の気象衛星の赤外画像を見ていると、あるとき急激に大規模な対流が発生する様子が見られることがある。これが対流バーストで、何度も中心付近で起こることで、台風の二次循環を急激に強化し、台風が急速強化を起こすと考えられている。

伊勢湾台風は過去最大級の急速強化を起こした台風として、そのメカニズムの理解において重要な台風と位置づけられる。もちろん60年前の当時は、現代のような気象衛星はなく、伊勢湾台風を宇宙から観測することなどはできなかった。気象レーダもやっと大阪と東京に整備し始められたばかりであった。そのため伊勢湾台風を経験された方はたくさんいるが、その全容を見た人は誰もいない。しかし当時は米軍が航空機により直接観測を行っていた。これは非常に貴重なデータで、むしろ現代のほうが、航空機観測がなく、そのようなデータが得られなくなっている。

それでは60年以上も前の伊勢湾台風や狩野川台風をどのように研究するのだろうか。最も強力な道具は、近年、急速に発達してきたコンピュータである。台風はその大きさが1000km以上に及ぶが、それを駆動しているのは眼の壁雲であり、それを構成しているのは水平スケールがたかだか10kmほどの大きさの積乱雲である。さらに積乱雲の中では水蒸気から雨の形成まで非常に複雑な雲物理過程が起こっている。つまり台風という巨大な気象現象のシミュレーションには、雲粒や雨粒のようなミクロの現象の効果を考慮する計算を数千km四方の領域で行う必要がある。このため20世紀のコンピュータでは、そのような計算は不可能であった。

21世紀に入り、2002年に日本は世界が驚愕するようなコンピュータを開発した。「地球シミュレータ」とよばれる超大型スーパーコンピュータである。これにより日本の計算機は一気に世界一に躍り出て、計算機性能の世界ランキングであるTOP500の首位となり、04年11月までその地位を維持した。地球をシミュレーションすることを意味する地球シミュレータというロマンチックな名前をだれが考えたのだろう。現在、地球シミュレータは海洋研究開発機構の横浜研究所にあり、第3世代が稼働している。地球シミュレータの登場は、その計算機能力の飛躍という点で、またその生み出す成果の革新性において、まさにエポックメーキングであった。その後、日本にはさらに高速のスーパーコンピュータ「京」が登場し、その後継機として「富岳」という名前となる予定の次世代コンピュータが計画されているが、地球シミュレータは、まさに地球科学の一つの時代を創ったコンピュータであった。

名古屋大学旧大気水圏科学研究所（現、宇宙地球環境研究所）に所属する私たちのグループは、地球シミュレータで稼働する「雲解像モデル」の開発を1998年から開始した。2003年ごろだったと思うが、やっとこの雲解像モデルができあがり、はじめて地球シミュレータで行った結果を見たとき、地球シミュレータというハードウェアと雲解像モデルというソフトウェアの組み合わせにより、これまでにないすごい道具を手に入れたと感じた。そのとき地球シミュレータがシミュレーションした台風を見たときの感覚は、きっとパスツールがはじめて顕微鏡で細菌を見たときや、ガリレオが望遠鏡ではじめて木星を見たとき感じた感覚とよく似ているのだろうと思ったことを覚えている。

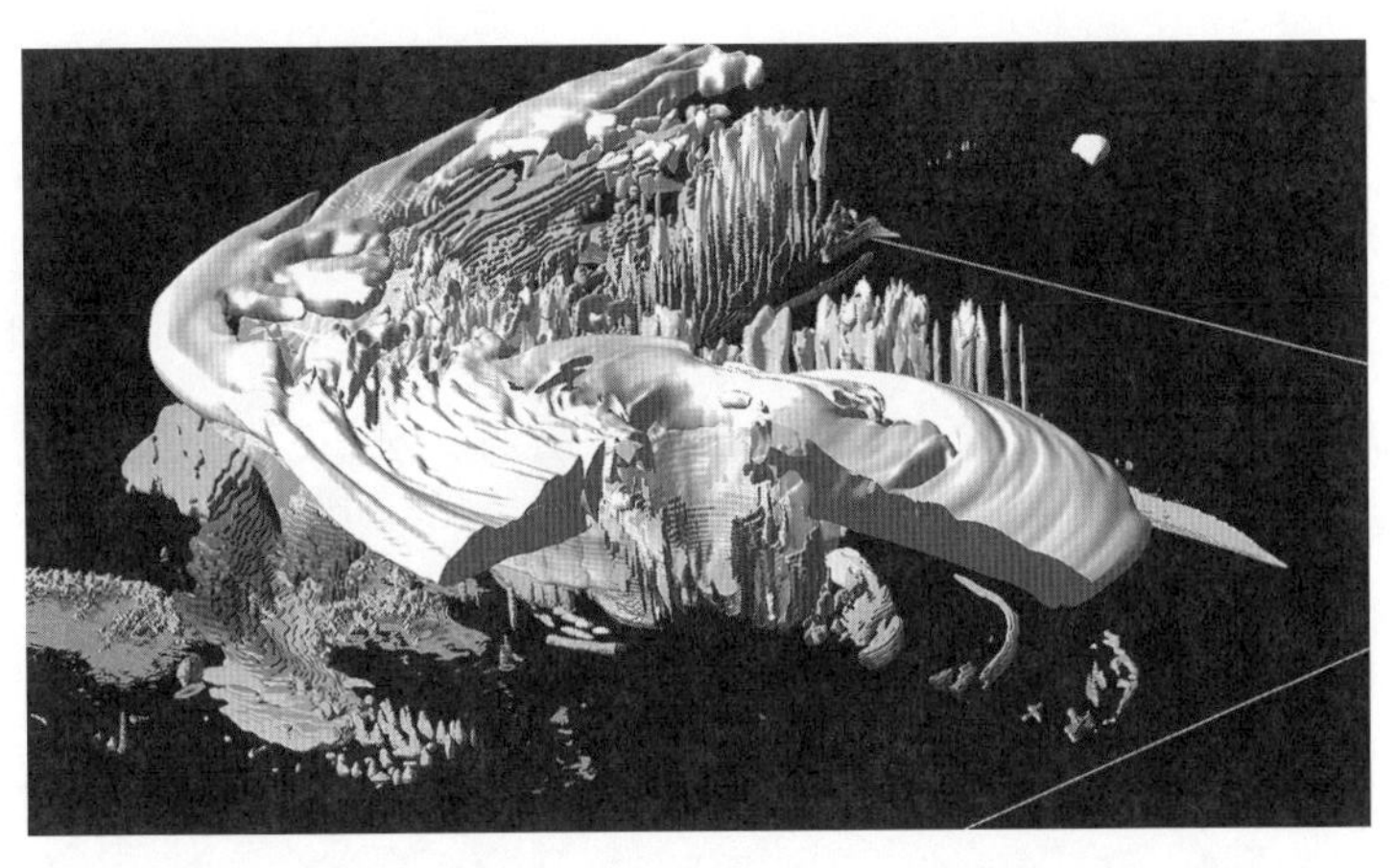

【図6－13】名古屋大学宇宙地球環境研究所で開発している雲解像モデルで再現された1959年の伊勢湾台風。上陸12時間前の台風の雲と降水の分布を立体的に表現した。

伊勢湾台風の研究にはもう一つ重要な要素が必要である。それは入力データである。その一つとして気象庁は、過去の入手可能なあらゆるデータを、数値予報モデルに取り込みスーパーコンピュータで計算することで、ＪＲＡ55という解析値を開発した。ＪＲＡはもちろん日本中央競馬会ではない。Japan ReAnalysis の略で、日本で作成された気象場の再解析値という意味である。超高速スーパーコンピュータ、その上で稼働する数値モデル、そして入力データとしての再解析値の３つの要素がそろうことで、60年前の台風をコンピュータの中で再現できるようになった。

【図6－13】は再現された上陸12時間前の伊勢湾台風である。日本本土に接近してもなお非常に発達したドーナツ状の眼の壁雲と、その中に大きな眼が再現されている。壁雲の周辺には通常形成されるスパイラルレインバンド（らせん状降雨帯）がほとんど見られない。台風の二次循環により眼の壁雲に運ばれる水蒸気は、スパイラルレインバンドにより消費されるが、伊勢湾台風の場合はそのようなことはほとんど起こらず、眼の壁雲に多量の水蒸気が供給されることで、眼の壁雲の強度が維持されていた。このような同心円の眼の壁雲は、強度を維持しやすい性質があり、そのため緯度の高い本州近くまで達しても勢力があまり弱まらなかったと考えられる。

このときすでに秋雨前線が本州付近にあり、当時の天気図には前線が描かれている。通常このような場合、北側の冷たく乾いた空気の影響を受けて台風は弱まるが、同心円の眼の壁雲をもつ伊勢湾台風はほとんど勢力を弱めることなく上陸したと考えられる。この眼の壁雲から対流圏上端で外向きに吹き出す流れによって、上空の巻雲の広大な広がりが形成されている。その南西端は、沖縄の南西諸島を越えておそらく台湾付近にまで広がっていたと推測される。もし当時、気象衛星があれば、巨大な雲の渦巻きの中に大きな眼をした台風が、急速に日本に接近していく様子が見られただろう。

実際の観測がないので実物と比べようがないが、米軍による航空機観測で撮影された伊勢湾台風の眼は、上空約17㎞からでも海面が見えるほど発達したものであったことが分かっている。おそらく私たちが航空機で観測した2017年の台風ランのような巨大な眼をしていたのだろう。また、私が講演会などで台風の話をすると、ときどき伊勢湾台風を経験された方がお見えになり、講演後、伊勢湾台風の体験談をしていただくことがある。伊勢湾台風後の世代の私にとって、それは貴重な〝証言〟となる。これまでお話しいただいた何人かの方の証言では、伊勢湾台風の通過時に、暴風が突然止んだという話がいくつかあった。これは名古屋市内が眼のなかに入ったことを意味している。伊勢湾台風の経路からは30～40㎞ほどで、暴風が止むほどの眼の内部に入るとすると、伊勢湾台風の眼の半径はそれ以上あり、上陸時においても眼の構造がはっきりしていたことが推測される。

このような伊勢湾台風などの歴史的台風の再現は、当時の気象と災害を理解するのに有効であるだけでなく、災害をもたらす台風の特性、特に構造や発達過程、それをもたらす環境場の条件などを知ることができ、将来の台風防災に重要な情報を与えてくれる。さらに地球温暖化の研究と連携することで、もし今世紀後半の温暖化した気候で、伊勢湾台風（と同じ勢力で同じ進路の台風）が発生するとしたらどのような災害がもたらされるのかを知る手がかりにもなる。

伊勢湾台風は決して過去の話ではない。それを通して多くを学ぶべき対象であり、それを基に〝未来の伊勢湾台風〟に備えるべきである。２０１８年の台風チェービーが、１９６１年の台風ナンシー（第二室戸台風）、50年のジェーン台風、さらに34年の室戸台風と同じような経路、同じような勢力、同じような進行速度で上陸し、激甚災害をもたらしたように、日本という台風の影響を最も受ける地域では、同じような災害をもたらす台風が発生し、災害が繰り返される。未来の伊勢湾台風は必ず来る。そしてそれは59年のものよりはるかに強いものになると思って、備えを厳重にするべきである。

伊勢湾台風が日本本土付近でも非常に強い勢力であったこと、その特徴的構造、進路、それに伴う暴風や豪雨はよく再現されるようになってきた。しかしながら、発達初期に伊勢湾台風が見せた大きな急速強化は、まだ再現されていない。なぜ、そのような極端な急速強化が起こったのかは、未解明の問題として残されている。そしてその急速強化こそが、台風の強度予報における最も大きな問題であり、伊勢湾台風の急速強化がシミュレーションにより再現され、そのメカニズムが理解されなければ、台風の急速強化の問題の解決には至らない。その意味で、伊勢湾台風は大きな課題を突きつけており、急速強化は解決するべき重要な次の課題である。

さらに困難な問題の解明に向けて——二重眼

沖縄県の南西部に位置する先島(さきしま)諸島の一つ、宮古島は珊瑚礁でできた美しい島である。池間島、伊良部(いらぶ)島、来間(くりま)島などの周辺の島とともに宮古諸島を形成し、周辺には年に数回だけ海面から顔を出す珊瑚礁もあり、海の美しさは世界一である（と私は思う）。特に宮古諸島の北部にある池間島周辺は海が浅く、その海の青さは目眩がするほどだ。その青を背景に宮古島北端の西平安名崎(にしへんなざき)では、風力発電の白い風車が回っている。宮古諸島の最大標高は１００ｍあまりで高い山がなく、また、川もない。このため地下ダムという独特の方法で水を確保している。

北緯25度付近に位置する宮古諸島は、現在の気候でもスーパー台風が通過する。そこに生息する蜘蛛は台風の襲来を予測できるらしく、宮古島の人から聞いたところでは、蜘蛛が高いところに巣を作る年は台風の襲来がないそうである。その年の台風については宮古島の蜘蛛に聞くのがよいのかも知れない。

昔から宮古島地方は猛烈な台風の襲来を受けてきた。かつて気象庁が地名を台風に付けていた時代がある。宮古島台風と名付けられた台風が発生したのは、１９５９年、伊勢湾台風の年である。この台風の国際名はサラ（第14号）で、９月15日に宮古島を通過し、中心気圧９０８・１hPa、最大瞬間風速64・８m/sを記録し、宮古諸島の７割の住居が損壊した。台風サラは、さらに日本海に進み長崎県や北海道にも被害をもたらし、全国で、死者・行方不明者が99人に達した。

１９６６年、第二宮古島台風、コラ（第18号）が宮古島付近を通過したのは９月５日で、そのときコラは最大強度に達していた。最低中心気圧は918hPa、宮古島での最大瞬間風速は85・3m/sが記録された。これは富士山山頂を除くと、現在においても日本の観測史上1位である。このとき幸いにして死者は記録されていない。

さらに1968年、第三宮古島台風、デラ（第16号）が9月22日に宮古島を通過している。この台風の最低中心気圧はやはり宮古島付近に中心があったときに930hPaに達した。最大瞬間風速は、宮古島で79・8m/sに達した。台風デラはその後九州に上陸したが、そのまま九州上で熱帯低気圧に変わった。宮古諸島での暴風による被害が甚大だったことはいうまでもないが、デラが東シナ海上を北上していたとき、九州、四国、紀伊半島で大雨となり、三重県尾鷲（おわせ）市では日降水量が806mmに達した。これは秋雨前線と台風による典型的な大雨である。【図6-1】（207ページ）から分かるように、この時期は台風の発生数の多い時期であった。やはりそのような時期は大きな災害が起こりやすい。このように宮古島ではスーパー台風がしばしば大きな災害をもたらしてきた。

スーパー台風マエミー（2003年第14号）が宮古島を通過したのは、9月11日の未明で、午前4時に宮古島では913・2hPaが記録されている。最大瞬間風速は、74・1m/sというきわめて大きなものであった。この暴風により耐風速90m/sといわれていた、宮古島の西平安名崎にあった風力発電用風車が倒壊した。【図6-14】の写真はその翌年、そこを訪れたとき私が撮影した風車の残骸である。この台風の眼の壁雲が宮古島を通過したときこの倒壊が起こったと考えられる。台風マエミーがいかに強い風を眼の壁雲付近に伴っていたかが分かる。

台風マエミーの眼は直径が30kmほどと比較的小さく、宮古島を通過したとき、島全体が眼のなかにちょうど入るほどだった。このときの気象レーダの画像（【図6-15】）をよく見ると、その眼の

【図６－14】2003年９月のスーパー台風マエミー（第14号）の通過により倒壊した宮古島の西平安名崎にある風力発電用風車の残骸。著者撮影。

壁雲の外側に直径が２００㎞ほどのもう一つの眼の壁雲が形成されていることが分かる。このような眼の構造を「二重眼」、あるいは「二重壁雲」とよぶ。マエミーの場合、この二重壁雲の構造を20時間以上にわたって維持していた。こうした眼の構造が存在することは、１９５６年の台風サラ（第1号。宮古島台風と同じ名前であるが別の台風）で初めて観測されている。さらに２０１２年の台風ボラベン（第15号）のように三重眼（三重壁雲）などもあり、総称的にこれらは、「多重壁雲」とよばれる。

　多重壁雲は考えてみると不思議な構造である。壁雲の水蒸気は台風の外側遠方から流れ込むので、外側に壁雲が形成されると、その内側の壁雲には水蒸気供給が絶たれ、衰弱してしまうはずである。実際、そのように外側に壁雲が形成されると、もともとあった内側の壁雲が消失し、外側の壁雲が収縮して内側壁雲がもとあった位置まで移動する。このような壁雲の交替は、強度変化を伴い、強度の予測において重要な構造変化である。さらに二重壁雲にはその構造を長時間維持するものや、内側壁雲は持続して外側の壁雲が消失するものもある。二重の壁雲がなぜ維持されるのかという問題そのものも興味深いが、多くの場合、強い台風にこのような眼の構造が見られ、特にマエミーのように非常に強い台風では二重壁雲が長時間維持されることが知られている。

　現在、気象衛星による観測から、雲パターンによって台風の強度が推定されているが、多重壁雲では特にその精度が悪くなる。また、多重壁雲の場合、二次循環に伴う水蒸気がどのように内側壁雲に供給されるのか、さらに眼の中心に形成される暖気核はどのような構造をしているのかなど、多くの問題が残されており、これが台風の強度予報へも不確実性をもたらしている。しかしながら、多重壁雲の台風はまれにしか発生しないので、その航空機観測は容易ではない。私たちが観測した2018年の台風チャーミーは、眼の壁雲の交替が9月25日から26日の間に起こったが、二重壁雲の構造の観測までには至らなかった。この困難な問題の解決は、今後の観測を待つよりほかない。今後、多数の台風を航空機により観測することで、多重壁雲構造を持つ台風が観測され、その眼を含む台風の中心付近の構造の解明が期待される。

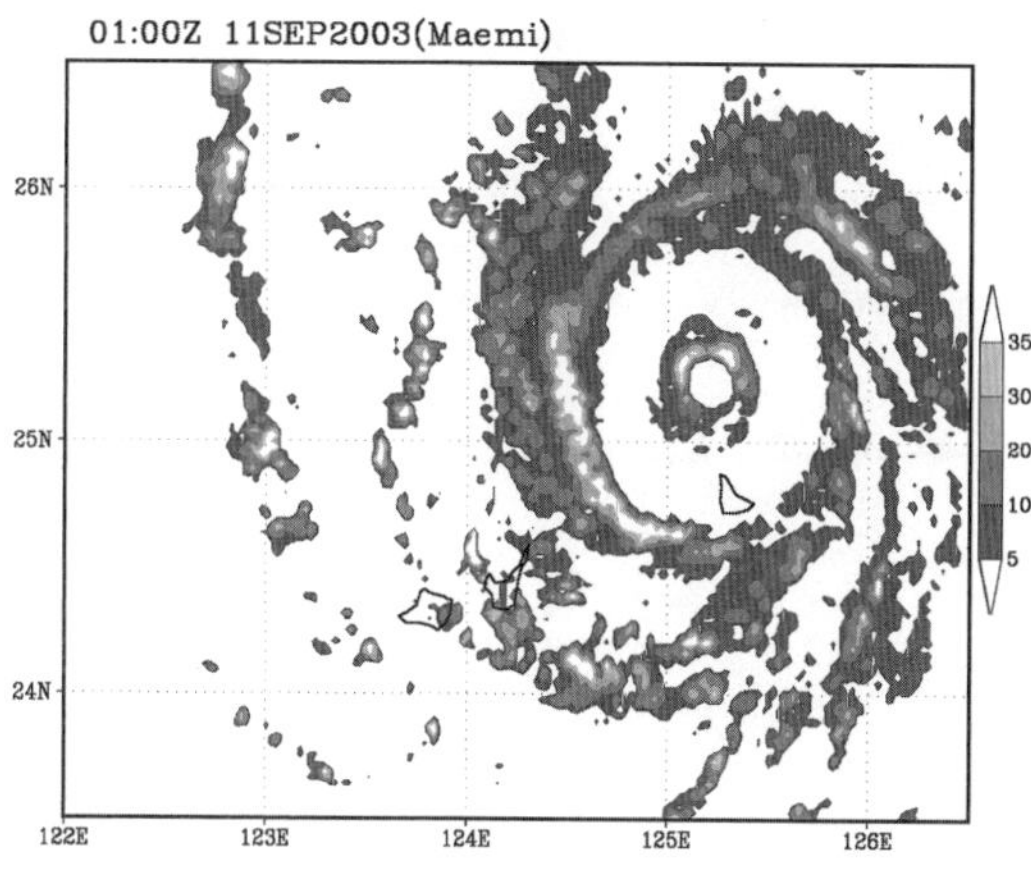

【図6－15】2003年9月11日10時のスーパー台風マエミー（第14号）の、気象庁レーダ画像。グレースケールは降水強度(mm/h)。図中に右から宮古島、石垣島および西表島を示してある。

連続する台風の災害

2019年10月は、台風ハギビス（第19号）、ノグリー（第20号）、ブアローイ（第21号）が、東日本から東北地方にかけて主に大雨による大災害をもたらした。ハギビスは10月6日に発生し、12日に伊豆半島付近に上陸。箱根では1001・5㎜、宮城県でも607・5㎜といういきわめて多量の総降水量をもたらし、千曲（ちくま）川の氾濫をはじめとして、多数の河川の決壊と広域の洪水を引き起こし、死者・行方不明者が89人に達した。また、上陸前に千葉県で竜巻による災害が発生している。ハギビスの前には9月9日に千葉県に上陸した台風ファクサイ（第15号）によって、県内では鉄塔倒壊をはじめとする大規模な暴風災害がもたらされている。

ノグリーは10月17日に発生し、東海地方に上陸する直前の10月21日に温帯低気圧になった。このため記録の上では上陸していないが、東日本から東北地方にかけて、21日、22日にやや強い降水をもたらした。さらにその後、台風ブアローイが関東地方の東海上を北上するのだが、こちらも接近するだけで上陸はしていない。ところが悪いことに、このとき西から本州に沿って温帯低気圧が移動してきた。このため10月25日～26日に東海地方から関東・東北にかけて非常に強い雨がもたらされ、千葉県、福島県、埼玉県を中心として再び大規模な洪水と多数の土砂災害が発生し、13人が亡くなった[11]。特に千葉県ではハギビスの洪水による死者はなかったが、上陸しなかったブアローイで11人の死者が出た。このことは災害の予測の難しさを物語っている。

2週間という短い期間に、3つの台風の影響により、連続して多量の降水がもたらされることで、関東地方から東北地方に大きな災害が引き起こされた。特に千葉県では9月の台風ファクサイから始まり、ハギビスの竜巻と大雨、さらにブアローイによる大雨と続き、まさにこの年は災いの年であった。特に最後の台風ブアローイによる大雨の災害は、単独の台風による災害というよりは、その前のハギビスとノグリーがすでに多くの雨を降らせて、土壌には目一杯の水分が含まれているときに、大雨という最後の一撃が災害を起こしたという印象がある。

連続した台風により大雨が続くような場合、単独の豪雨とは異なる防災体制、すなわちそれまでの降水の履歴を考慮した防災体制をとる必要があることを強調したい。単独の豪雨では災害にならない場合でも、連続することで災害になることがある。特に土砂災害などは、地中の水分量が先の雨で増大しているところに豪雨が起こることで、より発生しやすくなると考えられる。また、森林は自然のダムといわれるように、水を溜めるはたらきがあるが、大雨が連続すると森林というダムも満杯で、その後の豪雨で洪水も発生しやすくなると考えられる。

これらの台風のうちハギビスは未曾有の洪水災害を関東地方から東北地方の広い範囲に発生させた。その災害の大きさから、国際的にも大きく注目された台風で、『The Japan Times』や『Science』にもその記事が掲載された。ハギビスの特徴は、先に述べた急速強化と、その結果、915hPaというきわめて強い台風になったことである。この最大強度が北上にもかかわらず3日間にわたって維持されたことは驚くべき特徴で、JTWCによると北緯25度付近まで、スーパー台風の強度を維持していた。さらにハギビスは大きさが「大型」で、秋台風にもかかわらず、その中心付近に非常に多くの水蒸気を保持していた。ハギビスは関東地方に上陸した台風としては、記録の残る過去69年間で最大強度クラスであり、1958年に上陸した狩野川台風を超えるほどであった。

このような発生・発達過程をハギビスがたどった理由の一つは、発生した海域の海面水温が30℃と、この時期としては高いものであったこと、前述の鉛直シアーが弱く発達が阻害されなかったこと、さらに発生・発達域は非常に湿潤であったことが考えられる。さらにこのとき29℃の海面水温が北緯28度付近まで広がっており、本州の南海上の太平洋は平年に比べて、1～2℃ほど海面水温が高い状況にあった。これらの条件によってハギビスは大きな急速強化を起こし、さらに勢力を維持したまま接近したと考えられる。

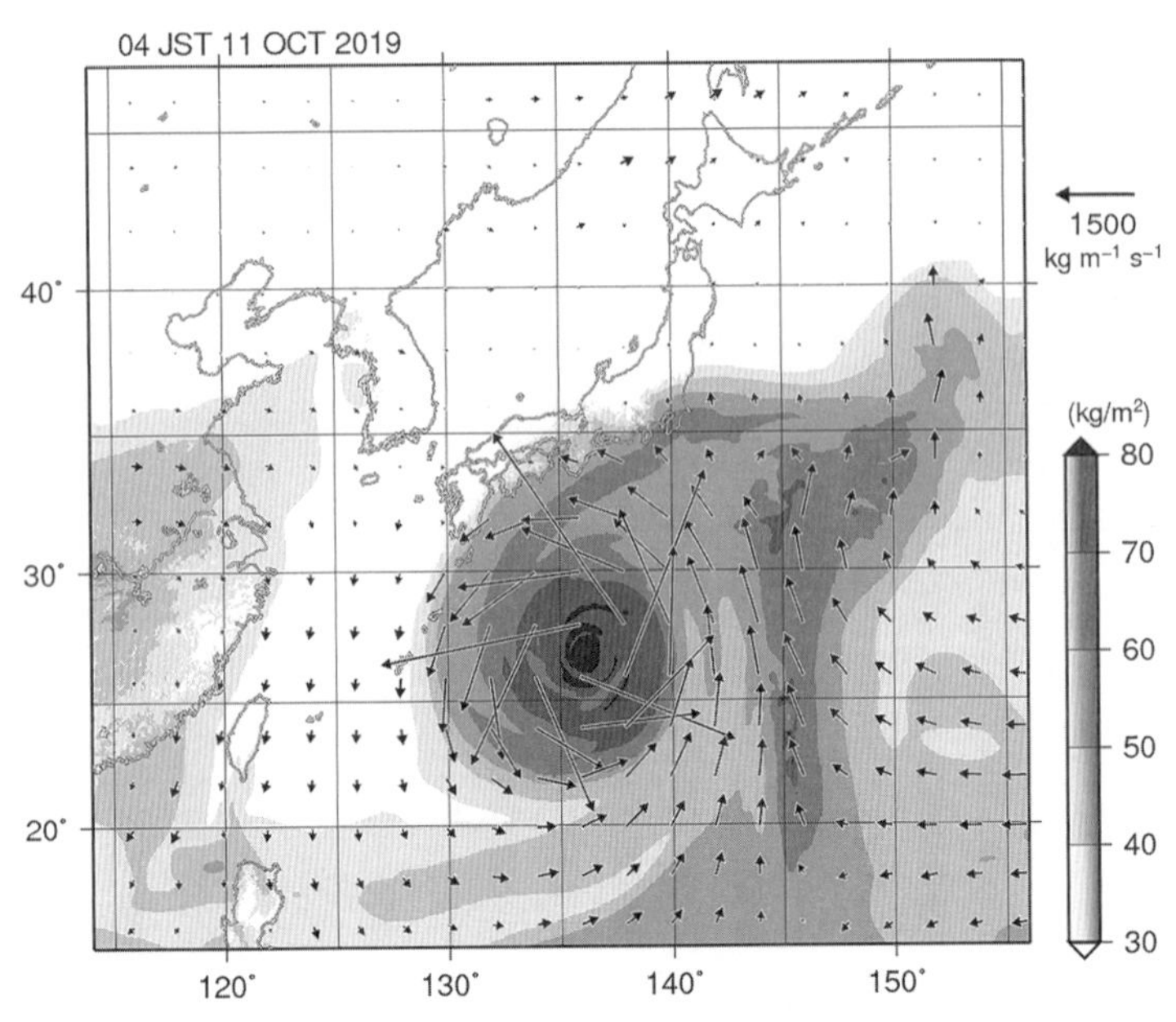

【図6－16】名古屋大学宇宙地球環境研究所の雲解像モデルによるシミュレーションで得られた、2019年10月11日午前4時の鉛直積算水蒸気量と水蒸気フラックスの分布。

ハギビスは移動速度がそれほどゆっくりでないにもかかわらず、東日本から北日本の広域にかけて長時間にわたる強い雨をもたらした。台風本体が保持していた水蒸気の総量がきわめて大きかったことに加えて、台風の北側から北東側の広域に水蒸気の多い領域が広がっていたことがその原因と考えられる。この多水蒸気域には台風の東側に形成された水蒸気帯が熱帯から水蒸気を運び込んでいたことが、名古屋大学宇宙地球環境研究所で毎日実施している予報実験の結果から示唆された。

【図6－16】を見ると、台風ハギビスの中心付近の積算水蒸気量が80kg/m^{2}を超えて異常に大きいことが分かる。その台風本体の東側、東経145度に沿って南北に水蒸気量の大きな帯が延びていて、南は熱帯の多水蒸気量の領域につながっている。矢印は水蒸気の流れを表しており、この水蒸気帯に沿って北向きに大きな水蒸気の流れがあることが分かる。これが多量の水蒸気を台風の北東側に送り込んでいたと考えられる。

これは第5章で出てきた中緯度の温帯低気圧に伴って形成されることが多い「大気の河」と同様のもので、今回のハギビスに伴う水蒸気帯も大気の河とよんでよいだろう。おそらく台風に伴うものが指摘されたのは今回が初めてと思われる。この台風の東側に形成された大気の河は、世界最大流量のアマゾン川の数倍の水の流量であった。この大気の河が、台風ハギビスの降水が広域で長時間持続した原因と推測される。このハギビスの東に形成された大気の河は、衛星から観測される鉛直積算水蒸気量によってもはっきり示されている。

10月25日、千葉県で大雨が発生しているとき、私は名古屋市中川区で市民向けの講演を行っていた。前日の穏やかな天気と打って変わって、名古屋では早朝から激しい雨が降っていた。その雨の中、講演の冒頭にハギビスによる前の週の豪雨の話をしているときに、再び台風に伴う豪雨が関東地方で発生していた。この千葉県を中心とした豪雨には2つのピークがあり、それぞれが異なる降水システムでもたらされたと考えられる。まず、ちょうど私が講演をしていたときの午前中を中心とした降水は、西から移動してきた温帯低気圧と台風ブアローイの両方によってもたらされた。西から東に移動する温帯低気圧の南側には水蒸気の多い領域が広がっていて、そこにある南風により本州に向かって多量の水蒸気が流れ込み、台風ブアローイの北側では台風に伴う多量の水蒸気が東風により関東地方に流れ込んでいた。これらの2つの湿った南風と東風が、千葉県上空でぶつかり合い（収束し）、千葉県全体に多量の降水をもたらしたと考えられる。すなわち、温帯低気圧と台風の両方が持ち込む多量の水蒸気が大雨をもたらしたのである。

さらに25日の午後になると、低気圧の西側から入り込む、乾いた冷たい空気が弱い寒冷前線を形成して、その付近に南北に延びる線状降水帯が形成され、2つめの降水のピークが起こった。この線状降水帯はゆっくりと東に移動し、その通過後は気温がわずかばかり低下していることから、西側から寒気が入り込んだことが分かる。これらの降水は連続的に起こったため、長時間にわたり降水が続いた。この弱い前線の東側の湿った空気と、台風の北側の湿った空気はその後さらに福島県などの東北地方に流れ込み、そこでの豪雨を発生させた。

つまり、台風が東側に、温帯低気圧が西側にあり、その間に両方の気流の収束で発生した豪雨といえる。その点で、2015年の鬼怒川決壊をもたらした、関東・東北豪雨のときの台風と低気圧の組み合わせによく似ている。このような豪雨をもたらす最悪の組み合わせは、もう二度と起こらないと多くの気象学者は思っただろう。しかしわずか4年後によく似た組み合わせによる豪雨が起こり、それによって災害がもたらされた。やはり一度起こった災害は、繰り返し起こることを暗示しているように思われる。

台風に伴う竜巻

前節で出てきた2019年10月の台風ハギビス（第19号）が本州に接近したとき、千葉県市原市では竜巻が発生した。気象庁によると、10月12日午前8時8分発生で、風速約55m/sの竜巻と断定している。この竜巻は日本版改良藤田スケール（JEF）では2で、国内で発生する竜巻の最大規模JEF3に次ぐ強さの竜巻である。この竜巻により千葉県では1人の方が亡くなり、9人が負傷するという災害が発生した。このとき台風ハギビスの中心は、東経137度24分、北緯32度付近にあり、竜巻の発生地点まで約450kmもあった。気象庁レーダ（【図6－17】）を見ると、ハギビスの降雨域の最も外側の降雨帯（外側降雨帯）が、房総半島を東南東から西北西に横切り、それが千葉県市原市付近にかかっていた。その降雨帯は、スーパーセルと思われる活発な積乱雲でできていた。これらのスーパーセルのうちの一つが市原市に竜巻をもたらしたと考えられる。

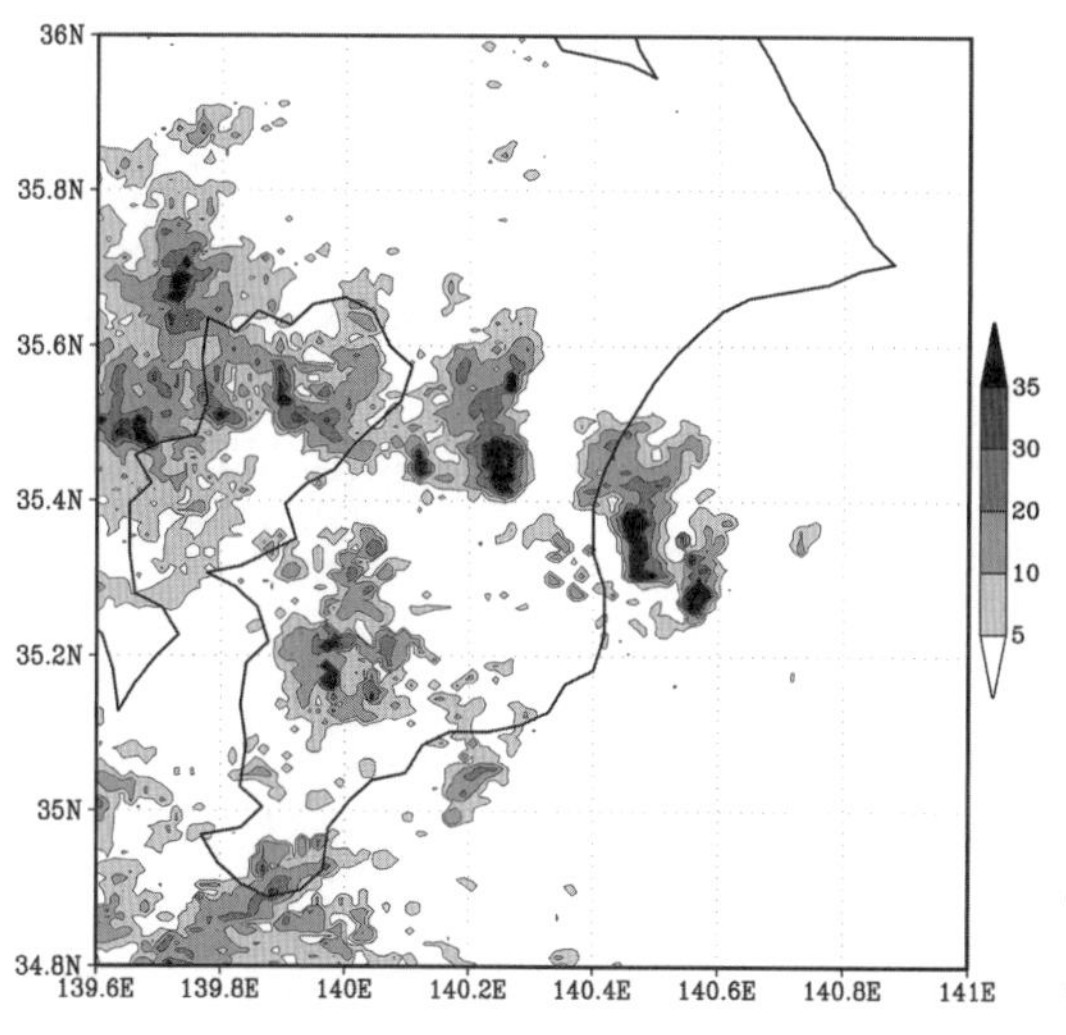

【図6－17】台風ハギビス（第19号）の接近に伴い千葉県で竜巻が発生したときの、2019年10月12日午前8時の気象庁レーダ画像。

過去にもそのような竜巻は、しばしば見られている。2019年だけでも、上記のハギビスに伴う竜巻の他に、7月27日には台風ナリ（第6号）が和歌山県の潮岬付近にあるとき、約500km離れた栃木県佐野市で強度がJEF0の竜巻が発生している。また、9月22日には台風ターファー（第17号）が九州の西の東シナ海を北上していたとき、22日午前8時30分頃、宮崎県延岡市でJEF2の竜巻が発生している。この竜巻は06年9月17日に台風シャンシャン（第13号）のときにやはり延岡で発生した竜巻を想起させた。

2006年の延岡市の竜巻もシャンシャ

ンの中心が東シナ海上にあり、台風の外側降雨帯が九州東海岸を通過するときに発生している。台風の中心から竜巻までは、200km以上離れていた。延岡市を縦断した竜巻はF2クラスで、3名の方が亡くなり、列車の転覆をはじめとして延岡市は甚大な被害を受けた。この外側降雨帯はスーパーセル積乱雲（第1章参照）が列をなしており、これらのスーパーセルのそれぞれがメソサイクロンとよばれる直径10kmほどの渦（第2章参照）を積乱雲の内部に擁していた。そのどれかが延岡市の竜巻をもたらしたと考えられる。このとき外側降雨帯は、九州東海岸を南から北になめるように移動した。その移動に伴い、同じ宮崎県の日向（ひゅうが）市と日南市でも竜巻が発生している。台風の外側降雨帯がスーパーセルで構成されていて、それが竜巻をもたらしたという点で、2019年のハギビスに伴う千葉県市原市の竜巻と共通している。

もう一つ非常に顕著な例として、1999年の台風バート（第18号）に伴う竜巻の例を挙げる。前出の熊本県不知火町の高潮を発生させた台風で熊本県、山口県、さらに北海道に上陸し、全国で31人の死者が出た。9月24日、この台風が山口県付近を北東に進んでいるとき、台風の雲の最も外側に形成された外側降雨帯がかかった愛知県で3〜4個の竜巻が発生した。台風の中心からおよそ500kmも離れた地点である。

最初の竜巻は午前11時ごろ豊橋市で発生し、2つめは11時55分ごろ蒲郡市で、3つめは12時10分ごろ豊川市で発生した。これ以外にも名古屋港付近で発生したという情報もある。これらの竜巻のうち豊橋市で発生したものは特に規模が大きく強力であった。名古屋地方気象台によるとこの竜巻は11時5分ごろ豊橋市野依町付近で発生し、速度約12・5m/sで、ほぼ北に向かって約19km進み、11時30分ごろ一宮町付近（現、豊川市の一部）まで達して消滅した。

私が翌日この竜巻による被害域の現地調査を行ったところ、その最大幅は550mにも達していた。強風の強さを表す藤田スケールはF3で、1990年12月11日の千葉県茂原市の竜巻[12]、2006年11月7日の北海道佐呂間町の竜巻、12年5月6日の茨城県常総市・つくば市の竜巻と並んで国内で最大級のものであった。この竜巻は昼間に市街域で発生したので多くの目撃者があり、「真っ黒な雲から、はじめ幅広く下に向かって100mほど雲が落下。さらにそこから竜巻が伸びた。ごうごうと大きな音がして、目で見えるほどの大粒の雨が降った」ということである。

私の研究室では、これらの竜巻をもたらした積乱雲を、旧大気水圏科学研究所の屋上に設置されたドップラーレーダにより観測していた。それによると少なくともメソサイクロンを伴う5個のスーパーセルが東海地方を通過しており、そのうちの3個が竜巻を発生させたことが分かった[13]。

同様の台風に伴う竜巻の例は、いくつも挙げられる。これらの竜巻に共通する特徴は、台風の中心から離れたところで、しかも東側あるいは北東側で発生している点である。発生地点は台風の中心から数百km も離れており、台風の進路が逸れて安心しているところに、竜巻が突然発生して災害をもたらすという点で非常に危険である。

台風に伴う竜巻はなぜ、眼の壁雲付近の風の強いところではなく、むしろ離れたところで発生するのだろうか? 意外に思われるかも知れないが、成熟した台風の中心付近は大気の状態が比較的安定している。大気の不安定度は中心から離れるとともに増大し、台風中心から最も遠い雲域が最も不安定であることが多い。このため台風の中心から数百km離れたところに形成されるらせん状降雨帯（外側降雨帯）は、発達した積乱雲で形成され、なかにはスーパーセル積乱雲となるものもある。特に台風の東側は台風の反時計回りの流れによって、大気の下層に南から多量の水蒸気が流れ込むので大気の不安定度が大きくなる。さらに高さとともに時計回りに風が回転するような場が形成されやすく、スーパーセル積乱雲の発生条件が整いやすい。台風では、眼の壁雲周辺の暴風の他にも、外側降雨帯に伴う竜巻にも十分な注意が必要である。

ハギビスに伴う千葉県の竜巻などに見られるように、大きな不安定度と時計回りの鉛直シアーはスーパーセル積乱雲の群れを発生しやすい。すべてのスーパーセルが竜巻を発生させるわけではないが、それらのうちいくつかはある確率で竜巻を発生させる。第2章で説明したように、日本は竜巻の多発する地域である。そのうちの約20％が台風に伴って発生する。日本では台風と竜巻はセットであると考えることが防災上重要である。特に台風が南から西の遠方にあるときは注意が必要である。その場合、台風の東側で多量の水蒸気が南から流れ込み、大気の状態が不安定になり、その結果、多数のスーパーセル積乱雲が形成され、そのうちのどれかが竜巻を発生させるのである。

台風の温帯低気圧化

1954年の台風マリー（第15号）、すなわち洞爺丸台風は、9月26日、その暴風により、洞爺丸をはじめとする5隻の青函連絡船の海難事故を引き起こした。北海道岩内（いわない）町では、3300戸が焼失する大火も発生している。洞爺丸では1139人が死亡し、それを含め全国で死者1361人、行方不明者400人という甚大な災害が発生した。この海難史上に残る大事故は、青函トンネルの建設のきっかけとなった。

ちなみに洞爺丸の遭難では一人の牧師さんが亡くなっていることはよく知られている。この話は三浦綾子氏の有名な小説『氷点』に出てくる。私は大学生のときこの作品を読んで、他の部分はかなり忘れてしまったが、洞爺丸が沈没しかけたとき、傾きかけた船のなかで、牧師さんが自分のライフジャケットを投げてよこしたというシーンは今も強く印象に残っている。そのようなパニックの状況における命をかけた自己犠牲はとても想像できるものではない。亡くなった私の叔母は当時、函館に住んでいて、洞爺丸台風を経験している。台風が去ったあと、七重浜(ななえはま)に行くとそこには至る所に死体が打ち上げられているのを目の当たりにしたという。それは想像を絶するほどの悲惨な光景だったそうだ。

不思議なことに洞爺丸台風は日本海に入ってからも発達を続け、本州よりもむしろ渡島半島から北海道北部にかけて30m/s以上の暴風が吹いている。【図6-18】に示すように、洞爺丸台風が最低中心気圧956hPaに達したのは、北緯42度54分、東経139度54分という高緯度である。これは札幌とほぼ同じ緯度である。さらに北緯49度、サハリン中部で960hPa、北緯52度で970hPaであった。気象庁が温帯低気圧になったと判断したのは、ベストトラックデータによると9月28日午前9時、北緯53度で980hPaに達したときである。洞爺丸台風は台風として最も高緯度で最低中心気圧をとった台風と言ってよい。ベストトラックデータでは1955年のノラ(第25号)が北緯54度12分でも台風と判断されているが、これもデータに問題があると考えるべきである。

それにしてもなぜ洞爺丸台風は、日本海を北上しつつも発達を続け、これほど高緯度まで強い勢力であり続けることができたのだろう。当時の気象観測は貧弱であり、資料もアジア太平洋天気図程度しかないので、そのとき何が起こっていたのかを明らかにすることは難しい。しかしながら、一つの可能性として、洞爺丸台風は日本海に入って温帯低気圧化(温低化)が始まっていたことが考えられる。熱帯低気圧である台風は、温帯低気圧とはそのエネルギー源が異なり、温度や風の分

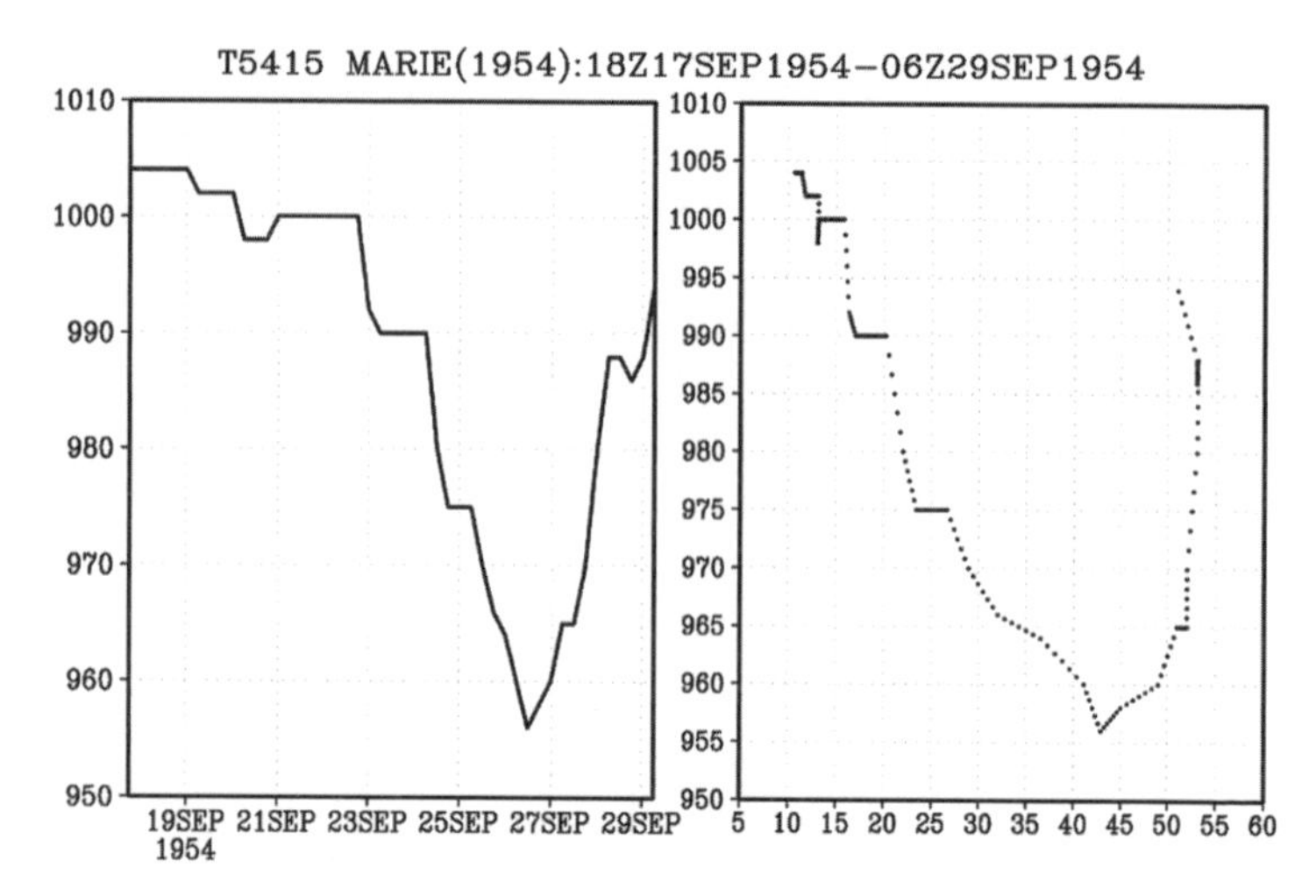

【図６－18】1954年の洞爺丸台風（マリー、第15号）の（左図）中心気圧の時間変化と、（右図）緯度と中心気圧の関係。

布などの構造も異なる。台風が中緯度に達すると、次第に中緯度の大気の影響を受け始め、温帯低気圧の性質を帯び始める。これを熱帯低気圧から温帯低気圧への遷移という。そしてこの遷移が完了して、温帯低気圧と見なせるとなったとき、気象庁は温低化したと発表する。重要な点は気象庁の発表は温低化の〝完了〟である点である。

実際、９月25日21時、洞爺丸台風が奄美大島の近くにあるとき、当時の天気図には、本州に沿って秋雨前線が描かれている。その５年後の同じ日に上陸した伊勢湾台風と秋雨前線の位置がよく似ている。さらに９月26日21時、中心が北海道渡島半島の西にあるとき、地上天気図にははっきりと大規模な２本の前線が描かれている。これらは洞爺丸台風が日本海に入ったとき、すでに温低化し始めていたことを示唆している。

台風に比べて温帯低気圧は、その名前から穏やかな印象があり、温低化すると低気圧が弱まったように感じるが、それは大きな間違いである。第2章で説明したように温帯低気圧は中緯度の大規模な気温の南北傾度に伴う位置エネルギーが、その運動エネルギー、すなわち風の源である。台風が温低化するとは、これまでとは異なる別のエネルギーが注入されると考えるべきで、新しい発達ステージに入ったことを意味する。実際、台風が温低化すると、強風域が広がり、広範囲に強風が吹くことがある。また中心気圧が再び低下することもある。雨域は東西方向に非対称になり、東側では広域で大雨になる場合がある。

洞爺丸台風が上陸したのは今から65年も前のことで、日本海の平均海面水温は現在より低かっただろう。台風が海からの潜熱だけで、日本海上で発達するとは考えにくい。台風の温低化に伴い、低気圧が発達を続け、新しいエネルギーの注入が続いたことで、強化していったと考えられる。そもそも北海道のような高緯度地域は台風の経験が少なく、その危険を予測することは難しかった。洞爺丸台風は台風の温低化が、いかに恐ろしいものであるかを如実に物語っている。

このような台風の温低化による低気圧の強化で、暴風が北海道に吹くことがまれに起こる。近年の例としては、2004年の台風ソングダー（第18号）が洞爺丸台風とよく似た経路を辿り、北海道に暴風をもたらした。ソングダーは9月5日に沖縄本島の直上を通過し、7日に長崎県に上陸した後、日本海に抜けた。このあたりから洞爺丸台風と同じ経路を辿り、北海道渡島半島のすぐ西を北上した。洞爺丸台風と異なり、ソングダーは日本海を北上しつつ中心気圧が上昇しており、台風が衰弱していることが分かる。【図6-19】に示すように9月8日午前6時に北緯42度48分に達したとき、970hPaまで中心気圧が上昇していた。ところが同日15時、北緯46度、稚内付近では、中心気圧は10hPa低下した。すなわちここで再発達しているが、気象庁はこの時刻に温低化したと判断

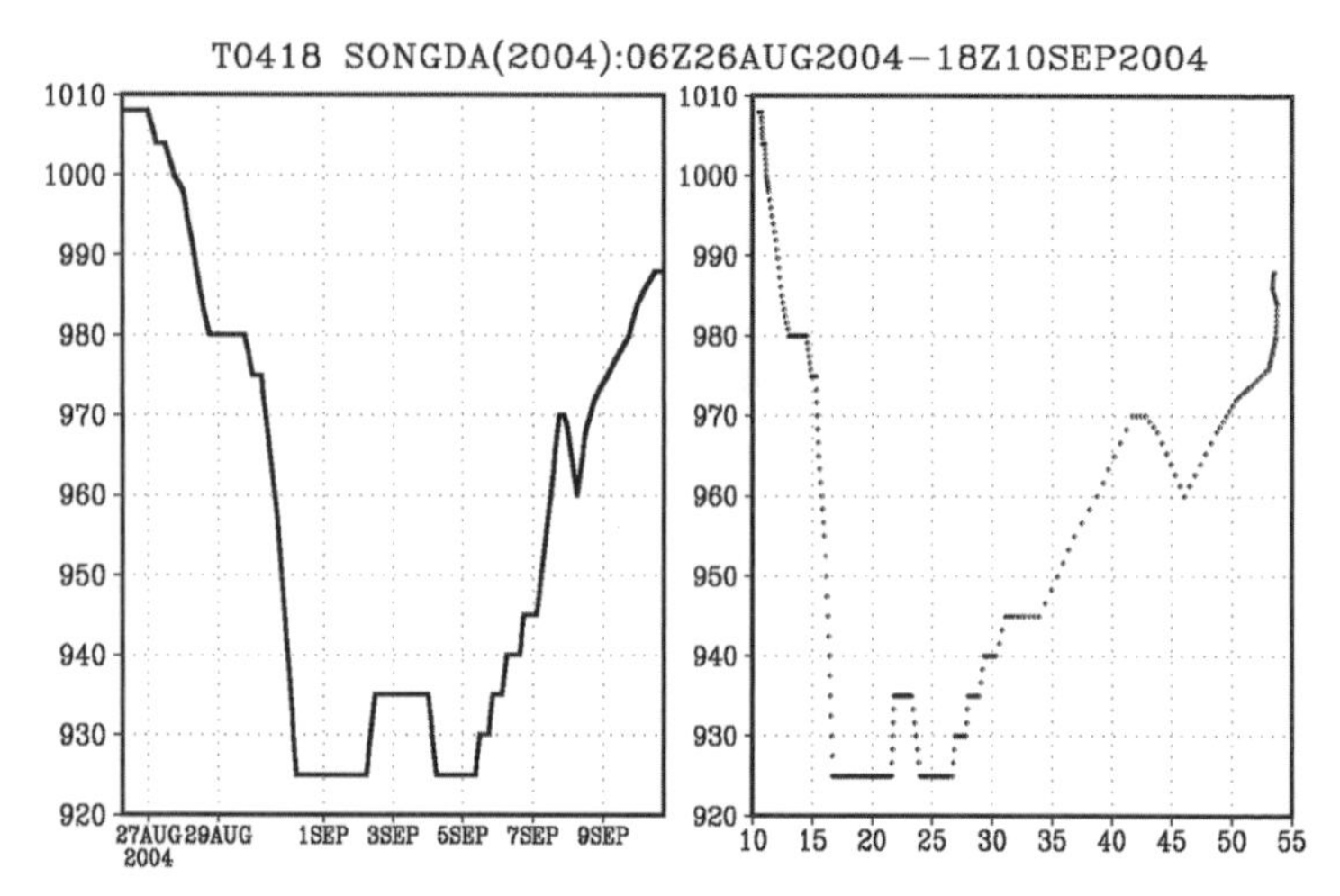

【図６－19】2004年の台風ソングダー（第18号）の（左図）中心気圧の時間変化と（右図）緯度と中心気圧の関係。

している。

　すなわちこの再発達は温低化とともに起こったもので、低気圧を再発達させたのは中緯度のエネルギーの注入である。この日、午前11時17分に札幌で最大瞬間風速50・2m/sを記録した。この記録は現在でも札幌の最大瞬間風速の第1位となっている。この暴風は札幌市内に大きな災害をもたらした。私が大学の学部時代を過ごした北海道大学理学部そばのポプラ並木の多くが一斉に倒壊している。これによりポプラの木は半分ほどにまで減少した。これも台風の温低化に伴い、大きな災害が起こった例である。

　ちなみに２０１９年の夏に久しぶりに北海道大学を訪れたところ、15年を経て、現在、ポプラ並木はほぼもとの姿に戻っていた。並木の足下には倒壊したポプラの木を細かく砕いた木片が敷き詰められ、美しいプロムナードとなっていて、多くの人が訪れている。大学内にもかかわらず観光客が今も絶えないのは嬉しいことである（自分が学生の時は教室のそばを通る観光客がうるさくてしかたなかったが。特に試験の時は修学旅行生の声に悩まされた。学内を歩くときはお静かに）。ついでながら理学部そばの有名なポプラ並木とは別に、大学内の少し離れたところに立派な新しいポプラ並木ができている。学内の原生林の散策のついでに立ち寄られることをお勧めする。

台風の温低化に伴って、強風域や風の強さだけではなく、雨も増大することがある。本書で何度も出てきた２００４年の台風トカゲ（第23号）はその典型である。この台風は10月20日13時頃高知県に上陸し、21日午前3時に関東地方で温帯低気圧になった。上陸するころには雲パターンは非対称になり、温帯低気圧の特徴の前線構造が見え始めている。この台風の大雨により、京都府や兵庫県では甚大な災害が発生し、98人が犠牲となった。

温低化が完了した後の低気圧が、大雨をもたらすこともある。２００７年の台風ナーリー（第11号）は、9月17日に日本海で温帯低気圧になり、その後、日本海の秋雨前線上を東に進み18日に秋田県沖に達した。この低気圧により東北地方北部は記録的大雨となり、死者3名、行方不明者1名の他に、農業、林業、水産業に大きな被害が発生した。

これらの例にみられるように台風が温帯低気圧に変わるということは、危険が減少したのではなく、むしろ増大したと考えるべきである。台風はあるとき突然温帯低気圧に化けるのではなく、その変化は連続的で、温低化にはっきりとした境目があるわけではない。台風が本州などの中緯度に達すると多かれ少なかれ、温帯低気圧の特徴を持ち始めるので、それに伴う危険性の増大は、台風が中緯度に来たときから始まると考えるべきである。もちろんすべての温低化が危険の増大につながるわけではないが、防災の観点からは十分な注意が必要である。特に台風の報道に関わる人や、気象予報士の方は、温低化したから安心ということではなく、むしろその後の危険性が十分伝わるようにしていただきたいと思う。

台風を人工制御することは可能か

本来、自然科学は自然のありのままの姿を理解することを目的としている。自然科学の一分野である気象学も大気中に発生する気象現象の理解が主要な目的で、現象のありのままを観測することが基本である。気象現象は人間と独立の存在であり、それを意図的に変えることはタブーと考えている人は多い。特に日本人はそのような感覚を意識的に、あるいは無意識に持っている。それは大気現象が人間のスケールと比較して、はるかに大きなものであり、農耕民族であった日本人にとって、風の神、雷の神など、自然界にはやおよろずの神がいて、気象現象などの自然界は神の世界であるという無意識の感覚があるからかも知れない。

一方で自然を意図的に改変することで、人間に利益をもたらすことはよいことだという考え方もある。生物学における遺伝子操作はその代表例であろう。気象学においても強い社会的要請により、気象の意図的改変の研究やその社会実装が行われてきた。その代表的なものは、空港における霧消しと、渇水域における人工降雨であろう。実際、気象庁気象研究所では人工降雨、人工降雪の研究が行なわれてきた。東京都は人工降雨の施設を所有しているし、私の研究室の一部でもアラブ首長国連邦における人工降雨の研究を行っている。また、2008年の北京オリンピックでは、開会式で雨が降らないように大規模な降水調節をしたという〝うわさ〟は、記憶にある方も多いだろう。さらに近年、地球の気候を改変するという「ジオ・エンジニアリング」という言葉も出てきている。

気象の意図的改変には、科学としてはその是非についての哲学的問題があり、社会的にはコンセンサス形成の問題がある。なぜなら気象改変は、利益を受ける人と逆に不利益を被る人があるからだ。たとえば、台風の進路を変えるという人工制御を行ったとすると、台風を避けることができた地域は大きな利益を受けるが、その結果、上陸地点になってしまった地域は多大な災害を被ることになる。気象の人為改変では、多くの場合、社会的コンセンサスを形成することは容易ではない。

そうはいっても、近年、日本では台風による甚大な災害が毎年発生しており、その人的、経済的損失はきわめて大きい。さらに地球温暖化に伴い、台風の強大化が予測されており、近年の連続する台風災害と豪雨災害はそれを暗示しているように思える。いかに自然現象とはいえ、これほど激甚災害が続けば、大災害を毎年のようにもたらす台風について、できればもう少し勢力を弱めたり、直撃を避けたりしてほしいと思うのは人情である。実際、台風の研究をしていると、一般の方から、台風を消したり進路を変えたりできないのかという意見をいただくことがある。

気象の解説や著書で有名な饒村曜(にょうむらよう)氏によると、かつて日本でも台風制御について検討され、「原子爆弾による台風制御の可能性に関する予備的報告」という論文が書かれたそうである。幸いにしてこれは実行されなかったが、毎年日本に接近する台風に対してこの計画がもし実行されていれば、地球は放射能汚染で生物の住めない環境になっていただろう。現実的な台風制御は、台風の雲にドライアイスやヨウ化銀などの相変化（第4章参照）を起こす物質を撒くことで、雲の性質を変え、その結果台風の進路や強度が変わるというシナリオで行われる。これも饒村氏によるものであるが、米国では1947年にそのような方法でハリケーンの人工制御の実験が始まり、69年にハリケーンデビーの雲に対してヨウ化銀を撒いて、最大風速が30%減少したと報告されたということである(14)。

1969年は米国がアポロ11号で月面着陸を成功させた年である。一方で台風については、伊勢湾台風から10年、第二室戸台風から8年しかたっていない。「人類月に立つ」。一見、その華々しい科学の飛躍的発展とうらはらに、台風による災害に人類はなすすべもない状況であった。それは台風予報が進歩したとはいえ、現在も大きく変わっていない。そのことが2019年の台風ファクサイ（第15号）やハギビス（第19号）の大災害で示されたように思える。台風の高精度予報や、さらにその先にある人工制御は、月面着陸よりはるかに難しい問題なのである。

そもそもハリケーンデビーの勢力が、米国の人工制御により30％減少したことはどのように証明されたのだろう。物理学でも生物学でも一般に実験を行うときは、必ず対照実験というものを行う。たとえばある薬の効果を、マウスを使って調べたいとすると、その薬を投与したマウスの実験群と、薬を投与しない実験群を用意して、薬の投与以外は完全に同じ条件を与えて実験を行い、結果を比較するといったものである。

このような対照実験は科学の基本的方法であるが、気象学では不可能である。なぜなら気象の現象は一つだけ、一度だけしか起こらないからである。よく似た現象が起こることはあるが、その条件はコントロールできない。もし、ハリケーンデビーが完全に同じ条件下で同じものが2度起こったとすると、一つは何もせず、もう一つにはヨウ化銀を撒いて結果を比較することで、前者に比べて後者は30％勢力が減少したと証明できる。しかしそのようなことはあり得ない。現実には何もしなくてもハリケーンデビーの勢力は減少したかも知れないし、それは十分あり得ることである。たとえば、私たちが航空機観測を行った2018年の台風チャーミーは、1日で50hPaも中心気圧が上昇したのである（すなわち勢力が減少した）。もちろん、私たちは台風に対して観測以外のことは何もしていないと神に誓って言える。

1969年のハリケーンデビーの人工制御実験以降、そのような実験は行われていない。それから50年を経た現在、私は台風の人工制御は〝原理的には〟可能だと考えている。ただしこの「原理的には」ということと実際にできるということには天と地ほどの違いがあり、解決しなければならない技術的課題は山のようにある。また、根本的にそのようなことをしてよいのかという自然科学の哲学的問題や、社会的にそれが受容されるかどうかという問題、さらに台風という一国だけでは片付かない対象についての国際問題もある。

そのような課題があることを認識した上で、原理的に可能と考える理由は、この50年間の技術の進歩による。その核となる技術とは、超高速のコンピュータの発展、高精度の数値予報モデルの発展、そして気象観測データをモデルに取り入れる高度なデータ同化技術の発展である。これらはどれも50年前には考えられなかったことで、そのころは不可能であった気象の対照実験が、現代ではコンピュータの中に台風を作り出すことで、いくらでも可能になった。

具体的には台風周辺と内部を、航空機を用いて高密度観測を行い、そのデータを高精度の数値シミュレーションにデータ同化技術を用いて取り入れる。これにより高精度に台風をコンピュータの中に再現することができる。そしてコンピュータの中の台風に対して、ヨウ化銀やドライアイスなどの雲にインパクトを与える物質を仮想的に撒いてやればよい。そのような実験は一つだけでなく必要なだけいくらでも可能である。そしてインパクトをまったく与えなかった台風と、与えた台風の結果を比較して、違いを比べてやればよいのである。

もちろんそのコンピュータの中での結果が実際の台風で再現できるかどうかは、段階的に慎重な

〝実実験〟を重ねて検証していく必要がある。このプロセスを積み重ねていくことで、原理的には台風の人工制御は可能になるだろう。これにおいても航空機観測は最も重要な手段となる。

先に述べたように台風の人工制御は、ゲノム編集と同様に、自然を変更するもので、それによって利益を得る部分と，その逆の部分がある。台風は災害の要因であるとともに貴重な水資源でもある。仮に台風の進路を逸らすことができたとすると、水資源を失うことにもなる。ある地域（国）が災害を免れたとしても、別の地域（国）に上陸して災害をもたらすかも知れない。自然を変更するという行為は、その結果得られる利益だけでなく、負の部分も受容することについて、国内的にも国際的にもコンセンサスが得られてはじめてできるもので、それは決して容易なことではない。

それでも科学者は台風の人工制御という問題に真剣に向き合うべきだと思う。それを実際に行うかどうかは別として、その原理と技術を持つことは台風の科学の発展に大きく寄与するからだ。また、その研究の過程における予報技術や観測技術などの副産物は、最終的に得られる台風の制御と同じぐらい価値のあるものだからだ。

ご存じの方はあまり多くないと思うが、1961年に制定された災害対策基本法にはこうある。第8条2項、「国及び地方公共団体は、災害の発生を予防し、又は災害の拡大を防止するため、特に次に掲げる事項の実施に努めなければならない」。そしてその一つとして、「九　台風に対する人為的調節その他防災上必要な研究、観測及び情報交換についての国際的協力に関する事項」と、実施に努めるものとして台風の人工制御の研究が挙げられている。災害対策においても台風の人工制御は、達するべき目標の一つなのである。

第7章　激甚気象は予測できるか

バック・トゥ・ザ・フューチャー

今から三十数年も昔、大ヒットしたアメリカ映画、「バック・トゥ・ザ・フューチャー」をご記憶の方は多いと思う。第1作（1985年公開）では1985年から30年前にタイムスリップするのだが、第2作のＰＡＲＴⅡ（89年公開）では、85年から30年後の未来、2015年にタイムトラベルする。主人公のマーティは科学者ドクとともに（ついでに恋人のジェニファーも一緒に）、スポーツカーのデロリアンを改造したタイムマシンで未来に行く。第2作目でデロリアンは空を飛べる車に進化していて、15年にタイムトラベルすると、雨の中を飛行するデロリアンのまわりをたくさんのタクシーが飛行していた。大雨の中、デロリアンを着陸させ、外に出ようとしたドクが言う。「あと5秒でこの雨は止む」。そしてその通り、雨は止むのである。「すごいな。予報どおりだ」。ドクは続けて「気象庁は進歩した」とつぶやく。

1985年から30年後の未来として描かれた2015年は、もはや過去となってしまったが、現在でも5秒後に雨が止むことを予測することは不可能である。天気予報は当時のＳＦ映画のようには進歩しなかったようだ。現在の技術では秒単位の天気予報はできない。第5章で出てきた最新の偏波フェーズドアレイ気象レーダ（英名はpolarimetric phased array weather radar）を用いれば、分単位の降水予測は可能になるかも知れない。そのためには日本じゅうの気象庁の気象レーダをすべてこの最新のフェーズドアレイ気象レーダに置き換え、それを用いた降水予測の技術が進歩し、さらにその情報をリアルタイムで国民に提供できる技術が必要である。おそらくその実現には、さらに30年ほどかかるだろう。

科学技術の進歩は、漸進的である。一般の人が思うように、あるいは期待するようには進歩しない。バック・トゥ・ザ・フューチャーPARTⅡで、2015年にデロリアンのまわりを飛んでいた空飛ぶタクシーはまだ実現していない。1968年に公開されたスタンリー・キューブリック監督の「2001年宇宙の旅」は2020年の現在でも夢の話だ。子供のころ私が大好きだった手塚治虫の鉄腕アトムは、03年4月7日が誕生日だった。空想科学の作者は、科学者の真の苦労を知らない。ただ、そうあってほしいという希望を空想するだけなのだ。

そういえば日本が二酸化炭素排出を実質ゼロにすると宣言しているのは、2050年、今から30年後である。この30年後はそれほど遠い未来ではなく、もはや目の前に迫った期限と考えるべきだ。そのころまでに、二酸化炭素排出実質ゼロを達成できるような急速な技術革新が、はたして起こるだろうか。デロリアンがあれば、2050年にバック・トゥ・ザ・フューチャーできるのだが。

リチャードソンの夢

科学技術に一般の人が思うような革新的発展はない。科学者や技術者の目に見えない努力が、水面下で続いて少しずつ発展していく。それがあるとき突然世の中に顔を出すので、何か革新的な発展が起こったように見えるだけである。

天気予報技術も例外ではない。気象庁が日本の官公庁として初めて大型計算機を導入したのは１９５９年で、それ以来、絶え間ない研究開発の結果、80年代には数値予報による天気予報が本格的になった。「数値予報」というのは、大気を支配する方程式系をコンピュータで解くことで行われる天気予報のことである。〝コンピュータで解く〟とは、数値計算の一領域に含まれる数値シミュレーションを行うことであり、そのためそのような予報を、「数値」予報という。しかしながら、90年代の後半になっても、地方の気象台に行くと、数値予報は信用できないという話を聞くことがあった。しかしその後の技術開発により、天気予報は基本的にすべて数値予報となった。

そもそもこのような数値予報は、誰が最初に考えたのだろう。はじめて気象現象がそれを支配する方程式によって決定できると考えたのは、V・ビヤークネス（１８６２〜１９５１年）というノルウェーの気象学者で、１９０４年に発表した「力学及び物理学の観点から考察する天気予報の問題」という論文がはじまりといわれている。ただ、ビヤークネスは実際に数値予報を行ってはいない。初めて大気運動を支配する方程式（支配方程式）を数値的に解く試みを行ったのは、22年、今から１００年ほど前の、ルイス・フライ・リチャードソン（１８８１〜１９５３年）といわれている。リチャードソンはヨーロッパの上に、水平25個、鉛直５個の格子（計算を行う空間の代表点）を設定し、この１２５個の格子上で、大気の支配方程式を解くことを試みた。支配方程式とは、気圧、気温、風向・風速の時間変化を記述する方程式である。コンピュータの登場するおよそ30年も前、リチャードソンは６時間の予報を、６週間かけて計算した。

残念ながら、リチャードソンのこの試みはうまくいかず、6時間で気圧が145hPaも変化してしまうという結果となった。このようなことは地球上では決して起こらない。たとえばヨーロッパで、1030hPaの高気圧があったところに、885hPaのスーパー台風(2010年のスーパー台風メギーのような台風)が、6時間で移動してくれれば、そのような気圧変化が起こるかも知れないが、三流の空想科学小説でも、もう少し現実的な気象変化を設定するだろう。

しかし、リチャードソンは立派な科学者だったから、計算は間違ってはいなかったはずである。「計算は完全に正しくても、数値予報はまったく間違った結果になる」。世界で初めて行われた数値予報の試みは、数値予報あるいは数値シミュレーションにおける〝この最も重要な結果〟をはじめて提示したという点で、きわめて重要な研究成果であったと私は思う。以後、数値予報の歴史では、結局はこの問題をいかに克服するかということに膨大な時間が費やされてきたし、原理的にはこの問題は解決されたとはいえ、現在でもその問題をいかに精度よく克服するのかということに多大な努力がつぎ込まれている。気象の数値予報や数値シミュレーションの研究者にとって、この「計算は正しくても、結果が間違ったものとなる」ということを理解することが、最も重要なのである。

そうはいっても結果が出たときのリチャードソンの落胆は想像に難くない。30年後のコンピュータの開発も、その後の数値予報の発展も知るよしもないのだから。しかし、リチャードソンは現代のコンピュータによる数値予報を見越したように、その著書の中で次のように述べている。

「6万4000人が大きなホールに集まり1人の指揮者の元で整然と計算を行えば、実際の時間の進行と同程度の速さで予測計算を実行できる」[1]

これはリチャードソンの夢とよばれており、気象学の世界では最も壮大で、最も価値の高い夢であり、かつ最も長い時間と膨大な労力をかけて実現された夢である。

リチャードソンは「人」が〝計算要素〟となるとして、この夢を考えた。その後の人々はこの夢を実現するために計算要素として、「CPU（Central Processing Unit）」、すなわちコンピュータを用いている。リチャードソンのように丁寧にかつ正確に計算できる人が、6万4000人も集まるとは考えにくい。その多くの人のなかには計算をいい加減にしてしまう人が、1人ぐらいはいるだろう。大気という一つのつながった系の数値計算では、仮にそのうちのたった1人が、たった一つの計算ミスをするだけで、その影響は全体におよび、計算結果は大間違いになる。しかしコンピュータは少なくとも計算を間違えることはない。リチャードソンの夢を実現するには、人よりはましである。

2012年、理化学研究所が神戸に「京（けい）」というスーパーコンピュータを建設した。京では、8万2944個の計算ノード（CPUを含む計算機の単位要素）が並行して計算を行うことができる。リチャードソンの「人」を計算ノードに置き換えて、彼の言葉通りの計算システムが実現したのである。ただし、ここでも計算を間違えないということと、予報が正しいということの間には大きな溝がある。

2019年に京は稼働を終了し、その機能は次世代コンピュータの「富岳」に移行しつつあるが、京の計算速度は驚異的であった。たとえば、3.14159×2.71828という計算を読者のあなたは何秒でできるだろう。京はこのような計算（実数演算）を1秒間に1兆の1万倍回できる。つまり1京回できるということで、この計算速度は10ペタフロップスの速度と表現される。ここで日本の人口の約10分の1、すなわち1000万人を集めて、そのすべての人が上記のかけ算を1秒でできるとすると（私はできないが）、1秒間に1000万回の計算ができることになる。そうすると10ペタフロップスの計算をするには、10億秒かかる。すなわち30年あまりもかかるのである。京の計算速度がいかに大きいかがご理解いただけたと思う。しかし、繰り返すが計算機速度が大きいということと、正しい予報ができるということは別の問題である。もしリチャードソンの計算と同じ計算を、京を使って計算したら、やはり6時間で145hPaも気圧が変化するという結果を、0・0……1秒後に出してくれるだろう。

これから説明していくように、数値予報とは無限の自由度を持つ大気現象を、有限の自由度で表現することで、気象を予報するものである。物理学の言葉では、自然界を「近似」により表現するということである。実際の大気の運動を完全にコンピュータの中に持ち込むことは不可能である。そのなかでも〝重要な成分〟のみを、〝適切に〟コンピュータに取り入れて計算することで、数値予報を行うことができる。そのためには気象の特性の理解と、その支配方程式を数値的に解く技術の両方が不可欠である。

微分と積分

気象の本で微分・積分の話が出てきて、引き気味になる人もいるかも知れないが、しばしご辛抱を。気象学の、特に予測に関わるほとんどの部分は物理学であり、それは数学の言葉で表現される。ガリレオ・ガリレイが「自然は数学の言葉で書かれている」と言ったことは、気象学にも当てはまるのである。

微分・積分は高校2年生ぐらいで、はじめて接する。このあたりから数学らしさがでてきて面白がればいいのだが、まったく新しい概念にぶつかって数学が嫌いになるきっかけとなることもある。もうだいぶん前に亡くなった私の叔父は、「微分と書いて〝かすか（微か）に分かる〟、積分と書いて〝分かったつもり（積もり）〟と読むのだ」と教えてくれた。なるほどうまいことを言うものだと、ときどき大学の講義などで使わせてもらっている。実際、気象学などで出てくる微分・積分の理解はこの程度でよいと思う。これらは数学の解析学に属するもので、数学者の扱う解析学は極めて深遠である。それを極めなければ気象学に現れる数式が理解できないかというと、そんなことはない。数学の専門の方からお叱りを受けるかも知れないが、微分とは引き算であり、積分とは足し算（あるいは平均）という程度に理解すれば十分である。

考えてみれば人間の純粋な思考から出てくる微分のような数学が、自然界という人間の理性と独立した世界をきわめて高い精度で記述するというのは非常に不思議なことである。空間における位置の一階微分（ある変数を一度だけ微分したもの）は速度を表し、二階微分（一階微分をもう一度微分したもの）は加速度を表す。手を離したボールの落体運動はそのような簡単な方程式に従って、位置、速度、加速度が決まる。野球の選手が投げるボールはどんなに剛速球でも、放物線の式が予測する曲線に完全に一致する（ただし空気との相互作用があるので実際は変化球になったりするが）。これは驚くべきことである。

気象の予測をするための数値シミュレーションも同じである。その基本となる大気の運動方程式などは、微分を含む方程式（これを一般に微分方程式という）である。ここで気象学では微分が出てくる。落体運動の微分方程式に比べるとやや複雑になるが、基本的に同じものである。落体運動の方程式も大気の運動方程式も、基本的にはニュートンの運動方程式という点で同じである。数値シミュレーション、あるいはそれを応用した数値予報というのは、このような微分方程式をコンピュータにかけて、気象の現象を再現したり、未来の大気の状態を予測したりするものである。

私も名古屋大学に来てから、数値シミュレーションを用いた研究を行ってきたが、方程式の群をコンピュータで計算すると、その計算結果に、たとえば実際にあるような台風が現れるのである。コンピュータは式に従ってただ足し算や引き算をしているだけであるが、その結果が自然現象を再現し、コンピュータのなかで暴風や豪雨が発生する。少なくとも私にとっては、これは驚くべきことだった。そしてこれは自然がその法則に従って変動していることであり、逆に言えば自然の変動を正確に法則（つまり大気を支配する微分方程式）が表していることを意味している。このように法則によって自然を記述できることは、気象学の大きな魅力の一つだと思う。

決定論的世界観

地球の上でボールを投げ出したとすると、そのときの位置と速度（方向と速さの両方）が分かっていれば、未来永劫、時々刻々、ボールの位置と速度を予測することができる。これはボールの運動がニュートンの運動方程式に従うからである。運動方程式という一つの微分方程式は、ただ各時刻における速度の時間変化率（すなわち加速度）を記述しているだけである。ボールを投げ出したときの位置と速度を初期条件といい、これと運動方程式があれば、未来はすべて予測できると考える。これが決定論的世界観の原点となる考え方である。

ある時刻のボールの運動が、その前の状態から、運動を決める方程式によって決定されるという考え方を拡張していくと、この世界のすべての物体について、ある時刻の状態とそれを支配する法則を知ることができれば、すべての物体の未来の状態は予測することができるという考えに至る。このような思想を決定論的世界観といい、フランスの物理学者・天文学者であり数学者であるピエール＝シモン・ラプラス（1749〜1827年）によって提唱された。ラプラス変換、ラプラス演算子、ラプラス方程式など、数学や物理学でその名を冠するものがたくさんあり、理系の学生には馴染みが深い。気象学の基礎の勉強では、すぐにラプラス演算子が現れるので、気象予報士になるために勉強された方には聞き慣れた名前であると思う。

気象の数値予報のおおもとは、この決定論的世界観に基づいていて、ある時刻の大気の状態を〝精密に〟知ることができ、気象の支配方程式が〝完全〟であれば、未来永劫、気象の予測が可能になると信じていたのである。この考え方はある程度は正しい。だから、観測データがたくさんある地域で、高解像度の数値予報を行えばかなりの精度で数日程度の気象予測ができる。実際、気象庁の数値予報はこの数十年にわたって成功を収めてきているし、私の研究室で行っている気象の数値予報もそう捨てたものではない。このような数値予報を決定論的予報という。

気象の変化を支配する方程式、すなわち支配方程式は、基本的にボールの運動方程式と同じである。ただ、大気は流体という連続体なので、1つのボールではなく、ボールに相当する空気塊が、無数に空間を埋め尽くしていると考えて、その1つ1つの運動を、それぞれの初期状態から計算する。また、ボールと異なり、空気塊は温度、気圧、密度なども変化するので、その変化を表す方程式も連立して解く必要がある。さらにコンピュータの中で雨が降るためには、水蒸気や雨の方程式も連立して解くことになる。本書では数値予報で用いられる気象の支配方程式の詳細までは踏み込まない。これについては最近、河宮未知生氏が『シミュレート・ジ・アース——未来を予測する地球科学』[2]のなかで、一般の方にもわかりやすく解説しているので、そちらを読まれることをお薦めする。また、大学生レベルの解説は、『超多自由度系の新しい科学』所収「気象のシミュレーション」[3]のなかで私が解説しているので、そちらを参照いただきたい。ここでは概念を理解していただくことが目的である。

このような無数の空気塊の1つ1つの運動を追跡して、未来の天気を決定するというのは、ラプラスの決定論的世界観をまさに具体化したもので、考え方としては理想的である。先に出てきたV・ビヤークネスはそのような数値予報を考えたのである。直感的には自分が空気塊に乗って空気塊とともに移動しつつ、時々刻々、その位置と空気塊のなかの温度や気圧などを測定しているというイメージである。これをすべての空気塊について行えば、大気全体の運動とその状態を知ることができ、その予測ができるのである。実際に計算をすることを考えると、現在の計算機では1000億個ぐらいの空気塊を考えて、それら一つ一つの時間変化を計算することは難しいことではない。

しかしながら、この方法には一つ問題がある。この方法で予測の精度を上げるためには、できるだけ小さな空気塊をできるだけたくさん考える必要がある。それらが個々別々に運動するのであるが、容易に想像できるように、初期の時刻には空間に一様に分布していた空気塊は、時間とともに多く集まるところと、数が少なくなるところができてくる。場合によってはまったく空気塊がないところも出てくるかも知れない。そうなるとその領域の大気の状態を記述することも、予測することもできなくなるという不都合が発生する。実際の大気では、空気のない領域が発生することはない。

行く河の流れは絶えずして

「行く河の流れは絶えずして、しかも、もとの水にあらず。よどみに浮かぶうたかたは、かつ消え、かつ結びて、久しくとどまりたるためしなし」。鴨長明の有名な「方丈記」の冒頭の部分である（大福光寺本は「河」の字を用いている）。文学的には人の世を河の流れに映して、恒常の中にある無常を見いだしていると解釈できるが、鴨長明の自然を見る目と、その表現は驚嘆するほど科学的である。そのため流体を研究対象とする研究者の多くが、この冒頭の文章に魅了されている。

ここで重要なのは鴨長明の視点である。この描写をそのまま解釈すると、鴨長明は河のほとりに立っていて、河の外から流れを見ているのである。そのため、その場所では上流から流れてくる河の水は、連続的であるが、常に上流側の新しい水になる。水であれ、空気であれ、このような流れによって、物質や状態が上流から移動してくることを「移流」という。つまり〝独立にある点〟において流れを観察していると、この移流というものが流れを記述する上で導入されなければならないことを示している。

河のほとりに立つ鴨長明は、そこから温度計を河の水につけて（もし温度計がなければ、人差し指の先を水につければよい）、時々刻々変わる水の温度を測ることができる。もし上流で風呂屋が風呂の温かい残り湯を河に捨てていたら、連続的な水温測定によって、水温が上昇する様子が観測されるだろう。これを移流による温度変化という。このようなことは日常的に経験する。暖かい南から風が吹けば気温が上がり、寒い北から吹けば気温が下がる。これはある固定された点で観測していると経験する温度変化であり、温度の移流によって起こると解釈できる。

一方、前節で示したように、流れに乗って移動する視点から流れを記述するとどうなるだろう。

もし鴨長明が船に乗って、河の水のある水塊とともに移動していたら、「行く河の流れは絶えずして、しかも常にもとの水なり」とでも書いたかも知れない。船に乗った鴨長明は、船から温度計を水につけて、時々刻々変化する水温を測ることができる。この場合は、上流に温かい水が流れ込んでいても、水塊と一緒に移動する鴨長明は、同じ水塊の温度を測り続けるので温度は変化しない。上流で風呂屋が捨てた温かい水は、鴨長明の乗った水塊とは独立に、温かい水として流れていくのである。

つまり空気や水などの流体の表現には、2つの方法があるということである。仮に大気中にある有限個の空気塊を考えて、それぞれの空気塊のなかで、移動速度、温度、気圧、水蒸気量などを測定すれば、ある時刻の大気の流れの状態を知ることができる。それを初期値として与え、空気塊の運動やその温度変化を支配する方程式を解けば、その後の状態を予測することができる。

一方で空間に有限個の観測点を置いて、それぞれの点で、風向・風速、温度、気圧、水蒸気量などを観測すれば、ある時刻の大気の状態を知ることができ、その後の大気の状態を予測することもできる。

大気の状態と時間変化を記述するには、これら2つの方法があり、前者をラグランジュ的方法、後者をオイラー的方法という。現代の数値予報は、基本的にすべて後者の方法を用いており、それは河のほとりに立つ鴨長明の視点と同じである。

本章の主題とはややずれるが、「方丈記」は「枕草子」「徒然草」と並んで、日本文芸史上の三大随筆に数えられている。[(4)] 鎌倉時代に書かれたもので、（私が苦手だった）高校の古典では必ず出てくる重要な古典文学の一つであることは言うまでもない。一方で自然科学の観点から見ると、「方丈記」は全体のおよそ3分の1の章が災害についての記述であり、災害の重要な記録という側面を持つ。「行く河の流れは」で始まる序章に続く章では、安元3年（1177年）の大火について、そのときの気象とともに詳細に記述している。

「風烈しく吹きて、静かならざりし夜、戌のときばかり、都の東南より火いできて、西北にいたる」

これが起こったのは4月28日なので、急速に発達した温帯低気圧による強風ではないだろうか。続く章では、治承4年（1180年）4月、「中御門・京極のほどより、大なる辻風起こりて、六条わたりまで吹けること侍りき」から始まり、それが2㎞にわたって、いかに大きな被害をもたらしたかを詳細に記述している。ここで「辻風」とは、一般に「旋風」のことであるが、その被害の記述から、ここでは旋風ではなく竜巻と考えるべきである。「さながら平に倒れたるものあり」のように家屋が全壊している様子が記述されており、竜巻の強さはJEFスケール（第2章参照）で3程度はあったと推定される。1961年以降の気象庁の記録では、京都市の市街地で竜巻が発生したという記録はない（ただし、藤田スケールでF0程度の現象区別不明の突風の記録はある）。鴨長明が生きた時代にそのような竜巻が発生したというのは興味深い記録である。

同年、福原遷都があったことを叙述し、その次に、養和元年（1181年）から翌年にかけての飢饉について述べた章が続く。

「春・夏、日照り、或は、秋、大風・洪水など、よからぬことどもうち続きて、五穀ことごとくならず」

ここで「大風」は台風のことであろう。台風や洪水による災害が続き、飢饉が起きる「災いの年」が続いたことを書いている。2018年の「平成30年7月豪雨」と台風、2019年の台風ハギビス（第19号）のような状況が起こったと考えられる。現代ほどではないと思われるが、日照りは猛暑をもたらしただろう。

さらに次の章で、元暦2年（1185年）には、「おびただしく、大地震ふること侍りき。そのさま、世の常ならず。山は崩れて、河を埋み、海は傾きて、陸地を浸せり」と大震災が起こったことを叙述している。おそらく「海は傾きて、陸地を浸せり」は津波を表していると想像できるので、海溝型の大地震ではないだろうか。このように「方丈記」は京都で起きた大きな自然災害を詳細に記述した貴重な記録となっている。鴨長明はこれらを若い時期（23〜31歳）に経験しており、それが「方丈記」の無常観の根底にあるのかも知れない。それは日本人が強く共感できるもので、多くの人がこの作品に惹かれる理由の一つになっているのだろう。

なぜこの方程式は解けないのか

では、数値予報や数値シミュレーションの話題に戻ろう。前節で、空気や水といった流体の表現方法を説明し、オイラー的方法が現代の数値予報や数値シミュレーションで用いられることを説明した。たとえば【図7-1】に示すようにある空間を釆の目状に切って、その1つ1つに〃格子点〃を設定する。鴨長明が立つ河のほとりの点もその1つと考えてよい。河の流れを考えるときは地表面という2次元空間を考えるだけであるが、気象の予測では、大気中にも鉛直方向に格子点を配置するので、同図のような3次元の空間格子を考える。この各格子点で気温や気圧、風向・風速の計算が行われるのであるが、同図の領域は小領域に分けられていて、それぞれの計算をコンピュ

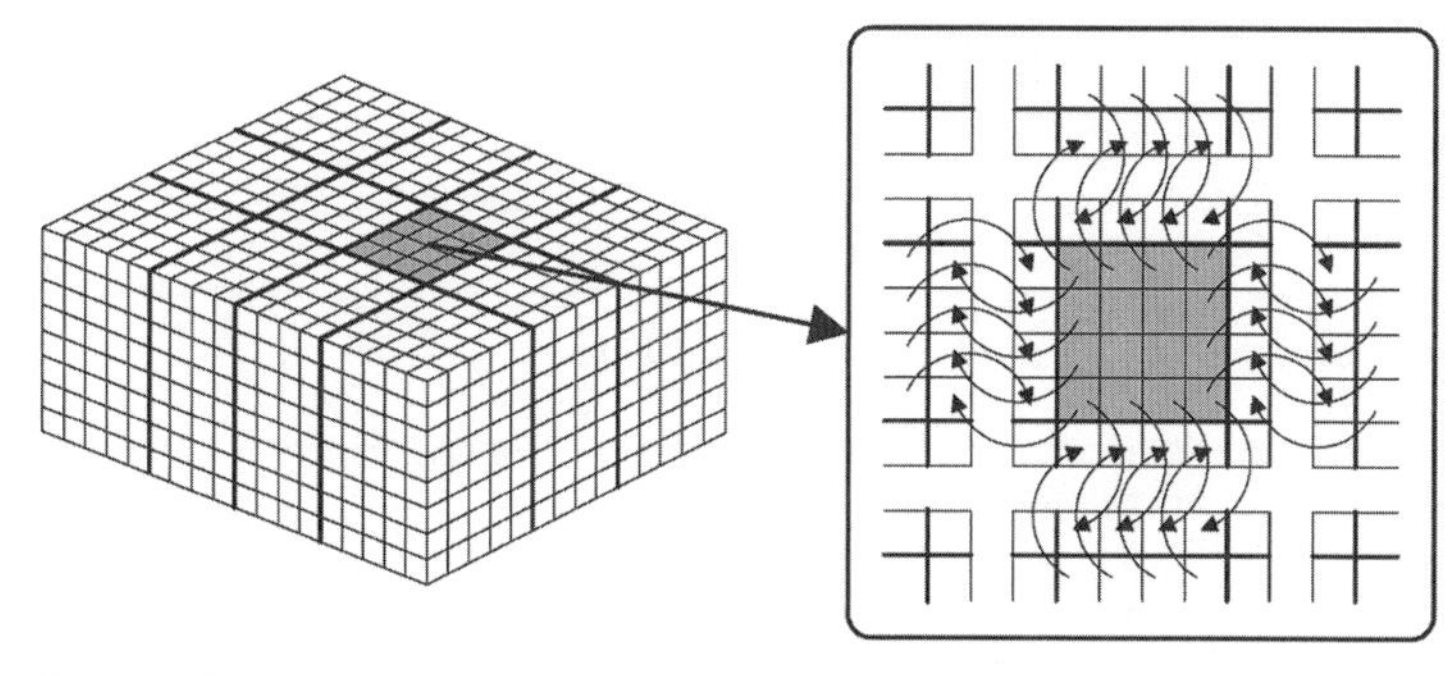

【図７－１】気象の数値シミュレーションで用いられる矩形領域とそのなかの格子点。領域は太実線で区切られるように小領域に分けられ、各小領域（右図に拡大）をコンピュータの１つの計算ノードが担当し、右図の矢印のように隣の小領域と情報を交換しながら、計算領域全体の計算が進む。

ータの1つの計算ノードが担当する。リチャードソンが行ったように各計算ノードは隣の計算ノードとデータを交換しながら領域全体の計算を進める。

さらに時間方向についても、とびとびの時刻という〝時間の格子点〟を考えて、それらすべての格子点1つ1つにおいて、大気の運動とその温度や気圧、さらに水蒸気量や雲・降水の時間発展を支配する方程式系を計算するのが数値予報である。

雲や降水の方程式まで含めると煩雑になるので、とりあえず、ここでは水蒸気や雲・降水などの水の相変化を考慮せずに、乾燥大気の方程式だけを考える。その場合、運動方程式は3方向、すなわち水平に2方向（緯度方向と経度方向）と鉛直方向の3つを必要とし、それ以外に温度と気圧の時間変化を決める方程式が必要である。空気の密度の式も必要と思われるかも知れないが、大気の場合、温度と気圧が決まると密度は自動的に決まってしまう。つまり3方向の運動方程式と、温度及び気圧の式という全部で5つの式を連立して解けば、乾燥大気の運動と温度や気圧の時間変化を知ることができる。決定論的世界観では、ある時刻の大気の状態が正確に分かれば、この5つの方程式を解くことによって、未来永劫、大気の運動と状態を決定することができる。

ではこの大気の支配方程式を解いて厳密解を解析的に得ることができるかという問題が出てくる。それができるのならば、初期値を与えて簡単な計算で、未来の大気の状態を予測することができる。ここで〝解析的に〟とは、たとえば関数の積分をするような方法で数学的に解くという意味である。ひらたく言えば、紙と鉛筆だけで解くことができるかという問題である。

残念ながら、今のところ、その答えはノーである。たとえばボールの運動方程式を解析的に解くことは可能である。その微分方程式を積分すれば厳密解を得ることができ、実験をすると、放物線を描くボールの運動は、厳密に方程式の解と一致する。だが、大気の支配方程式については、それと同じように解くことは、少なくとも今のところは実現していない。

よし、それなら俺が解いてやろうと腕まくりをする人がいるかも知れないが、それはあまりお薦めしない。数学がたいへん得意な人でも大気の支配方程式を素手で解くことはできないだろう。大気の支配方程式のうち、運動方程式は、流体力学に現れるナヴィエ・ストークス方程式と形式的にほぼ同じである。このナヴィエ・ストークス方程式は、2000年に数学の最も困難な7つの未解決問題の1つに選ばれている。これらはミレニアム問題とよばれ、数学愛好家のランドン・クレイにより、最初に解決した人またはグループにそれぞれ100万ドルが授与されることになっている。(5)

それから20年ほど経過したが、その解が得られたという話は聞いたことがない。

ボールの運動方程式も大気の支配方程式も、微分方程式であることには変わりない。前者は容易に解けて、後者は解けないのは、式自体が複雑だからではない。大気の支配方程式を解析的に解く

$$\frac{\partial w}{\partial t}+u\frac{\partial w}{\partial x}+v\frac{\partial w}{\partial y}+w\frac{\partial w}{\partial z}=-\frac{1}{\rho}\frac{\partial p}{\partial z}-g$$

【図7－2】大気の運動方程式のうちの鉛直方向の速度成分 w についての式。x、y、z、t は空間3方向の座標と時間、u、v、w は速度ベクトルの3成分、p は気圧、ρ は大気の密度でここでは一定値とする。g は重力加速度を表す。

ことができないのは、その方程式の中に前節で出てきた移流を表す項があるからである。【図7－2】は大気の支配方程式のうち運動方程式の鉛直運動を表す式で、煩雑な枝葉の部分を落として最も簡単にしたものである。また、地球の回転の効果も含まれていない。この式の中に現れる〝∂〟の記号は、微分を表すもので、高校では〝d〟と書くものである。これが式に含まれるので、この方程式は微分方程式である（より正確には偏微分方程式という）。

この式が本書で出てくるただ一つの式であるが、この式の詳細を理解したり、それを解いたりすることはしない（そもそも理解はできても解くことはできない）。数学があまり好きでない人はこれを図あるいは画だと思って見てもらってもよい。ただし、式の中の（u、v、w）が、大気の速度の3成分、すなわち風を表すことだけはご理解いただきたい。この方程式は、大気の3方向のうち、鉛直方向の速度 w の時間変化を予測する方程式である。同様に水平方向の速度 u、v についても同様の式が存在する。

この方程式の左辺第2～4項が、移流を表す項で、これらの項があるためにこの方程式は解析的に解くことができないのである。同様の項がナヴィエ・ストークス方程式にも現れる。大気は流体であり、流体の運動方程式であるナヴィエ・ストークス方程式にも、移流という流体の最大の特徴を表す項が含まれる。実は同様の移流項は温度や気圧の式にも現れる。それによって南風が吹けば温度が上がるという温度移流や、低気圧が移動してくると気圧が下がるといったことが表現される。

気象力学において理論的考察をするとき、大気の支配方程式を解析的に解くことが必要になる。そのようなときは、これらの移流を表す項（移流項）を除去する方法を用いる。専門的には「摂動法」によって、そのような操作をする。その結果残った項はまだたくさんあり複雑であるが、それでも連立微分方程式として（紙と鉛筆だけで）解析的に解くことができる。たとえば、中緯度の大気の条件を与えると、温帯低気圧の解が得られ、大気中に発生する温帯低気圧の成長や構造を表す解析解が得られる。その解は、低気圧の軸が西に傾いており、その東側には暖かい南風が緩やかに上昇し、西側には冷たい北風が下降するという温帯低気圧の特徴を正確に表している。ボールの運動方程式が放物線という解を与えるように、近似ではあるが、大気の支配方程式が温帯低気圧の特徴を示す解を与えるのである。

ではなぜ移流項があると解析的に解くことができないのだろうか。大気の支配方程式の解かれるべき変数（数学的には従属変数という）は、上記の速度の3成分（u、v、w）と気圧pである。ここで大気の密度ρは一定としておく。【図7-2】の式を見ると移流項だけ、変数のうち速度成分とその微分のかけ算となっている。これは少し式変型をすると速度成分どうしのかけ算にすることができる。それ以外の項では変数が単独で現れる。このような変数どうしがかけ算になっている項は、「非線形」であるといい、非線形項を含む微分方程式は、非線形微分方程式という。

上記のように移流項を落とした方程式系は「線形」の微分方程式で、その場合、解の存在と一意性が保証される。一方で非線形の微分方程式は必ずしも解の存在と一意性が保証されず、解けるかどうかも分からない。ナヴィエ・ストークス方程式はその代表であるので、現在でも未解決問題となっているし、形式的に同じ大気の運動方程式も解析的に解くことができない。つまり運動方程式を含む大気の支配方程式が解析的に解くことができないのは、移流項があるためであり、それが非線形だからである（この節はこのことだけ頭に残しておいていただければ大丈夫です）。

コンピュータは解けるか

大気の支配方程式は非線形微分方程式で、紙と鉛筆で解析的に解くことができないことがお分かりいただけたと思う。それではコンピュータを使えば解くことが可能だろうか。

まず、コンピュータと人間の違いは何だろうか。それは人間は微分ができるが、コンピュータはできないという点である（これはかなり偏った一面かも知れないが）。もちろんコンピュータには、正弦関数の微分は余弦関数であると教えてあるので、正弦関数を微分しなさいとコンピュータに命令すると、余弦関数を返してくる。そのような意味ではなく、もっと一般に微分ができないという意味である。微分には無限小の概念が現れ、それを概念として人間は理解できるが、コンピュータは無限小を表現することができないので、一般の変数についての微分はできない。

そのため微分の代わりに、ある有限な差を用いて、微分を近似的に表現しなければならない。そのような差を「差分」という。長さについての微分であれば、ある長さの差分で割り算することで、微分を近似していると考えるのである。たとえば、100km離れた2点の温度が10℃と20℃とすると、20℃から10℃を引いた差分の10℃を100kmで割って、その100kmの間の、温度の傾き、すなわち微分に相当するものと考えるのである（このことから微分は引き算という考えもそれほど間違ってはいない）。この差分は100kmであったり、1kmであったり、あるいは10mであったりしてさまざまであるが、いずれにしても有限の距離である。時間の微分も同様に、有限の時間の差分を用いて近似される。空間について格子点を考えるように、時間についてもとびとびの時間を考えるのである。

古代ギリシャの哲学者、エレア派のゼノン（紀元前490～430年頃。ストア派のゼノンとは別人）は、時間と空間について興味深いパラドックスを提示した。その一つ、「アキレスと亀」は有名で、要は先を行く足の遅い亀を、最も足の速いアキレスは追い越せないというものである。ゼノンの論では、アキレスと亀がスタートした後、アキレスが亀のスタート地点に到達するころには、亀は少し先に進んでいる。そこにアキレスが到達したときは、亀はまた少し先に進んでいる。その差は小さくなるかも知れないが、これは無限に繰り返すことができる。ゼノンはこのパラドックスで、時間と空間を無限に分割できることの反証をした。現在では高校数学で習う無限級数を使うことで解決できる。

ゼノンの主張とは逆であるが、一方でこの話は空間をどんどんと細かく刻むことができると主張しているとも解釈できる（「無限小」の概念が入らなければむしろそう解釈する方が自然であると思う）。実際、私たちは経験的に空間も時間も連続であると考えている。気象学はエアロゾルや雲の形成などの特別な対象を除いて、大気中の分子や原子を考慮せず、空間も時間も連続であると考える。そのため数値シミュレーションにおいて空間や時間を格子点で表現する場合、その格子間隔が細かいほどより精度のよい結果が得られると考えるのである。この格子間隔のうち空間についてのものを、気象のシミュレーションでは「空間解像度」という。特に気象学の対象とする大気は地表に沿う薄い層なので、水平方向の格子が空間解像度を決める。このため単に解像度という場合は、水平空間解像度を指す場合が多い。時間について特に指定する場合は「時間解像度」という。

大気の支配方程式に現れる微分を、ある解像度の格子点で差分により表現し、支配方程式をコンピュータで数値的に解くことができるように近似する。このとき格子間隔がどんどんと小さくなり、その極限としてもとの微分表現の支配方程式が得られるとき、この差分表現はもとの微分表現の支配方程式を近似していると考える。

このようにもとの方程式を近似的に表現することで、解析的に解くことができない大気の中の運動とその変化を数値的に解くことができ、それにより気象の数値シミュレーションが可能となり、その応用として未来の天気を予測すること、すなわち数値予報ができるのである。その意味でコンピュータにより大気の支配方程式を解くことができる。ただし、これはあくまで〝近似的〟に解いているのであって、厳密解が得られるわけではない。

実際に差分表現の支配方程式がどのようなものであるかを詳しく述べることは、あまりに煩雑になるのでここでは示さない。微分方程式の差分近似は、一通りではなく、いくらでも新しいものを考えることができる。その差分表現によって、計算の精度や速度が変わってくるので、より速くかつ精度の高い差分表現を考えることが、多くの研究者によって行われてきており、それだけでも重要な一つの研究分野となっている。それほどコンピュータで大気の支配方程式を解くということは複雑で高度なものである。

コンピュータとは、パソコンであれ、スーパーコンピュータであれ、基本的に0と1で表現された数値（2進数という）を足したり、かけたり、入れ替えたりする（演算する）だけのものである。その演算手順として大気の支配方程式を差分化して与え、それをある時刻の初期値から大気のシミュレーションを行うのが数値予報である。この手順を「予報モデル」「数値モデル」或いは単に「モデル」という。気象の数値予報でのモデルというのは、自然を模擬する（シミュレーションする）ための手順で、一般に使われるモデル、たとえば人物画を描くときの対象の人をモデルと言うが、それとはかなり違った意味で使われる。

この数値モデルという手順に従って、ある大気状態から計算を行うと、その後の大気の変動が出てくる。たとえば台風のシミュレーションであれば、コンピュータを用いて計算を始めると、コンピュータのなかで台風が発生し、上陸して日本に大雨をもたらすことを表す数値が生成される。その数値を雨の分布のような画にすると、台風の中心には眼の壁雲が形成され、台風ハギビスでは関東や東北地方で大雨が降ることを予測するのである。原理的にはボールの運動が、それを表す運動方程式の解に従うことと本質的に同じであるが、やはり演算の結果が大気現象を表現するということは驚くべきことであると思う。

数値モデルでは、大気の支配方程式をコンピュータが理解できる言語で表すことで、大気現象を表す手順をコンピュータに教える。それはコンピュータプログラムあるいはアプリケーションプログラムの一つであり、そのような言語にしたものをプログラムコードという。大気現象を表す計算手順は、きわめて膨大であるので、そのプログラムコードも非常に大規模なものになる。たとえば、私の研究室で開発している気象の数値モデルは、25万行におよぶコードで構成されている。これは私の研究開発パートナーを務めてくれたプロのプログラマーである榊原篤志氏（現、中電シーティーアイ）が、10年近い年月をかけて作ってくれたものであり、現在も改良が続いている。

気象の数値予報やシミュレーションを行う数値モデルには、さまざまなものがあるが、それらは地球全体を計算する「全球モデル」と、地球の一部を対象とする「領域モデル」に大別される。地球全体の気象や気候の予測シミュレーションには、全球モデルが用いられるが、たとえば日本付近だけを高解像度でシミュレーションして、大雨などを予報する場合は、領域モデルが用いられる。コンピュータがどんどんと高速化・大規模化すれば、いずれすべて地球全体を計算するモデルだけになるように思われるが、大気の自由度と複雑度はきわめて高いので、やはり領域で高解像度により複雑な物理過程を計算する領域モデルが必要である。数値モデルはこれらの分類の他にさまざまなタイプや分類の仕方がある。例えば私の研究室で開発している雲を詳細に表現するような数値モデルは、その特性を表すように「雲解像モデル」とよんでいる。

リチャードソンの計算はなぜうまくいかなかったのか

リチャードソンによって1922年に行われた世界で初めての数値予報は、なぜ失敗に終わったのだろうか。計算は完全に正しくても、完全に間違った結果となるのはなぜであろう。そこに数値予報の難しさがあり、そこにこそ数値予報の改善のカギがある。数値予報が失敗したとき、あるいは予報結果が実際の現象を表さなかったとき、その結果に落胆するのではなく、その結果にこそ発展のカギが隠されていると信じて、うまくいかなかった原因を解明することが重要である（そのようにして気象の数値予報の技術は発展してきた）。

本当のところは、計算の詳細をたどらなければ分からないが、リチャードソンの計算が実際には起こりえない気圧変動の結果に至ったのは、計算の初期に与えた大気場（気温、気圧、風などの分布）から、大きな波動が発生したからだと考えられている。地球上を吹く風は勝手気ままに吹いているように思われるかも知れないが、特に中緯度を吹く大規模な大気の流れ（すなわち風）は、地球の回転の効果（コリオリ力）と地球の重力により強い拘束を受けており、北半球では常に高気圧を右にみて、気圧傾度力に比例して風は吹いている。これはすなわち風の速度と気圧分布（空気の質量分布）が、常に平衡状態にあることを意味している。中高緯度の大気変動はこの平衡状態からわずかにずれることによってのみ起こる。

ところが数値予報の初期に与える大気の場が、この平衡状態を満たしているとは限らない。一般に観測から得られる風速や気圧の分布は、平衡状態から大きくずれていて、実際の大気場とは異なった状態にある。この状態から計算を始めると、大気の支配方程式は、そのずれた状態を一気に平衡状態に引き戻そうとする。このとき重力波とよばれる大気中の大きな波動が発生し、それによって大きな気圧変動が生じる。

ここで重力波というのは天文学で出てくる重力場の波動ではなく、地球の重力を復元力とする、大気の運動のことである。実際の大気中にもさまざまな重力波が存在するが、リチャードソンの計算のような平衡状態からの大きなずれは大気中には存在しなかったのだろう。そのため不自然な重力波が発生したと考えられる。現在の数値予報では、このような重力波が発生しないように初期の場を修正してから予報計算を始めるので、そのようなことは起こらない。

その他にも間違った予報結果になったり、予報の計算が失敗したりする理由はたくさんある。291ページにでてきた格子点を用いた差分表現により、支配方程式を近似表現するとき、直感的にきわめて自然と思われる差分表現をすると、その計算はすぐに破綻するという結果になる。ここで破綻するというのは、実際にはない波動が計算上無限大の大きさになる（計算機の表現できる数値の大きさを超える）ということである。数値予報の偉大な先人は、そのような計算の破綻をいかに抑えるかということに頭を悩まし、さまざまな技術を開発してきた。

未来の気象を予報する数値予報では、できるだけ早く未来の時間に到達するために、時間についての格子間隔（時間解像度）をできるだけ大きくとりたい。たとえば1時間先の気象を求めるのに、1分の時間間隔で計算すると、60回の計算が必要であるが、5分の時間間隔で計算すると、12回で済む。ところが空間解像度、すなわち空間の格子点の間隔を小さくすればするほど、時間の間隔も小さくしなければならないという拘束条件が存在する（専門的には「CFL〔Courant Friedrichs Lewy〕条件」という）。これは非常に強い拘束条件であり、これに少しでも反すればたちまち計算が破綻してしまう。気象の数値予報や気象シミュレーションの研究をはじめると、そのようなことはすぐに経験する（私は今でもしばしば経験しているが）。リチャードソンの時代にはこの条件は知られていなかったので、それを満たさなかったのかも知れない。

このような気象の数値予報の計算において、間違った計算結果になったり、計算そのものが破綻してしまったりする原因は他にもいくつもある。たとえば大気の支配方程式には、当然ながら音波が含まれていて、これが計算結果を破壊してしまうことがある。また、計算上与えなければならない大気の境界から、波動が発生して計算を破壊することもある。そのような数知れない問題点を、一つ一つ克服した上に現在の数値予報モデルが存在するのである。

気象のシミュレーション

気象の数値予報は数値シミュレーションの応用であり、それはコンピュータを用いて数値的に大気中の現象を模擬（シミュレーション）することである。その計算は、初期時刻の大気の状態（初期条件）と、陸面や海面などの境界の状態（境界条件）を与えて、支配方程式を解くものである。地球の一部の領域、たとえば日本付近だけのシミュレーションをする場合は、横方向の境界条件も必要となる。支配方程式は大気の運動と温度・気圧変化を決定するものであるが、それと同時に、雲や降水の物理過程、地表面（陸面や海面）と大気の間の熱や水蒸気などの交換、太陽放射や地球、大気、及び雲などからの放射による加熱や冷却、さらに格子点では計算できない小さいスケールの運動の効果などを計算する。

大気中にはさまざまな大きさ（スケール）の運動があり、どのスケールの運動をシミュレーションするかによって、支配方程式の近似の程度と格子点の間隔を決めることになる。現在の高速なコンピュータでさえ、大気中のすべてのスケールの運動をシミュレーションすることはできない。

大気が連続体で、その中に発生する運動にはいくらでも小さいものがあるというのは、たとえば茶の湯から立ちのぼる湯気をみているだけで容易に分かる。湯気は常に渦巻き、その中には大きな渦から、小さな渦までさまざまな運動がある。これらは大気の運動としては最も小さなスケールであり、屋外に出れば大気中にはさらに大きな渦がある。鴨長明のように1点で観測していると、大気中の渦は、風の息として感じることができる。これらは地表面付近の大気（大気境界層）の乱れた流れ、すなわち乱流である。

それより大きなスケールの運動の代表的なものを小さなものから並べると、積乱雲、雷雨などのメソスケール対流系（第5章参照）、前線、台風、温帯低気圧、プラネタリー波（第3章参照）、そして地球規模の循環となる。このように大気の運動は数㎜から1万㎞という非常に幅の広いスケールの幅を持ち、数値シミュレーションでは、どのスケールまで表現するかによって、解像度が決まってくる。たとえばリチャードソンが考えた数百kmの格子間隔では、温帯低気圧は表現できても、メソスケール対流系は表現できない。積乱雲を表現するためには少なくとも1km以下の格子解像度が必要である。

格子解像度はシミュレーションにおいて本質的に重要である。いうまでもなく小さな格子間隔を用いるほど、細かい現象を表現できるだけでなく、現象の量的特性の再現性も高精度になる。【図7-3】はスーパーセル積乱雲を、雲解像モデルを用いてシミュレーションしたもので、(a)は水平格子解像度1km、(b)は100mで行ったものである。解像度が1kmでもスーパーセルはシミュレーションされるが、その特徴である先端部が曲がった構造はぼんやりとしか表現されない。一方、100mではスーパーセルの降水強度も量的に大きくなり、さらに、先端部の曲がった構造(鉤状構造)が非常にはっきりする。このように解像度が高くなることで、それまで見えなかったものが見えるようになるのである。

予報できる豪雨と予報できない豪雨

2017年7月5日に発生した九州北部豪雨は激甚災害をもたらしたにもかかわらず、また10時間にわたって持続した豪雨であったにもかかわらず、ほとんどその雨量は予報されていなかった(第5章参照)。私の研究室で実施している雲解像モデルを用いた予報実験でも、この豪雨は予報できなかったし、その後に行った再現実験でも実際の総雨量を再現することはできなかった。

この「平成29年7月九州北部豪雨」による災害があまりに甚大であったので、あまり報道されな

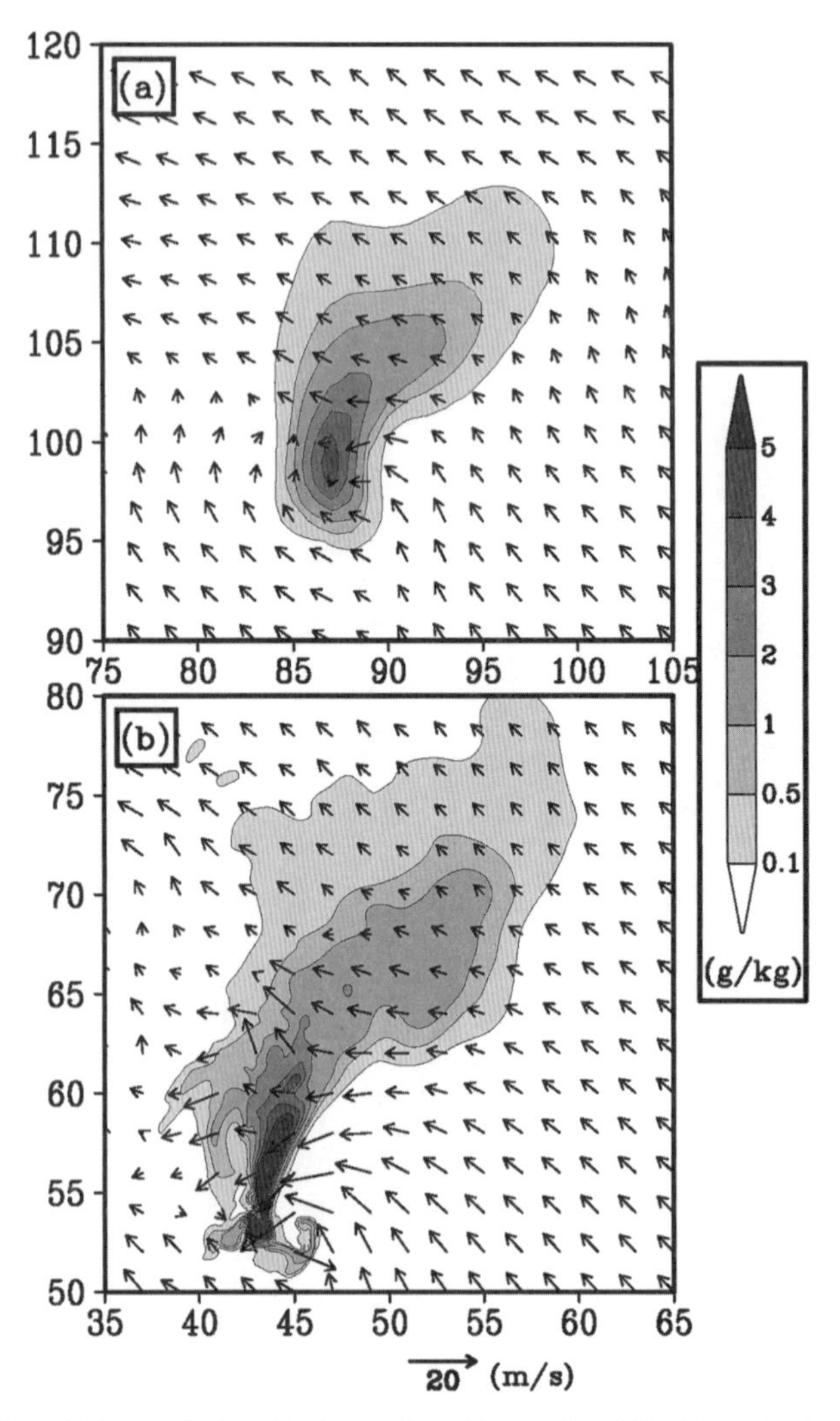

【図７－３】名古屋大学で開発している雲解像モデルを用いて行ったスーパーセル積乱雲のシミュレーションの結果。(a) 水平解像度１ km の結果と (b) 水平解像度100m の結果。グレーのレベルは高度１ km の雨粒子の量（雨水混合比)、矢印は水平風を表す。

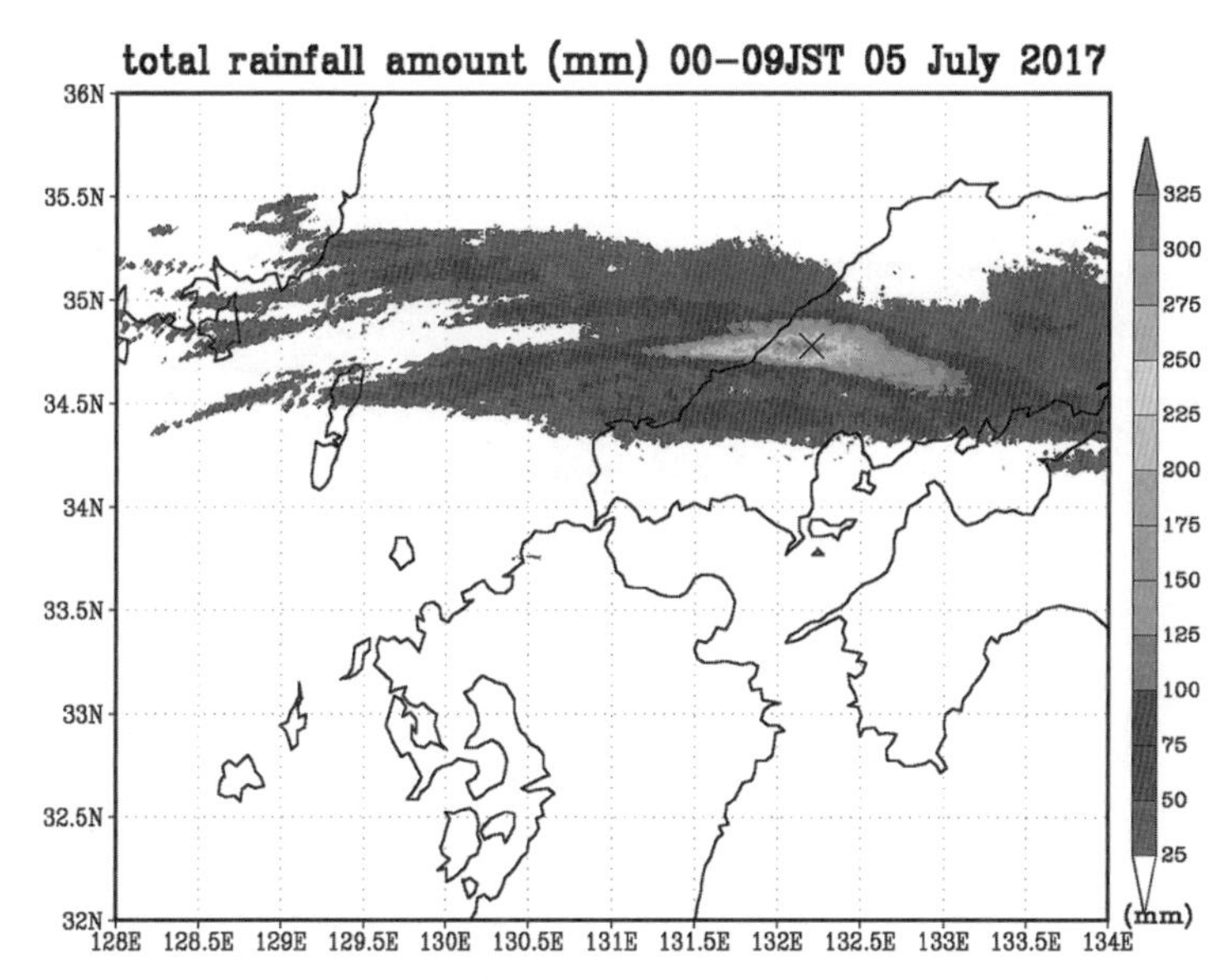

【図７－４】気象庁レーダから作成した2017年７月５日の午前０～９時（日本標準時）の総降水量分布（mm）。×印は波佐のアメダス地点（東経132度12分、北緯34度47分）。

かったが、この豪雨が発生する10時間ほど前、わずか１００㎞ほどしか離れていない島根県では、総雨量が３００㎜に達する豪雨が発生し、災害が起こっている。【図７－４】は７月５日午前０～９時の気象庁レーダから求めた総雨量分布で、島根県から広島県にかけて東西に延びる豪雨域が形成されている。図中の×を付けた点は気象庁のアメダス波佐（はざ）で、本降りの期間の４日23時～５日９時の10時間の総雨量が３５０㎜に達している。この大雨により島根県西部に気象庁は大雨特別警報を出していることから、この豪雨がいかに激甚なものであったかが分かる。

　時間的にも空間的にも近接して発生したこれら２つの豪雨は、その予報という点で対照的であった。【図７－５】は雲解像モデルを用いて島根県の豪雨を再現したもので、【図７－４】と比較できる

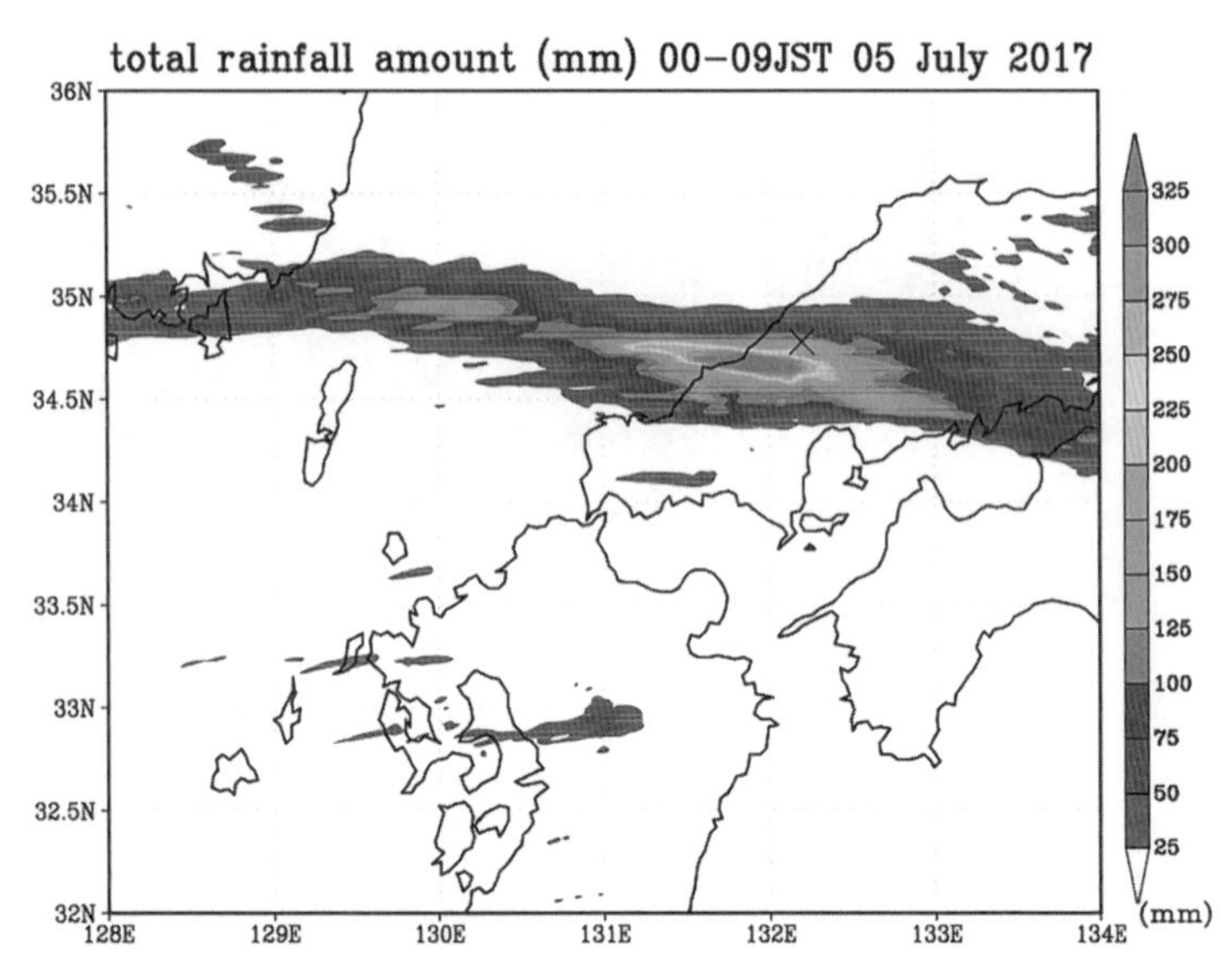

【図７－５】雲解像モデルを用いた予報実験から得られた2017年７月５日の午前０～９時（日本標準時）の総降水量分布（mm）。×印はアメダスの波佐に相当する地点。

ように５日の午前０～９時の総降水量分布を示している。数十㎞程度の位置ずれはあるが、観測と同様の東西に延びる豪雨域が再現されており、総降水量も観測と同じ程度の３００㎜が予報されている。九州北部豪雨がほとんど予報も再現もできなかったのに対して、島根県の豪雨は非常によく再現されている。

これらの事実は、量的にも降水分布についても予報できる豪雨があれば、まったく予報も再現もできない豪雨があることを示している。このような例はたくさんあり、たとえば２０１４年の広島豪雨はほとんど予報も再現もできないが、15年の鬼怒川決壊を起こした関東・東北豪雨は比較的よく再現されている。日本の場合、多くの豪雨は線状降水帯によってもたらされるが、残念ながら、今の科学技術レベルでは、多くの線状降水帯は予報が難しく、豪雨を量的に予測することは困難である。特に不安定が大きな場合、小さな大気の揺らぎが原因となって豪雨が発生することがあり、そのような豪雨は特に予報が難しい。

数値予報によって予報できる豪雨と、できない豪雨があるのはなぜか？　すべての数値予報はある時刻の大気の状態（初期条件あるいは初期値）から計算が始められる。この初期値に豪雨の原因となるものが正確に含まれていなければ、豪雨は予報できないのである。ここで示した島根県の豪雨では、初期値に豪雨の原因が適切に含まれており、一方で九州北部豪雨については、それが初期値になかったことが、予報できなかった原因の一つである。

島根県の豪雨の場合は、西海上に形成されていた南東風と北風のぶつかり合い（収束）が豪雨の原因と考えられる。九州北部豪雨の場合は、予報できなかった原因について今後の研究が必要であるが、一つには流れ込む水蒸気量が考えられる。九州の豪雨の場合、豪雨のもととなる水蒸気は、ほとんどが東シナ海から流れ込む。しかし大気下層にある海上の水蒸気量を正確に初期値に与えることは難しい。

数値予報の初期値のもととなるのは観測値である。実際にはデータ同化や初期値化などの非常に複雑な計算を経て、初期値が作られるのであるが、いずれにしても観測値がおおもととなる。日本の場合、たとえば２０１８年の西日本豪雨もそうであるが、豪雨のもととなる水蒸気は、ほとんどすべてが東シナ海や太平洋などの海洋上から流れ込む。海洋上には島を除いてほとんど観測データがないので、水蒸気量の正確な初期値を得ることは難しい。日本の豪雨をより正確に予報するためには、海上における観測が不可欠である。その点は寺田寅彦が「天災と国防」で指摘していることと本質的に同じである。それには船舶や海洋ブイによる観測も一つの方法ではあるが、第５章で出てきた大気の河のように、水蒸気分布は時間・空間変動が大きいので、数値予報のために正確な海上の観測値を得るには、機動的に航空機からドロップゾンデを投下する直接観測が最も有効な手段である。

台風の数値シミュレーション

気象のシミュレーションの目的にはさまざまなものがあるが、その大きなものの一つが、台風の数値予報である。台風の発生、進路、強度、雨量などを予測することによって、気象庁は台風に伴う災害を未然に防ぐことに大きく寄与している。台風予測には全球モデルと領域モデルの両方が用いられる。どちらのモデルにおいても、台風の細かい構造をシミュレーションし、量的に精度よく予報するために、高い格子解像度が望ましい。台風は雲の形成によって発達する低気圧であり、特に眼の壁雲や降雨帯を構成する積乱雲などの強い上昇気流を精度よく計算することが、より精度の高い予報に不可欠である。高解像度のシミュレーションでは、台風全体の構造、それを構成する眼の壁雲や降雨帯、さらにそれらを構成している積乱雲のように、細かい構造が数値モデルのなかで計算される。

自然界では台風はその発生のもととなる種がなければ発生しない。専門的には「初期擾乱」とよばれ、多くの場合、弱い熱帯低気圧がその役割を果たす。数値予報やシミュレーションにおいても同様に、必ず初期擾乱が必要である。しかも台風予報の結果は、初期条件として与える初期擾乱に大きく依存する。台風の種となる計算初期の気圧分布や風の分布が正確に与えられないと、その後の台風の時間発展は実際と異なったものになる。しかし海上で発生する台風は、初期擾乱の情報が極端に少なく、正確な初期条件を与えることは容易ではない。台風予測の難しさの一つは、初期擾乱によって、予報される台風の強度や構造が大きく変わってしまうことにある。

台風はそのほとんどのエネルギーを海から水蒸気という形で得ている。このため台風のシミュレーションでは、海と大気の間の熱や水蒸気の交換過程が正しく計算されることが不可欠である。また、第6章で説明したように、台風の発達には海面の摩擦が必要であるが、一方でその摩擦が陸面のように大きくなると台風はやはり発達できなくなる。海面上を風が吹くと波が立ち、海面がざらざらとした状態になる。つまり風が強くなるほど海面摩擦は大きくなるのであるが、同時に風速とともに海から大気に与えられる熱や水蒸気が多くなる（濡れた指先をより強い風に当てると、より冷たく感じることから容易に想像できる）。

さらに難しいことに、風速が大きくなるほど海の波が大きくなるので、海面の摩擦が大きくなるように思われるが、風速が極端に大きくなると、ある風速から、大気は海面をなめらかなものと感じるようになる。つまり海面摩擦がそれ以上増加しない、あるいは弱くなるということが起こる。その理由はまだよく分かっておらず、また、どれほどの風速に達するとそのような不思議なことが起こり始めるのかもよく分かっていない。

風速の増大とともに海面摩擦というブレーキが大きくなるが、水蒸気というエネルギーの供給量も多くなる。この微妙な兼ね合いで台風の強度が決まってくることから、数値予報では、これらのプロセスを正確に計算する必要がある。大気の側からすると水蒸気という水が与えられるのであるが、海からすると水が奪われることよりも蒸発により熱が奪われることの方がはるかに大きなインパクトをもたらす。つまり水を大気に与えることは、海にとっては熱エネルギーを奪われることとなのである。

実際、台風が通過した後は海面水温が低下する様子が衛星の観測から見られることがある。海は膨大な熱エネルギーを保有しているが、それとて無限ではない。この海洋における熱エネルギーの減少とそれに伴う海面水温の低下をまったく考えない数値予報では、海が無限の熱エネルギーを持っていると仮定していることになり、無限の熱エネルギーを水蒸気として与えられる台風は、実際の台風の強度よりはるかに強いものになってしまう。このため台風の数値予報では、海面だけではなく、海洋中の温度変化を正確に計算することが重要で、大気と海洋を結合した数値モデルを用いなければならない。

台風のシミュレーションで重要なもう一つの物理プロセスは、雲・降水のプロセスである。台風は雲で構成されていて、水蒸気から雲、雲から降水への変換プロセスによって、熱エネルギーの生成が起こるので、雲物理過程は本質的に重要である。特に台風の眼の壁雲やその周辺のらせん状降雨帯での水蒸気から雲への変換とそれに伴う凝結熱の放出は、台風の強度をコントロールしている。そのため台風のシミュレーションでは、雲解像モデルを用いる必要がある。これにより積乱雲の内部の、水蒸気から雲、さらに固体降水や雨の形成を詳細に計算することで、台風の強度をより正確に予測することができるようになる。

第5章で雲が形成するためには、大気中の小さな塵（エアロゾル）が必要であることを説明した。これは台風であっても同じである。この大気中のエアロゾルの量によって、雲のでき方が変わるということは、エアロゾルの量やその凝結核としての特性によって、台風の構造や強度も違ってくるということである。凝結核となるエアロゾルが比較的多く、氷晶雨が容易にできる場合と、少ない

【図7－6】国際宇宙ステーションから見た台風の眼（台風ノルー、2017年第5号）。撮影者はロシア人宇宙飛行士のセルゲイ・リャザンスキー氏（Sergey Ryazansky）で、同年8月、ツイッターに投稿した。

ために暖かい雨となりやすい場合では、台風の雲が違ってきて、台風中心付近での水やエネルギーの分布が変わってくる。その結果、台風の強度が中心気圧で10～20hPaも変わってくる場合がある。このように1000kmにおよぶ巨大な台風の強度が、1000分の1mmぐらいの大きさのエアロゾルによって変わるというのは、まさに自然の妙技である。このようなエアロゾルのプロセスは、まだよく解明されておらず、これについても実験的なシミュレーションが始まった段階である。

最近は宇宙ステーションから観測した台風の画像を見ることができるようになった（【図7－6】）。これを見ると眼を中心として、巨大な雲の円盤が回転している様子が分かる。眼の壁雲で持ち上げられた水蒸気は雲となり、対流圏の上端に達して外に向かって流れ出す。この台風の上部で外向きに吹き出す層をアウトフローレイヤーという。そこでは眼の壁雲で形成された氷の粒（氷晶）が、対流圏上端で広域に広がる巻雲を形成する。その結果、台風の巨大な雲の円盤が形成されるのである。第6章で出てきた伊勢湾台風では、厚い巻雲の層が眼の壁雲から、沖縄の南西諸島を越えてさらに台湾付近まで広がっていたことが再現されている。台風の最上部に薄く広く形成される巻雲は雨を降らせず、そこには暴風もない。このため台風予報において重要ではないように思われるかも知れない。しかし自然は人の直感をはるかに超えた巧みなメカニズムを隠しており、このただ広がっているだけの薄い巻雲も台風の強度をコントロールする重要な役割を担っている。

冬の夜、雲一つない晴れた日は、非常に寒くなるが、上空に薄い雲があるだけでその寒さはかなり和らぐことを経験する。これは雲そのものから目に見えない赤外線が射出されていて、それが地面付近を温めるからである。それはすなわち上空の薄い雲が冷えていくことを意味している。このような物理プロセスを放射プロセスという。

台風の雲でも同様のことが起こっているが、最も大きな冷却が起こるのは、アウトフローレイヤーの巻雲である。台風の上部に広がる巻雲は、赤外線の放射により大気上部を冷却する役割を持っている。その大きさは1日あたり30～50℃にも達することがある。逆に昼間は太陽放射を受けて加熱されるが、その大きさは冷却と同じ程度である。この巻雲に伴う放射加熱は、台風の強度に大きく影響するのである。

このように台風の予測やシミュレーションには、高度な計算技術に加えて、気象学のほとんどの分野の知見が必要である。地表面のプロセス、雲・降水・エアロゾルの物理、放射プロセスが、台風の力学や熱力学に加えて重要である。さらに台風が引き起こす海洋内部の変動については、海洋のシミュレーションの協力が望まれる。台風の発生予測には、全球規模の大気の流れと、その中に発生する偏東風波動やモンスーンなどの予測も重要である。また、台風に伴う大雨の予測には、日本などの地形の効果が効いているし、さらに北上して温帯低気圧に変わるときは、中緯度の大気の影響を考慮した予測が不可欠である。このように台風は地球システムの中に発生する一つの小宇宙のようなもので、その中には広大な研究領域が広がっている。その意味で〝台風学〟という分野があってもよいと思う。

竜巻の数値シミュレーション

気象の数値予報は、予報しようとする対象が小さいほど、計算量が大きくなる。意外に思われるかも知れないが、一般的な地球全体のシミュレーションに比べて、台風や集中豪雨のシミュレーションのほうが計算の規模としては、はるかに大きなものになる。それは対象とする気象が小さくなればなるほど、多様な物理プロセスがその役割をより大きく主張するようになり、それらを詳細に計算しなければならなくなるからである。たとえば温帯低気圧やジェット気流の予報では、積乱雲については、その効果を経験的方法で表現するだけで済むが、豪雨予報では積乱雲の中の雲物理過程まで詳細に計算する必要がある。

また、小さな気象を対象とするほど、それを表現するために空間の格子間隔を小さくしなければならず、それとともに計算の時間刻み幅も小さくしなければならない。そのため計算量は飛躍的に増大する。例としてよく言われることは、空間解像度を10倍にするためには、縦、横、高さ方向にそれぞれ10倍になるため、１０００倍の数の格子が必要になる。さらに時間方向についても10倍になるので、結局、1万倍の計算が必要になるのである。

激甚災害をもたらす気象のうち、最も規模の小さいものが竜巻である。そしてその数値シミュレーションは、非常に大きな計算になる。竜巻の数値予報はまだ「京」のような超大規模コンピュータを用いた実験段階にあり、数値予報によって竜巻を予測できるようになるにはまだ多くの課題がある。竜巻は積乱雲が親となって発生する。特にスーパーセル積乱雲のような大規模で強力な積乱雲が、竜巻を発生させやすい。そのような大きな積乱雲の水平スケールは10㎞ほどであるのに対して、竜巻は数百mの水平スケールである。この竜巻をシミュレーションするためには、100m以下の細かい格子解像度が必要である。その格子解像度で、積乱雲とその環境場を同時に計算するためには、非常に大きな計算が必要になる。

1999年9月24日に愛知県豊橋市で発生したF3の竜巻（第6章参照）は、私にとって雲解像モデル開発の大きな動機となった。災害の現場を見たときの衝撃は今も鮮明に覚えている。被災されたある人は、後片付けに忙しい中、現地調査に来た私たちを親切に家の中まで招き入れて被害の様子を見せてくれた。竜巻の強い風で完全に屋根が吹き飛ばされ、災害翌日の皮肉なほど青い空が広々と家の中から見えた。その災害を目の当たりにしたとき、これをシミュレーションして、そのメカニズムを調べ将来的には竜巻の予測につなげたいと思ったことが、名古屋大学宇宙地球環境研究所（当時は大気水圏科学研究所）の雲解像モデル開発を強く推し進めた。

私たちは雲解像モデルを一から開発したのだが、この豊橋の竜巻のシミュレーションがやっとできるようになるまで5年を要した。その竜巻のシミュレーションの水平格子解像度は75mであった。当時、竜巻のシミュレーションで一般的に行われていたのは、竜巻が発生したときの大気の温度、湿度、風向・風速を与えて、初期擾乱は人工的に与え、積乱雲を発生させるというものであった。竜巻発生時の気象条件を与えると、驚いたことにスーパーセル積乱雲が自発的に形成され、地形のない水平一様な地表の上では、それが半永久的に持続する。これはスーパーセルが環境場の条件だけで起こることを表している。そして観測されたように、スーパーセルの中には第2章で紹介したメソサイクロンもできるのである。

このスーパーセル積乱雲は、多少計算の条件を変更しても、コンピュータの中で発生するのだが、積乱雲の下にできるはずの竜巻のシミュレーションはそう簡単ではなかった。当時のスーパーコンピュータを使い、何度も実験を繰り返し、死屍累々とした失敗を積み重ね、ようやくスーパーセル積乱雲の下に竜巻が再現できるようになった。竜巻はスーパーセル積乱雲そのものが作る地上の冷気の先端（これをガストフロントという）のところで、地上から上空に向かって発達するのが再現された。それはさながら空に昇って行く龍のように、地表から上空に延びていった。【図7－7】は再現された竜巻を立体的に表現したものである。地上のガストフロントのところに竜巻（煙状の部分）が形成されていて、それがガストフロントとともに移動する様子が見られた。この図では雲が描かれていないが、このガストフロントの上には強い上昇気流をもつスーパーセルが形成されている。

その後のコンピュータの大規模化、高速化により、このような竜巻のシミュレーションについては、実験的にではあるが実際の地形などを与える再現実験を行えるようになった。次の課題は、実際に発生した竜巻そのものを再現することである。それに取り組んだのは2006年に宮崎県延岡市で発生した、台風シャンシャン（第13号）に伴う竜巻であった。台風の東側に形成されたらせん

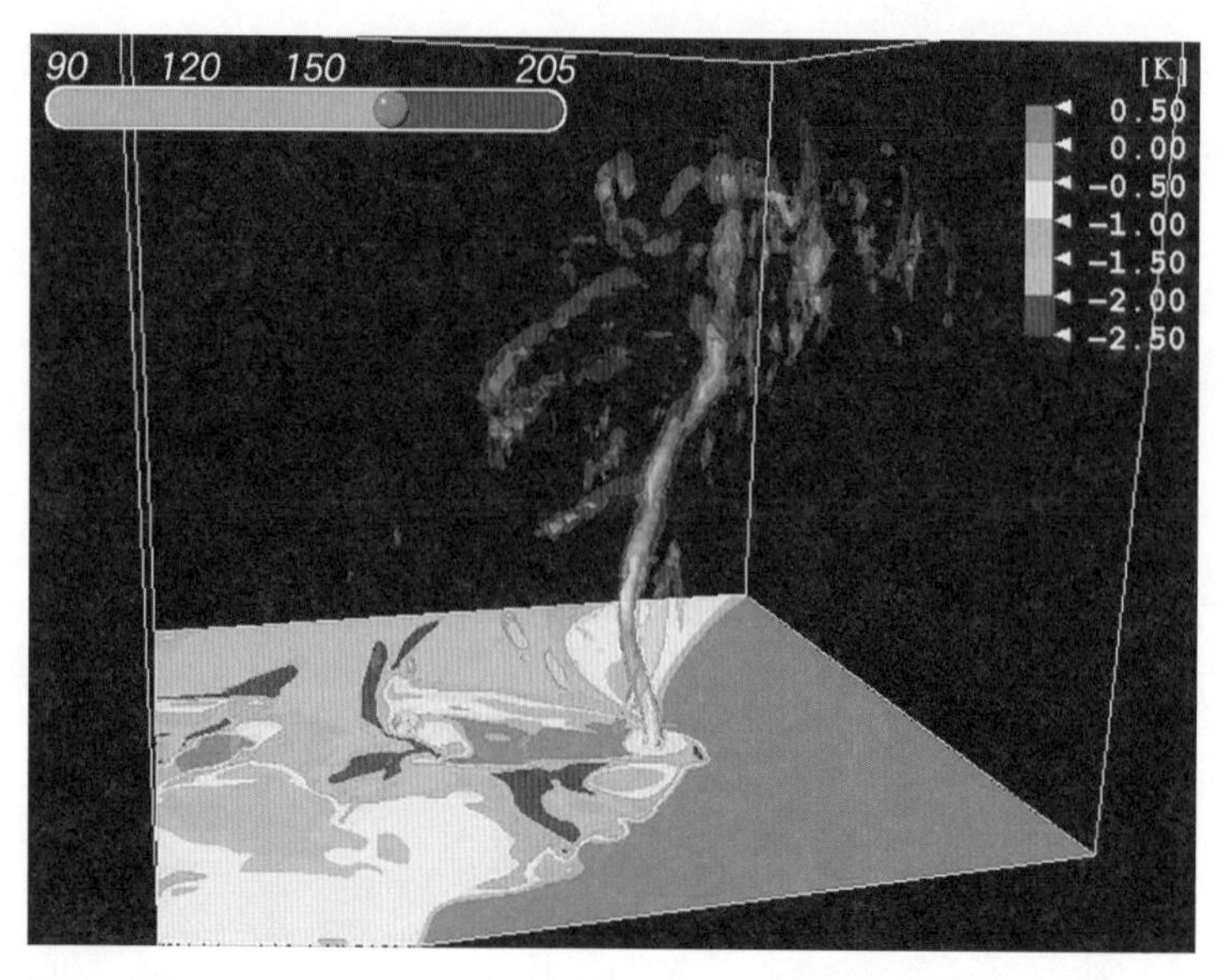

【図7－7】1999年9月24日に愛知県豊橋市で発生した竜巻を、雲解像モデルを用いて水平格子解像度75m で再現し、その結果を立体的に表現したもの。白い煙状のものが竜巻の渦を表す。

状降雨帯が通過するときに発生した竜巻で、そのシミュレーションには、降雨帯を再現した上で、それを構成する積乱雲、さらにその積乱雲の下にできる竜巻を再現する必要があった。コンピュータの高速化はそのような大規模な再現シミュレーションを可能にした。

このシミュレーション実験から、台風シャンシャンの降雨帯は、スーパーセル積乱雲が列をなしていて、そのうちの一つが竜巻を発生させたことが分かった。【図7－8】は再現された積乱雲の一つで、その南端にセルに比べると点のような大きさの竜巻が形成されている。その最大地上風速は70m/sを超えており、竜巻内部の右側で風速が大きく、左側で小さいという非対称性も再現された。延岡市を南北に縦断した竜巻は、その右側で大きな被害が発生

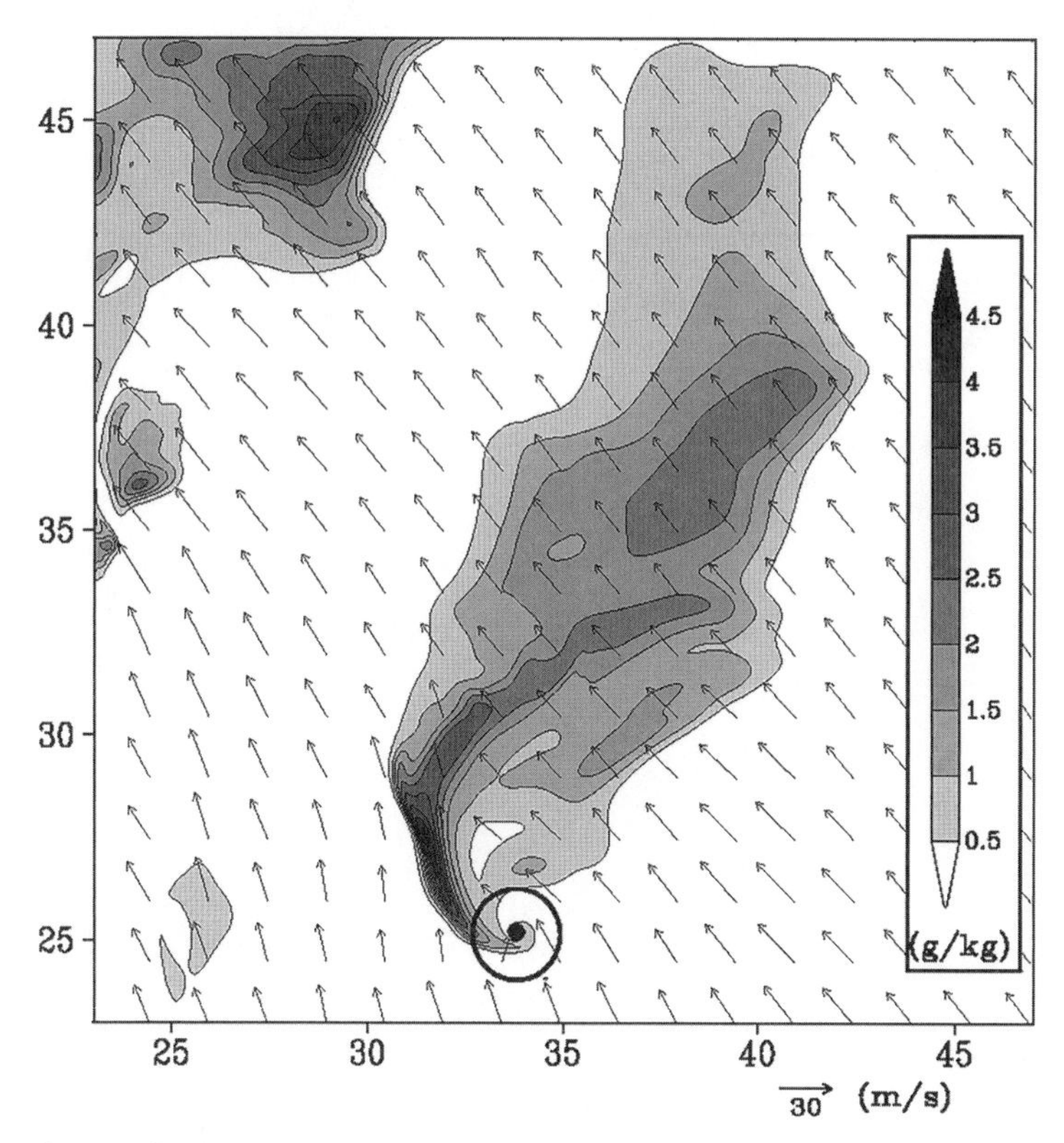

【図７－８】雲解像モデルを用いて、水平格子解像度75m で行った予報実験から得られた、2006年９月17日の台風シャンシャン（第13号）に伴う降雨帯のなかのスーパーセル積乱雲の一つと、その南端部に発生した竜巻（図中の円のなか）。図の場所は九州東岸沖の海上。グレーのレベルは14時の高度200m の雨の量（雨水混合比）。矢印は水平風。

した。シミュレーションはそのような細かい構造も再現していた。【図7-3(b)】と比べると、異なる実験であるが、南端部の鉤状構造など、スーパーセル積乱雲のよく似た特徴がみられる。

その後スーパーコンピュータ「京」が登場して、本格的な竜巻の予報実験が行われるようになった。2012年5月6日に茨城県常総市・つくば市で発生したF3の竜巻は、昼間に発生し多くの映像が残されている。この竜巻は1人の死者を含む甚大な災害をもたらした。気象庁気象研究所の瀬古弘氏・横田祥(しょう)氏らのグループは、京を用いて、次節で述べるアンサンブル予報という手法で、この竜巻の再現に成功し、竜巻の数値予報の可能性を切り開いた[6]。コンピュータは日進月歩で発達しているので、竜巻が数値シミュレーションによって、予報される日が遠からず来るだろう。

このつくば竜巻は実際に撮られた映像から、竜巻の渦の中にさらに小さな多数の強い渦がある多重渦構造をしていることが分かっている。そのような竜巻は米国でも観測されたことがあり、強い竜巻の特徴の一つで、しばしば激甚災害をもたらす。同研究所の益子渉(ましこわたる)氏のグループは、この竜巻を水平格子解像度10mという超高解像度でシミュレーションし、この多重渦構造の再現にも成功している[7]。これにより竜巻の詳細な構造が分かるとともに、竜巻の中でも局所的な激しい破壊が起こる原因を知ることができるようになった。我が国でようやく竜巻のシミュレーションができるようになってから約20年がたって、その数値予報の可能性が見えてきた。これは気象研究所をはじめとする多くの研究者のたゆまぬ努力の成果である。

アンサンブル予報

ボールの運動方程式を解いて、その運動を予測するとき、初期値として、位置と投げ出される速度を与える必要がある。その場合、初期値の違いに比例して結果が変わるという、予測しやすい性質がボールの運動方程式にはあり、たとえば、初速度が2倍になれば到達距離も2倍になる。これはボールの運動方程式を表す微分方程式が線形だからである。これに対して、290ページで説明したように大気の支配方程式を表す微分方程式は非線形で、初期値に比例して結果が決まるような予測しやすいものではない。初期値のわずかな違いにより、結果は大きく変化してしまうことがあり、それを正確に予測することは困難である。

一般に数値予報におけるこのような結果の違いは、予報時間が長いほど大きくなる。その意味するところは、初期値に小さな誤差が含まれていると、ある時間まではその影響は小さいが、予報時間が長くなれば、結果に大きな違いが発生することである。このため数値予報では時間が長くなれば、天気予報が当たりにくくなる。初期値の誤差がわずかであっても、結果の違いを予測することが困難となるのは、一般に非線形微分方程式の特性であり、数値予報に用いられる大気の支配方程式にそのような特性があることが、ローレンツによって1963年に発見された[8]。このような性質をカオスという。日本語では混沌と訳されることがあるが、やや意味合いは異なる。

大気の支配方程式がカオスの性質を持つことの発見は、一見、数値予報による長期の予報を絶望的にしてしまうように思われるが、必ずしもそうではない。確かに初期値にわずかな誤差が含まれるだけで、結果は大きく変わるが、一方でその結果は、正しい予報結果の周辺に存在するという性質もある。つまり、初期値がわずかに変わっただけで、冬の日の予報が、突然、夏のような天気の予報になったり、日本が灼熱地獄になったりはしない。名古屋に降る雨が静岡県に降ると予報されたり、東京に上陸する台風が名古屋に上陸すると予報されたりする程度の違いという意味である。

しかし名古屋に住む人にとってこれらは大問題なので、そこは正確に予報してほしいものである。

このような特性が大気の支配方程式にあるということは、たいへん困ったことであるが、その特性を逆手にとることを考える。それがアンサンブル予報である。

一つの初期値から一つの数値モデルで、一つのシミュレーションだけを行うことで、数値予報を行うことを、決定論的予報という（284ページ参照）。この初期値の作成には観測と、数値モデルの両方を用いるが、当然ながらそれらには誤差が含まれ、結果として、数値予報の初期値には必ず誤差が含まれる。その誤差がどれくらいかは分からないが、真値に対してどのように分布しているのかという統計的性質は分かっている（と信じる）。

その性質の範囲で、初期値を少し変えて新しい初期値を作ることができる。この変化分を「摂動」という。大気には無限の自由度があるので、摂動も無限にあり、無限の初期値が必要と思われるが、摂動の中には結果にほとんど違いを与えないものもあれば、結果を大きく変えるものもある。前者の摂動についてはほとんど同じ結果を与えるので、予報計算に使用する必要はない。後者の摂動だけ選び出して、そのような摂動を与えた初期値についてのみ数値予報を行えばよい。ここで、どのようにして結果に大きな影響を与える摂動を選べばよいのかが問題になる。これについては非常に多くの研究があり、高度な手法が開発されてきており、気象庁も最先端の方法を取り入れている。

このようにして多数の初期値を用意して、その数だけ数値予報を行う方法をアンサンブル予報という。アンサンブルとは一般には「合奏・合唱」などを意味するが、ここでは〝全体を構成する〟「集合」や「集団」を表す。これは決定論的予報に対して確率論的予報である。一つだけの決定論的予報に対して、初期値やモデルの誤差が、ある統計的性質をもつ場合、アンサンブル予報で結果（メンバーとよぶ）の平均（アンサンブル平均）を利用するほうが、精度が上がることは理論的に示すことができる。その証明にはやや煩雑な数式が必要なので、ここでは省略するが、要は多数の誤差を含む結果があると、平均することで誤差が打ち消し合って、より正しい結果になるということである。

アンサンブル予報を行う場合、そのメンバー数が多い方がよい結果が得られることになるが、そのためにはそれだけたくさんの予報計算をする必要がある。メンバー数はコンピュータの能力に依存しており、現在の現実的なアンサンブル予報では数十個のメンバーが用いられている。それでは少ないのではと思われるかも知れないが、10個以下のメンバーでも決定論的予報より精度が上がることが分かっており、数十個のアンサンブル予報では、より精度の高い予報が得られるのである。

アンサンブル予報のもう一つのメリットとして、予報の確からしさを知ることができることが挙げられる。多数の予報計算でそれぞれ異なった結果が得られるが、そのばらつきが大きい場合や小さい場合がある。たとえば台風の進路予報で、どの計算もほとんど同じような進路を予報した場合、そのアンサンブル平均は確からしさが高く、予報円も小さくすることができる。一方、メンバー間で結果が大きくばらつくと、予報の確からしさは低く、予報円も大きくなる。雨であれば、降水確率という形で確からしさを示すことができる。アンサンブル予報には、このように予報の確からしさ（予報精度）という情報を、直接、計算から得ることができるという利点がある。

このアンサンブル予報は世界の気象機関ですでに行われており、一つの予報計算から予報する決定論的予報に取って代わりつつある。今後、アンサンブル予報の技術は発展し、それが今後の主流になっていくだろう。

ここでは説明できなかったが、もう一つの重要な技術に、観測データを予報の初期値や予報初期の結果を修正するように取り入れるものがある。これは「データ同化」とよばれ、その高度化についての活発な研究が行われている。これもコンピュータの高速化・大規模化によって可能になった技術である。

将来の数値予報は、このデータ同化とアンサンブル予報の組み合わせにより発展していくと考えられる。いうまでもなく、そのベースとなるのは、気象の理解と、それに基づく数値モデルの高度化である。これらはどれもきわめて高度な研究が必要で、すべてを一つの組織や研究機関でできるものではない。それには気象庁、大学、研究機関など、オールジャパンで協力して発展させていくことが重要である。

1974年3月18日～20日に東京の日本大学理工学部で行われた、湯川秀樹の物理学講義[9]では、シモン・ラプラスの決定論的世界観にかんして、次のような話が出てくる。

「ラプラスのデモンというのは、ものすごい二つの超人的能力を持っています。（中略）ある時刻の状況、つまり各粒子はどこにあって、どういう速度であるかを皆知っている。これで運動方程式を解きますと、未来が全部わかる」

ここで、ラプラスのデモン（ラプラスの悪魔）というのは、仮想的な超人的存在で、二つの能力とは、情報を集める能力と超人的計算能力のことである。また、運動方程式というのは、ニュートンの運動方程式である。気象のシミュレーションでは、ラグランジュ的方法の空気塊が、各粒子に相当すると考えればよい。

この考えに従って、気象の数値予測を考えたのがビヤークネスで、その約半世紀後に、その思想に基づく決定論的予報が始まった。しかしローレンツによってそのような決定論的なものは幻想であることが証明された。しかしさらに半世紀後、科学者はこの困難を克服し、アンサンブル予報という新しい発想で、確率論的予報を開発した。数値予報の歴史は科学者がいかに困難を克服してきたかの歴史でもある。興味深いことに、決定論的世界観を考えたラプラスも、その後、確率論に進んでいる。

第8章　地球温暖化と気象災害

グレタ・トゥンベリさんの衝撃

2019年9月23日にニューヨークの国連本部で行われた気候行動サミットでの、スウェーデンの環境活動家、グレタ・トゥンベリさんの演説は素晴らしくかつ衝撃的なものだった。彼女の演説に世界中のまっとうな科学者は盛大な拍手喝采を送り、逆に温暖化懐疑論者の残党はぐうの音もでなかっただろう。彼女の演説は、幾千万の証拠を示してきた世界の科学者の言葉よりも、4000ページを超えるIPCC（気候変動に関する政府間パネル）レポートよりもはるかに破壊力があった。なぜか？

その理由は地球が彼女たち、次世代の若者のものだからだ。

有名な天文学者カール・セーガンの著書『百億の星と千億の生命』[1]に、アメリカ先住民のことわざとして「我々は地球を祖先から譲り受けたのではない、子孫から借りているのだ」という言葉が紹介されている。この地球を支配している人間の大人は、この地球を付託する彼女たち次世代から借りているのだ。その債務者である大人に対して、最大かつ唯一の融資元である次世代の代表が、今の方向が間違っているとノーを突きつけたのである。決して許さないと宣言したのである。これほど破壊力のあるメッセージがあるだろうか。

彼女は、しかし、現れるべくして現れた現代の救世主である。それはちょうどジャンヌ・ダルクが百年戦争のときに現れるべくして現れたように。ただ、グレタ・トゥンベリさんの未来は、ジャンヌ・ダルクのような悲劇的結末にはならないと確信できる。なぜなら、次世代の若者の多くが彼女を支持しているからだ。そして確かに地球は彼女たち次世代の人たちのものだからだ。

〝My message is that we'll be watching you.〟

奇しくもグレタさんのスピーチはこの言葉からはじまる。watch は漠然と見ているのではなく、〝注意深く見ている〟ことを意味している。いうまでもなく、ここで we はグレタさんたち次世代の人たち、you は地球温暖化を増大させている現世代の大人たちを指している。グレタさんが上記のアメリカ先住民の言葉を知っていたかどうか分からないが、まるでその言葉のように、次世代の自分たちの地球を、現世代の大人たちが正しい〝使い方〟をしているかどうかを〝見ているぞ〟と言っているのである。そしてスピーチの半ばにある、〝we who have to live with the consequences.〟というフレーズが、未来への強い危機感を表している。ここで consequences というのは、現世代の大人たちがもたらした地球温暖化という〝結果〟を指しており、自分たち次世代はそれとともに暮らしていかなければならないと言っているのだ。

〝The eyes of all future generations are upon you. And if you choose to fail us, I say: We will never forgive you.〟

最後のこの部分は強烈である。ここで fail は「失敗する」ではなく、「期待を裏切る」、あるいは

「失望させる」という意味である。ここで重要な点は、全ての未来世代が、〝現世代が何を選択するのか〟を注意深く見ていると言葉を変えて繰り返していることである。そして、もし正しい〝選択〟をせず失望させるようであれば、「私たち（未来世代）は決して、今の世代を許さない」のである。スピーチの最初のところで〝fairy tales of eternal economic growth〟（永遠の経済成長というおとぎ話）という言葉が出てくる。ここでいう〝選択〟とは、このおとぎ話を選ぶのか、それとも地球の気温上昇を1・5℃に抑えることの（50％の確率ではなく）確実な実行を選ぶのかの、どちらかだと解釈できる。

地球温暖化という環境問題は、地球全体の環境問題という点でオゾンホールの問題と共通している。オゾンホールはクロロフルオロカーボン（フロン）という人工の物質が、成層圏のオゾンを破壊して、有害な紫外線が地表に到達するという環境問題である。人類は英知をもって、オゾンホールの問題の解決に向けた行動を始めた。地球温暖化についても同様の行動ができるだろうか？

公害を含む環境問題には加害者と被害者が存在する。オゾンホールの場合は、自分で出したフロンガスで、自分が有害紫外線の被害を受けるという構図になっており、加害者と被害者が同じである。一方で地球温暖化問題は、これらが異なっている。加害者は二酸化炭素などの温室効果ガスを多量に出す先進国で被害者は主に発展途上国であるという構図である。もっと深刻な構図は、加害者は現世代の大人であり、被害者は次世代の若者とさらにその先の世代だということである。

残念ながら、現世代の大人は未来を変えることができないだろう。グレタさんのスピーチにあるように、大人は目先の経済成長しか目に入らないからだ。未来を変えられるのは、もっと正しくいえば、よい未来を作り出していけるのは次世代の若者である。グレタ・トゥンベリさんは、そのことに気がつき、先頭にたって行動している。そして多くの若者がそれを支持していることは、未来にまだ希望があることを示している。大人ができることは、せめてその活動を邪魔しないことぐらいである。

指数関数的増大

カール・セーガンの『百億の星と千億の生命』のなかに、バクテリアについて興味深い記述があったので紹介したい。バクテリアにもいろいろあるが、1個のバクテリアはおよそ1兆分の1グラムの重さだそうである。そして十分な栄養と温度があれば、15分で1回の分裂をして2つになる。すると1時間に4回分裂するので、2の4乗（2×2×2×2）、すなわち16個になる。つまりこれらすべての重さは1兆分の16グラムになる。分裂してできたバクテリアがそれぞれ1時間に4回の分裂を続けると、1日で96回の分裂が起こることになる。その結果できるバクテリアの数は、2の96乗個である。さて、これがいくらかは、電卓で瞬時に計算することができて、その結果は、79,228,162,514,264,337,593,543,950,336個になる。これにバクテリア1個の重さをかけて、さらにグラムをトンに直すと、総質量はおよそ800億トンになる。たった1日でバクテリアはこれほど重くなり、さらに『百億の星と千億の生命』の教えるところによると、その総質量は、1日半あまりで地球と同じ重さになり、2日で太陽より重くなるのだそうである。驚くべき急速な重さの増大である。嘘だと思われるのであれば、実際に計算をしてみてほしい。電卓でもパソコンでも用いれば、簡単な計算なのですぐにできる。

これは指数関数的増大とよばれ、最初は少しずつでも、しばらくすると急激に増大していくことが知られている。しかし実際にはたった1日で地球がバクテリアに支配されてしまうという悪夢のようなことは幸いにも起こらない。それはある程度増えていくと、まず、栄養となる食料や増大に必要なエネルギーがなくなるからだ。また、天敵のような外敵がその増加を妨げるので、ある程度増えると、どこかで頭打ちになり、それ以上増えることができなくなるのが、この地球上に発生したすべての生命の宿命である。

しかしそれにも例外がある。種の増大に伴い栄養やエネルギーが不足すれば、必要な量を作り出したり、どこからかとってきたりする。また、外敵が現れれば、それを駆逐する方法を考えて、外敵に打ち勝って増大していくという種が地球上に一つだけある。それは人間という種である。実際、過去100万年を考えると、人間の数は指数関数的増大をしているように見える。そして、現在、地球上の総人口は70億人を超えたといわれている。そのことは悪いことではない。ある生命種が増えていくということは、その種にとっては幸せであるはずだ。人類が指数関数的に増大できるのは、人間の英知の勝利であり、科学と医学の発展のおかげである。それは人類にとって、〝全体としては〟この上ない幸福である。

人間の天敵はウイルスであり、近代医学はウイルスとの闘いに多くが費やされてきた。折しもこの原稿を書いているとき、肺炎を起こす新型コロナウイルスが発見され、世界各地に感染が広がり、2020年1月30日に世界保健機関（WHO）は、国際的に懸念される公衆衛生上の緊急事態宣言を出し、3月11日にはパンデミックであると発表した。日本も感染国の一つとなり、私も予定していた海外出張をすべて取りやめにしなければならなくなった。その後、感染者数は世界中で、まさに指数関数的増大となった。それは日本も例外ではない。この新型コロナウイルスの感染拡大は、指数関数的増大がいかに恐ろしいことかを教えている。

この新型コロナウイルスについても、いずれワクチンの開発などで人類は勝利するだろう。一方でもう一つのエネルギーと食料の問題は、人類全体にとってもっと深刻である。人類は産業革命が始まる少し前に、地中に埋まっている有機物、すなわち、石炭、石油、天然ガスのエネルギーとしての有効性に気がつき、それ以来、それらからエネルギーを取り出すことで、発展を続けてきた。

今から、5億年あまり前、カンブリア紀から始まる古生代、そしてそれに続く中生代では、海の中だけでなく陸上にも多量の動植物が繁栄した。光合成により多量の植物性有機物が生産され、それを食べる動物が海洋中や陸上に繁栄した。おおもとのエネルギー源はすべて太陽の光である。そしてそれら海洋や陸上の生物の死骸が、長い時間かけて地中に蓄積され、石炭、石油、天然ガスとなった。そのためこれらは化石燃料とよばれる。化石燃料はすべて地球が気も遠くなるような、数億年という長い時間をかけて蓄積してきた炭素であり、太陽のエネルギーである。

この化石燃料が人類の指数関数的増大と繁栄を支えてきた。それは世界と個々の国の経済を左右し、一方で戦争の原因ともなった。それほど人類はこの化石燃料に依存してきたのである。もし産業革命の前に、今でいう再生可能エネルギーが化石燃料の代わりに利用されるようになっていれば、それぞれの国はエネルギーを自給自足できて、世界大戦は起こらなかったかも知れない。少なくとも私が観測船白鳳丸で太平洋上を航海していた最中の1991年1月に始まった、湾岸戦争は起こらなかっただろう。もっともアラブの石油王も存在しなかったかも知れないが。

最近は日本人の寿命も延び、人によっては50年以上働ける。その人がたいへん勤勉な人で、50年間、一生懸命貯蓄したとしよう。地球はそれ以上に勤勉で、太陽エネルギーを有機物という形で数億年にわたって貯蓄してきた。その時間をおよそ3億年としよう。産業革命が始まったのは、18世紀であり、それ以来、人類は化石燃料を使い続け、大雑把に言うと300年ほどで地球が貯蓄してきた化石燃料を使い尽くそうとしている。この地球の貯蓄時間の3億年を、勤勉な人が貯蓄をしてきた50年と比べると、貯蓄を消費する300年はどれくらいの時間になるか計算してみてほしい。計算は簡単で、ただ、50年の百万分の一はどれくらいかということである。答えは30分足らずである。あなたは50年間の貯蓄を30分足らずで使い切る隣人がいたら、その人のことをどう思うだろう。地球が気の遠くなるような時間で貯蓄してきたエネルギーを、人間はそのような短い時間で使い切ろうとしているのである。

しかもこの化石燃料の消費には、人類を危険にさらす大きなツケがついてくる。それが地球温暖化である。確実に人類はいずれこのツケを払わされることになる。もしかすると、すでに払わされ始めているかも知れない。猛暑、豪雨、台風ハギビス（2019年第19号）のような熱帯低気圧災害の激甚化、海水温の上昇、それに伴う海面上昇による低地の侵食、海洋の酸性化、珊瑚の白化、植生の変化、食料生産性の変化、熱帯性病原体の侵入などがすでに起こり始めている。どれも科学者が予言したものばかりだが、これらはそのツケの一部かも知れない。

地球の気温はどのように決まるのか

現代の気象の監視や予測では気象衛星は不可欠である。日本はひまわり8号という気象衛星を運用しており、昼夜を問わず、日本のある側の地球の半面を常に観測している。ひまわり8号は地球の自転と同じ速度で地球のまわりを西から東へ周回しており、常に日本を観測することができるので、静止気象衛星とよばれる。この衛星から得られる画像は日常的に天気予報で見ることができるので馴染みが深い。この衛星の画像は、24時間、夜昼にかかわらず、雲の分布を見せてくれる。昼間の太陽に照らされているときだけでなく、夜間でも同様に見ることができるのは、太陽がなくても地球の表面や雲から出ている電磁波を感知するセンサーを用いているからだ。それは目に見えない電磁波で、赤外線とよばれる。

雨上がりに空にかかる虹は、太陽の光が七色の光を混ぜたものであることを教えてくれる。これらは波長の異なる電磁波であり、紫は最も波長が短く、赤が最も長い。赤外線はその名前が示すように赤の外にある、すなわち赤より波長が長い電磁波である。逆に紫より少し波長の短い電磁波を紫外線という。もちろんもっと波長の長い、あるいは短い電磁波はいくらでもあり、電波やX線なども電磁波である。人間はこのうち「光」とよばれる波長帯の電磁波を感じるように目を進化させてきた。その理由は太陽から来るさまざまな電磁波のうち、光の波長帯の電磁波は、ほとんどすべてが大気を通過して地表面に到達して、地表を明るく照らしてくれるからだ。昼間、晴れているときに空を見ると太陽が見えるのも同じ理由である。一方で赤外線は人間の目では見ることができないが、地球はひまわり8号の画像が示すように、宇宙に向かって赤外線を含む波長の長い電磁波を常に放射している。このような地球が出す放射を「地球放射（惑星放射）」という。

一方で1億5千万キロメートル彼方にある太陽もさまざまな波長帯の電磁波を放射しており、これを「太陽放射」という。この太陽からの放射があるおかげで地球は暖め続けられている。手のひらを太陽にかざすと、遥か彼方の太陽の暖かさを感じることができる。これが太陽放射であり、放射という形態での熱エネルギーの伝わり方である。太陽は常に地球の半面を照らし続けて暖めているが、それでも地球の平均温度がどんどん高くなり続けないのは、それと同じだけ地球放射が地球から熱エネルギーを奪っているからである。

夏の暑い昼間、太陽で暖められたアスファルトの道路に手をかざすと、道路の暖かさ（熱さ）を感じることができる（あまり嬉しいことではないが）。こうすると目では見えない地球放射を感じることができる。この放射は熱い道路からだけではなく、上空にある氷点下60℃の雲頂からも、さらに地球のあらゆる温度の物体からも宇宙に向かって射出されている。その放射の量は温度が高くなるほど多くなり、地球全体で長い時間の平均を考えると、太陽放射による加熱とちょうど釣り合うように地球放射が決まるのである。

地球が太陽から受ける放射の強さ、太陽放射の強さは正確に測定されている。また、地球放射については、放射の強さと温度の関係を決めるステファン・ボルツマンの法則が知られている。これらを用いて太陽放射と地球放射が釣り合うという式を立てて、それを解いてやれば、地球の平均温度を求めることができる。これは気象学の初歩的なところで出てくる簡単な計算で、実際に解いてみると地球の平均温度は、マイナス18℃となる。予想外に低い答えが得られ、これがほんとうだろうかと思われるかも知れない。これではほとんどの海が凍ってしまい、生命が繁栄するのは難しい。このような温度になるのは、大気の存在を考慮していないからで、もし地球に大気がなければ、平均温度はこれくらいになる。それが正しいことは、地球の近くで大気のない天体の平均温度をみれば証明される。そのような天体としては月があり、その表面の平均温度はマイナス20℃ぐらいといわれている。これは上記の計算とほぼ同じで、この計算が概ね正しいことを示している。

宇宙から地球を見ている限り、この太陽放射と地球放射のバランスは、大気があってもなくても同じである。大気がない場合はマイナス18℃の面が地表面となるが、大気がある場合は大気中のマイナス18℃の高度がそれに相当する。この高度は「有効射出高度」とよばれ、地球放射を代表する高度となる。地表面と異なり、大気の場合、すべての放射がこの高度だけから射出されているわけではなく、あらゆる高度からそれぞれの温度に応じた放射が射出されており、これは単に代表的な高度ということである（そうでないと宇宙から地球の表面や下層の雲が見えないことになる）。実際の地球大気のマイナス18℃となる高度は、低緯度で7・5㎞付近、中緯度で5～6㎞付近になる。対流圏ではおおよそ乾燥断熱減率と湿潤断熱減率（第4章参照）の間の気温断熱減率で、高さとともに気温が低下しているので、マイナス18℃の有効射出高度を6㎞として、平均的な気温減率を1㎞あたり6℃とすると地表面の温度はプラス18℃となる。これは生命にとって理想的な温度で、地球は大気があることによって、地表面がそのぐらいの温度に保たれていることが分かる。これは別の言い方をすると、大気に「温室効果」があるということだ。

この説明を放射の収支を用いて説明すると、太陽放射と地球放射に加えて、地球放射と大気の放射収支を考える必要がある。太陽放射と大気の放射収支を考えなくてよいのは、大気は太陽放射に対してほとんど透明で、太陽放射は大気を加熱しないからである。ただしこれは対流圏の大気についてであり、その上の成層圏では紫外線がオゾンという気体に吸収されて大気の加熱が起こる。また、大気上端の熱圏では、波長の短い紫外線が空気分子に吸収されて加熱が起こっている。太陽放射と地球放射の収支は上記で説明したとおりである。大気は地球放射、すなわち赤外線を吸収して対流圏が加熱される。一方で大気自身も地表面と宇宙に向かって赤外線を射出して地表面を暖める。これらの収支の結果、地表面の温度、及び地表面付近の気温が決まる。この赤外線の吸収の程度は、大気の組成によって決まり、二酸化炭素やメタンなどの温室効果気体は、赤外線を効率よく吸収して大気を暖める。そのためこれらの気体が微量でも変化すると、地表面付近の気温は変化する。すなわち、地球の地表面付近の気温は大気の組成によって決まっているのである。

地球温暖化とは何か

小学生ぐらいの子供は好奇心が旺盛で、サイエンスにも興味があり、何でも遠慮なく「なぜ」と聞いてくる。中には答えるのに考え込まされるものも少なくない。たとえば「水はなぜ燃えないの?」。さて、読者のあなたはどう答えるだろう。小学生でも分かる答えでなければならない。

回答例は、「水は燃え終わった後の灰だから、灰はそれ以上燃えない」でどうだろう。燃えるということ、あるいは燃焼というのは、酸素と結合する(酸化する)ことによって熱や光などのエネルギーを出す化学反応である。水(H_2O)は水素が燃焼した結果、すなわち水素が酸素と結合した結果できるものなので、それ以上は酸素と結合する(燃焼する)ことができない物質、すなわち灰である。

水の水素を炭素に置き換えたものが二酸化炭素(CO_2)で(ただし酸素原子が2つになる)、これも炭素を含む物質(有機物)が燃焼した結果できる物質である。二酸化炭素も水と同様に、炭素が酸素と結合しエネルギーを放出した結果できた物質、すなわち灰である。人間はそのエネルギーを利用するのであるが、その結果、二酸化炭素ができてしまう。これは安定な物質で、オゾンやメタンのようにある寿命で他の物質に自動的に変わることは(ほとんど)ない。あなたが台所に立って、〝熱エネルギーを得るために〟、ガスコンロの火を着けたとすると、都市ガスでもLPガスでも、それらに含まれる炭素と水素がそれぞれ酸素と結合し、二酸化炭素と水蒸気が発生する。自動車の場合は、エンジンのシリンダーのなかで、ガソリンが燃焼し二酸化炭素が生成される。石炭火力発電も同様である。これらはどれも化石燃料で、気の遠くなるような時間をかけて、地球が有機物という形で地中に埋め込んだ大気中の二酸化炭素を、再び大気中に戻しているのである。

その結果、大気中の二酸化炭素は急速に増加している。産業革命前（1750年ごろ）の二酸化炭素の濃度は280ppmほどで、この濃度は過去1万年ほど大きく変化していない。ところが産業革命から始まる多量の化石燃料の利用により増え続け、ついに2013年に400ppmを超えたという衝撃のニュースが流れた。現在は平均値で406ppmに達している。[2] ハワイ島にある火山、マウナ・ロアの山頂では、1958年から二酸化炭素濃度の観測を継続している。観測点は標高3000mを超え、世界の主要排出源から遠く離れているので、地球大気の代表的な濃度を測定することができる。その変化をみると二酸化炭素濃度が右肩上がりで増えていることが明らかである。

産業革命以降、人間は化石燃料を使用することでエネルギーを得てきた。別の言い方をすると、石炭・石油・天然ガスなどの有機物に含まれる炭素が酸素と結合するときに放出されるエネルギーを利用してきた。つまりエネルギーを得ることと二酸化炭素を排出することは、コインの裏表のようなものである。エネルギーを得るというプラスの面は、必ず二酸化炭素という灰を出すマイナスの面と一体なのである。なぜ、二酸化炭素を出すことがマイナスの面かというと、それが地球温暖化という気候変動を起こすからである。

しかし人間は、あるいはその集団である国家は、プラスの面だけはありがたがるが、マイナスの面には目をつぶりたがる癖がある。地球温暖化というコインの裏側を議論することは、エネルギー問題という表側と切り離すことができず、それはすなわち国家の利害に関わる問題となる。そのため地球温暖化の議論を、純粋な科学の問題として扱うことは難しく、国家の利益におもねる御用学者がかならず現れ、科学的事実に基づいて議論をする科学者を攻撃するのである。地球の気候システムは極めて複雑で、地球温暖化のシグナルは多くのノイズの中に紛れ込んでいる。その中から真に求めたい気候の変化を取り出すのは容易ではなく、世界中の研究者がさまざまな意見を言う。何が真実で何が間違っているのかを切り分けることは容易ではなく、地球温暖化にかんする真偽は、高度な科学的知識と経験を有する科学者による詳細な吟味が必要となる。そのような中で現在の科学レベルにおいて最も信頼できるものは、この章の冒頭でも出てきたＩＰＣＣ（Intergovernmental Panel on Climate Change）が6～7年に1度出している評価報告書である。

ＩＰＣＣは１９８８年に国際連合環境計画（United Nations Environment Programme; UNEP）と国際連合の専門機関の一つである世界気象機関（World Meteorological Organization; WMO）によって設立された国際的専門家集団で、２００７年に「不都合な真実」で有名なアル・ゴア氏（米国の元副大統領）とともにノーベル平和賞を受賞した。ＩＰＣＣが出す気候変動に関する評価報告書はＩＰＣＣレポートとよばれ、世界中の審査を経た論文から知見を集積し、さらにそのレポート自体も詳細に吟味された上で公表され、政策決定者へもその要約が提供される。ＩＰＣＣレポートは13年に公表された第５次評価報告書が最新で、現在、第６次評価報告書が作成されつつある。その作成では、多くの著者が世界中の論文から得られる知見をまとめるだけでなく、それ以上の多くの査読者とよばれる報告書の原稿そのものをチェックする人が協力する。ＩＰＣＣレポートに書かれていることが、現在の科学レベルで得られる最も信頼できるものであり、確かに将来の科学の発展により書き換えられる部分もあるかも知れないが、少なくとも半分素人のような御用学者のいうこととは、まったく比較にならないほど精度と信頼性の高いものである。

ＩＰＣＣ第５次評価報告書[3]には、地球温暖化について次のような内容が書かれている。以下は、第１作業部会報告書の政策決定者向け要約の気象庁訳からの引用である。[4]

・気候システムの温暖化には疑う余地がなく、また１９５０年代以降、観測された変化の多くは数十年から数千年間にわたり前例のないものである。
・陸域と海上を合わせた世界平均地上気温は、（中略）１８８０〜２０１２年の期間に０・85［０・65〜１・06］℃上昇している。
・大気中の二酸化炭素（CO_2）、メタン（CH_4）、一酸化二窒素（N_2O）の濃度は、少なくとも過去80万年間で前例のない水準にまで増加している。
・海洋は排出された人為起源の二酸化炭素の約30％を吸収し、海洋酸性化を引き起こしている。
・気候システムに対する人間の影響は明瞭である。
・１９５１〜２０１０年の世界平均地上気温の観測された上昇の半分以上は、温室効果ガス濃度の人為的増加とその他の人為起源強制力の組合せによって引き起こされた可能性が極めて高い。
・１９６０年以降の世界の水循環に人為的影響があった可能性が高い。
・温室効果ガスの継続的な排出は、更なる温暖化と気候システム全ての要素の変化をもたらすだろう。気候変動を抑制するには、温室効果ガス排出量の大幅かつ持続的な削減が必要であろう。

ここでいう温室効果ガスには、二酸化炭素のほかに、メタンや一酸化二窒素などが含まれる。これらが最近80万年間で最大レベルに達している。人間が地球上に現れたのは、諸説あるが概ね200万年～100万年前ということなので、人間が人間らしくなって以来、温室効果ガスは最大のレベルに達していると言ってよいだろう。

つまりここに書かれていることは、地球温暖化が起こっていることは間違いなく、その原因は人間活動にあるということだ。そして温室効果ガスの排出が続けば、さらに気候システムが変化していくということを予測している。IPCCレポートは、報告を重ねるごとに地球温暖化の進行の確信度を高くしてきた。そしてこの報告書では、「気候システムの温暖化には疑う余地がない」と非常に強い表現で言い切っている。この報告書も科学的レポートなので、表現は非常に慎重に選ばれる。これほど明確にかつ強く言い切るのは、地球温暖化がそれほど明らかだということである。

前節で述べたように地表面付近の温度は大気の組成によって決まる。二酸化炭素などの温室効果ガスが微量でも増えると、そのガスが地球表面からの赤外線を吸収して、対流圏をより温めることで平均気温が高くなる。体積比で二酸化炭素が400ppmということは、空気の分子1万個につき二酸化炭素の分子が4個あるという意味である。そのようにいうとわずかな量に思えるが、気温0℃、1気圧の空気1ℓ中に、空気分子はおよそ2.7×10^{22}個存在しているので、その1万分の4個ということは、二酸化炭素の分子はおよそ10^{19}個も1ℓ中に存在していることになる。これは少ないだろうか？　それだけの二酸化炭素分子が赤外線を吸収すると、大気は暖められるということが実感できるのではないだろうか。

ウィーンの旧市街にある王宮のブルク門を出たところに巨大なマリア・テレジア像がある。それをはさんで建つ博物館の一つの美術史博物館には、旧約聖書の創世記に出てくる伝説の塔をモチーフとした、ピーテル・ブリューゲル1世の「バベルの塔」(1563年)が収蔵されている。ブリューゲルのバベルの塔は2点現存するが(もう1点はオランダのボイマンス・ファン・ベーニンゲン美術館所蔵)、どちらもその雄大な構想と技量によりあまりに有名である。このウィーン美術史博物館には、ブリューゲル1世の作品、「雪中の狩人」(1565年)と同名の子の作品「鳥罠のある冬景色」(1601年)も所蔵されている。これらも代表作として有名であるが、特に気候学・気象学の研究者の間では、「バベルの塔」に勝るほどよく知られている。この2枚の絵には、凍った池や運河でスケートをする村人が描かれている。15世紀半ばから19世紀半ばにかけて小氷期とよばれる寒冷な時期があり、「雪中の狩人」と「鳥罠のある冬景色」はこの小氷期の様子を伝えていると考えられるからである。ウィーンに行かれる機会があれば、是非、ご覧いただきたい。

この小氷期の前の10世紀半ばから13世紀半ばまで、ヨーロッパは温暖であったことが知られており中世温暖期とよばれている。ブリューゲル父子がこれらを描いたころの二酸化炭素濃度は現代のように大きな変動をしていなかっただろう。小氷期や中世温暖期のような気候の変動は、地球の気候が温室効果ガスの量の変化以外にもさまざまな要因で変動することを示している。ただし、IPCC第5次評価報告書の過去の全球平均気温の図では、中世温暖期と小氷期の気温偏差より現在の平均気温偏差のほうが大きいように見える。そしてそれは今後もさらに増大すると予測されている。

最終氷期後に海面が上昇した縄文海進のピークのころ(およそ6000年前)は現在よりも、2℃ほど平均気温が高かったといわれている。地球は現在よりも温暖な、あるいは寒冷な時代を経験している。地球温暖化によって現在より2℃ほど高くなったとしても、地球の歴史上経験したことがないという平均気温ではない。つまり現在進んでいる地球温暖化の問題は、平均気温が何度になるかということより、むしろその温度に到達する上昇率（昇温速度）である。地球上のすべての生物は、環境に適応して暮らしている。平均気温の変化が１０００年で２℃ほどであれば、そのゆるやかな変化に適応できるように進化するだろう。しかしその10倍も速い速度で、１００年に２℃も上昇すれば、到底適応することはできない。地球温暖化の問題はこの急速な昇温であり、その原因が人間活動であるという点である。

１９９７年12月に京都にある国立京都国際会館で開催された第３回気候変動枠組条約締約国会議（ＣＯＰ３）で京都議定書をまとめた日本は、地球温暖化などの気候変動問題で世界を牽引していた。かつて日本は再生可能エネルギーの開発やハイブリッド車などの例があるように、気候問題の先進国であった。それが２０１９年のＣＯＰ25では、この上ない不名誉な「化石賞」を会期中に２度も受賞するという恥ずべき事態に陥り、日本は地球温暖化問題において、後進国に成り下がってしまった。

これは驚くべきことだが、なんと日本は石炭火力発電を推進している。しかも国内だけでなく海外においてもである。これが化石賞の主な理由である。石炭を燃やせばそれだけ二酸化炭素が発生し、地球温暖化の抑制に逆行する。日本は石炭火力発電において、世界最高効率であると胸を張る。しかしそれだけ二酸化炭素を排出しているということだ。これらはコインの表と裏なのである。世界は、特に若者の世代はこれを決して容認しないだろう。それはグレタさんのスピーチに、強烈に表されている。

温暖化により起こること

第1章でも少し触れたように、私は兵庫県の播州平野にある加西市というところで、高校3年生まで過ごした。そこはあまり大きな自然災害がないところで、当時の夏は適度に暑くなる程度の気候だった。8月の夏休みには、夏の暑いなか体育館で部活動をするのだが、当然、エアコンなどなく、窓を開けて風を入れるぐらいで、体育館の中は非常に暑かった。しかも当時は運動中、水を一滴も飲むことが許されなかった（今では信じられないことだが）。それでも熱中症で倒れる人はほとんどいなかった（当時、すでに熱中症という言葉はあったが、一般では日射病や熱射病といわれていたと記憶している）。それは今より夏が暑くなかったのか、人間が暑さに強かったのか、どちらなのだろう。本稿を書いていて、今から40年ほど前に自分が住んでいたところは、現在と比べてどれくらい気温が低かったのかが気になったので、気象庁のデータで調べてみることにした。

加西市は南北15km、東西10kmほどの広さの市であるが、残念なことに、市内には気象庁の測候所やアメダスなどの観測点が1つもない（気象庁にはこれをなんとか改善していただきたいところだが）。仕方がないので、最寄りの三木という地点のアメダスのデータを調べることにした。【図8－1】は1978年から2019年の42年間の年最高気温の変化である。驚いたことに、明瞭な昇温傾向が見られる。この期間の変化を直線で近似すると、1年あたり0.074℃も年最高気温が上昇していることが分かる。つまりこの42年間で、3.1℃高くなったことになる。実際、1978～82年の5年平均（32.3℃）を、2015～19年の5年平均（35.7℃）から引くと3.4℃も高い。年最高気温はほとんど8月に観測されるので、現在の夏休み中の最高気温は、私が暮らしていたころより3℃あまり高いことになる。いまの気候で夏休み中に、水を飲まずに体育館で激しい運動を

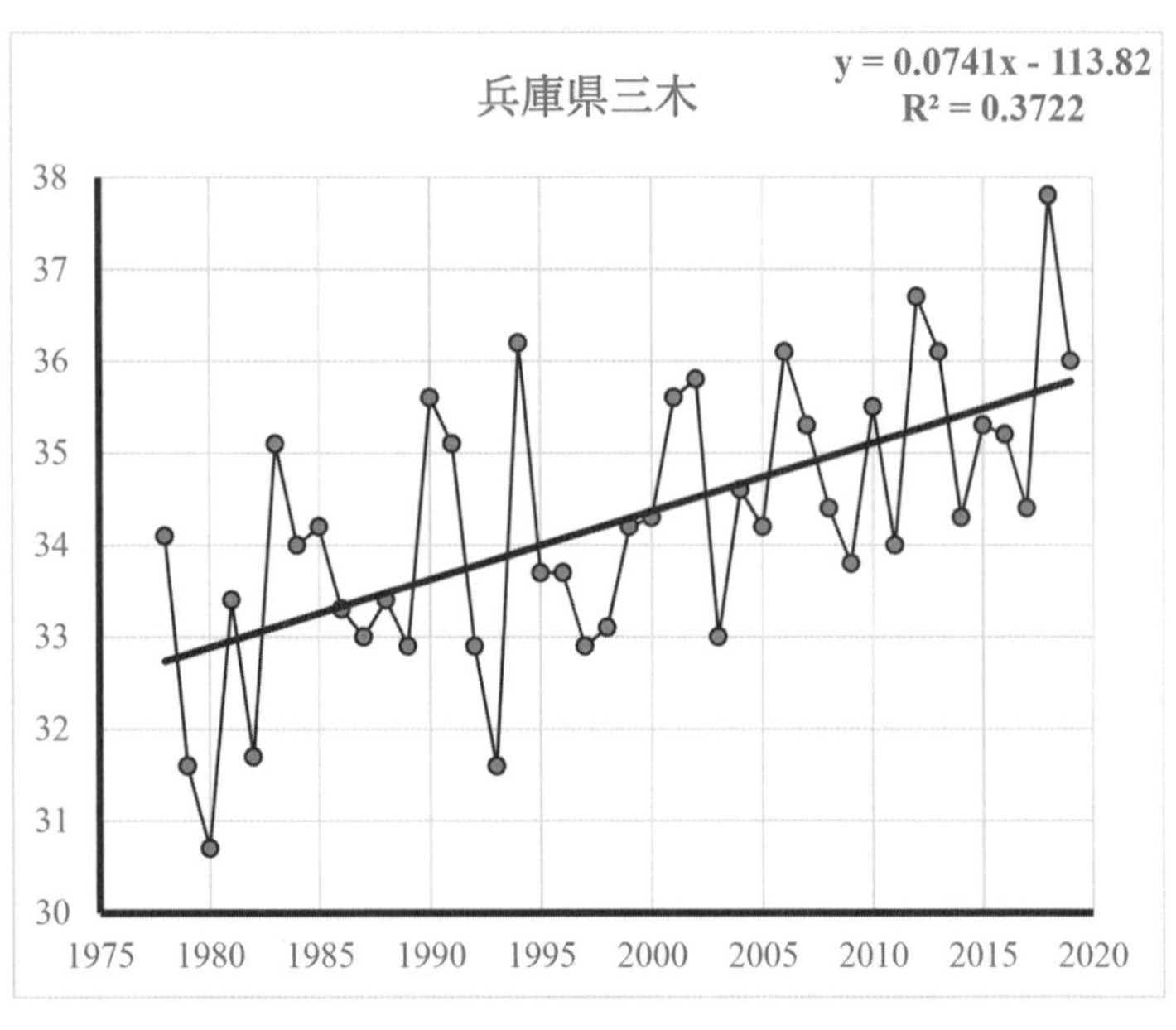

【図８－１】兵庫県三木の気象庁アメダスで観測された、1978〜2019年の年最高気温の変化。直線は回帰直線で、その式と決定係数を右上に示した。

続けたら、誰でも熱中症になるだろう。

近年、気象庁はこのような観測データをウェブサイトで公開するようになった。これは気象庁の素晴らしいところである。上記のデータは気象庁のホームページの「各種データ・資料」「過去の気象データ検索」[5]から、誰でも得ることができる。アメダスや気象官署のデータは、日本全体で1000点以上ある。すべての観測点で気温の観測があるわけではないが、インターネットと表計算ソフトがあれば、誰でも【図８－１】のような図を、日本中のどこの観測点についてもすぐに作成できる。気になる観測点を選んで、年ごとのデータを表示し、そのデータを表計算ソフトにコピペするだけである。1分もあれば簡単にできてしまう。ぜひ読者の皆さんも、自分の住んでいるところなどの気温の変化図を作成して、過去から気温がどのように変わってきたのかをみることをお薦めする。気象庁のホームページでは年最高気温だけでなく、平均気温なども同様に表示することができる。

ただし【図8-1】のような年最高気温の上昇のすべてが、地球温暖化によるというわけではない。また、年最高気温ではなく年平均気温では、この42年間の三木の気温上昇は1・6℃になる。気象庁によると日本の過去100年あたりの気温の上昇量は1・24℃である。[6] この平均気温の算出方法は気象庁によると、「1898年以降観測を継続している気象観測所の中から、都市化による影響が小さく、特定の地域に偏らないように選定された15地点の月平均気温データ」となっている。これを単純に42年間の気温変化に直すと、0・52℃となる。シンプルに考えると、三木の平均気温の42年間の昇温のうち、およそ3分の1が地球温暖化で、残りの1℃ほどは都市化や土地利用の変化などによっているように思えるが、そう単純とは限らない。平均気温は複雑なプロセスで決まるので、仮に地球温暖化がなく、土地利用の変化だけがあったとしても、年平均気温が1℃だけ上昇したかどうかは分からない。

いずれにしても各地の気温の上昇のバックグラウンドとして温暖化がある。その結果、熱中症が頻繁に起こるようになり、それによって毎年多くの命が失われるようになったことは間違いない。実際、2018年は熱中症による死亡者数が1581人に達した。[7] この年の夏、気象庁は猛暑を災害と表現した。近年の人命に関わる気象災害としては猛暑が最も大きな原因となっている。猛暑こそ激甚気象の最たるものである。

注意すべき点は、地球温暖化による気温の上昇は地球全体で一様に起こるわけではない点である。

前述の通りIPCC第5次評価報告書によると、地球全体の平均で、1880年から2012年の期間に0・85℃上昇している。すなわち、100年あたり0・64℃となる。上記のように日本の平均気温の100年あたりの上昇率はその約2倍である。一般に平均気温の上昇は高緯度ほど大きい。北極圏のような高緯度は特に大きな昇温がみられ、その結果、急速に北極海の海氷やグリーンランドの氷が溶け始めている。地球温暖化は地球全体の平均気温の上昇と日本などの地域ごとの気温の上昇、さらに上記の三木の例にみられるように、地点ごとにもその地域の環境変化とあわせた気温の上昇がもたらされる。

地球温暖化はその言葉通り、平均気温の上昇であるが、それとともに大気中の水蒸気量の増加が起こることがさらに大きな問題を引き起こす。大気中に含むことができる水蒸気の最大量（飽和水蒸気量）は、気温とともに増大する。その割合は1℃上昇するごとにおよそ7％である。実際に850hPaの高度の水蒸気量が増大しているという観測がある。確かに大気はいつも飽和しているわけではなく、気温と相対湿度に応じて水蒸気量が決まる。問題は豪雨をもたらす雲のなかはほぼ飽和しているので、気温の上昇に応じてより多くの水蒸気量となることで、それが豪雨をより強くすることである。第4章で説明したように、水蒸気は降水のもととなる水物質という側面とともに、熱エネルギーという側面を持つ。雲のなかの熱エネルギーが多くなれば、それだけ強い積乱雲になる。その結果、積乱雲が構成単位となっている、線状降水帯、メソ対流システム、さらに台風などの熱帯低気圧の強度の増大をもたらす可能性がある。台風の将来変化については後の節でもう少し詳しく述べるが、これはすなわち降水を伴う気象の激甚化の可能性を意味する。

雲内部の水蒸気量、すなわち熱エネルギーが増加して、積乱雲やその集団（積乱雲群）が強化されると、降水がより集中し局所的に強い雨が降る傾向が強まる。気象庁の統計によると、全国の1時間降水量50㎜以上、及び80㎜以上の年間発生回数は統計的有意に増加している。[8] このような統計を示さなくても、最近は雨の降り方が極端になってきたと感じている方も多いのではないだろうか。降水が集中するということは、一方で雨が降らない地域が増えることと裏表の関係にある。つまり干ばつがより極端になることもその裏で発生する。

地球温暖化は大気だけの問題ではない。下層大気が暖まるとともに、それに接している海洋も暖まる。これにより海面水温が上昇するとともに海洋内部の水温も上昇していることが分かっている。IPCC第5次評価報告書では海洋についての記述があり、そこでは「1971年から2010年において、海洋表層（0〜700m）で水温が上昇したことはほぼ確実」となっている。また、「世界規模で、海洋の温暖化は海面付近で最も大きく、1971年から2010年の期間において海面から水深75mの層は10年当たり0・11［0・09〜0・13］℃昇温した」とも記されている。すなわち100年あたり1℃以上海面付近の水温が上昇しており、これは気象庁が示す日本付近の海面水温の上昇[9]とよく合っている。

海洋が暖まるということは、単に水温が上がるだけでなく、それに伴う海水の膨張で海面が高くなるということだ。これに南極氷床やグリーンランドの氷の融解が加わり、海面上昇によって低地が水没する。世界の都市の多くは低地にある。日本の都市も例外ではない。私が暮らす東海地方では、輪中（周囲を堤防で囲んだ集落など）とよばれる海抜ゼロメートル地帯が広がっている。海面が上昇すると、これらの地域は海面下になる。実際、縄文海進のときは関東平野ではかなり内陸まで海が進出していた。関東平野の海岸から離れたところで、貝塚が見つかるのはこのためである。

さらに低緯度海洋域にはツバルのような珊瑚礁の島嶼(とうしょ)国もあり、それらは陸地のほとんどが海面すれすれである。海面が上昇すると国家さえ消滅の危機にさらされる。海はひとつながりの大きな水たまりだから、海面上昇は地球全体に一様に起こると思われるかも知れないが、そうではない。場所により上昇の大きさも、さらにいえば上昇するかどうかも異なる。西太平洋や日本の太平洋側は海面の上昇量が大きい地域である。日本にとって、海洋の温暖化はツバルと同様に深刻な問題をもたらす。ツバルの問題は他人事ではない。

地球温暖化の原因である二酸化炭素は水に溶けるとわずかに酸性を示す。大気中に放出された二酸化炭素の多くは海洋に溶け込み、海洋の酸性化をもたらしている。IPCC第5次評価報告書は、「海洋は排出された人為起源の二酸化炭素の約30%を吸収し、海洋酸性化を引き起こしている」と指摘している。海水温の上昇とともに海洋酸性化は、海洋生態系に大きな影響を与え、その生産量や分布が変わることが指摘されている。日本は海産物が豊かで、重要なタンパク源となっているが、温暖化が進むと、今は食べられる寿司ネタの多くが、今世紀後半になると食べられなくなるかも知れない。

温暖化の影響を受ける生態系は海洋だけではなく、陸上の生態系も大きく影響を受ける。日本の主食である米は、もとは南方原産なので気温が高い方がよいように思われるが、近年、高温化による米の質の低下が起こっている地域がある。一方で北海道の米は、近年、非常においしいと有名になってきた。また、東北地方、特に山形県が有名なサクランボが北海道で広く採れるようになってきた。このように作物の作付けにも変化が顕著になりつつある。

その他にも温暖化はさまざまな変化をもたらす。そのなかでも心配されるのが、熱帯性病原体の侵入である。記憶にある方も多いと思うが、2014年、東京の代々木公園付近で、「デング熱」の感染が発生した。国内では69年ぶりのことである。デング熱は蚊が媒介する感染症で、熱帯・亜熱帯を中心に世界100カ国以上で発生が報告されている。このときは蚊の徹底した駆除により、感染は終息した。デング熱は重症化しなければ、1週間ほどで回復する。もしこれがマラリアだったらもっと恐ろしい事態になっていた。マラリアは南西諸島を含めて、現在、日本には存在しない。しかし今後このような熱帯性病原体が侵入し、その発生域が北上する可能性は高くなってきている。

地球温暖化に伴うこれらのさまざまな問題は、どれも科学者が予言してきたことであり、それが現実のものとなってきている。これらの多くはさまざまな問題を社会にもたらす。しかし人間は気候変動のような長期的でゆるやかな変化にはきわめて鈍感である。もし目の前に突如として竜巻が現れれば、その危険から即座に身を守ろうと必死になるだろう。しかし、地球温暖化のような目に見えない危険を認知して危機感をもつことは容易ではない。だからこそ最新の知見に基づいて、これらに対処していく必要がある。

比べられないものを比べる

ある夏の夕方、家族でスイカを食べていると、幼い娘が尋ねた。「パパ、フルーツとスイカと、どっちが好き?」「えっ」私は答えに窮してしまった。フルーツにはりんごやメロンやバナナ、その他様々なものがある。その集合とスイカを比べられるだろうか? そもそもスイカはフルーツか? 最近は街の果物屋というものがほとんどなくなってよけい分からない。結局、「フルーツはいろいろなものがあるよね。そのうちのパパが好きなものの集合と、そうでない集合に分けると、スイカは好きなものの集合に入るかな」と答えた。娘はぽかんとして、「私はスイカの方が好き」といって、口の周りを真赤にしながら、またスイカをほおばった。このとき私は大学や大学院で教えることはできても、小学校の先生には絶対になれないことを痛感した。それと同時にこのような答えにくい質問を、マスコミの方々から最近よく受けることに気がついた。「今年の西日本豪雨は地球温暖化が原因ですね？」「台風12号が東から西に移動するというこれまでにない経路を取ったのは地球温暖化のせいですね？」等々。

フルーツという集合を表すものと、スイカという単一のものを比べることは論理的ではなく、誰もがそれはおかしいと感じる。それは比べられないものを比べようとしているからだ。それと同様に、気候の問題である地球温暖化と、気象の問題である一つの豪雨イベントや台風を比較したり、それらの間に直接の因果関係を問うたりするのは、気象や気候の専門家にとって気持ち悪いと感じるのである。気象と気候は言葉が似ているので、専門外の人はこれらをあまり区別しないで用いることが多い。しかし、気候というのは長い期間にわたって測定された大気の状態の集合を特徴づけるもので、平均、時間変化傾向（トレンド）、頻度分布などの統計的特徴量で表現される。一方、気象とはある瞬間の大気の状態で、気候を構成する集合の一要素である。たとえば、10年にわたって、ある場所の気温を測定したとする。その期間のある日ある時刻の気温は、その瞬間の大気の状態を表している。一方、10年間の平均気温や気温の頻度分布は、10年間の気温の集合から計算され、その場所の気候を特徴づける。その日、その時刻にたまたま気温が高かったとしても、「その地点の平均気温は高いから、そのときの気温が高かった」というのは論理的ではない。豪雨や非常に強い台風は、そのときの大気の状態や環境場の状態で、そのとき発生したのであって、地球温暖化のために豪雨となったり、強い台風が発生したりしたというのは論理的ではない。「私はスイカが好きだ、なぜならフルーツは好きだからだ」この一見何の問題もないような文章に、違和感を感じていただきたい。フルーツが好きでも、スイカが嫌いな人もいる。

そうはいっても、耐えがたい暑い日には、これは地球温暖化のせいだと言いたくなるのが人情である。これまで経験のない豪雨や激甚な台風に見舞われれば、これは地球温暖化が原因に違いないと思いたくなる。マスコミの方々が、それらの因果関係を地球温暖化に求めたくなる気持ちはよく理解できる。その答えを誰もが求めており、専門家なら明確に答えてくれると期待する。これまでは、「いや、直接の因果関係はなんともいえない」「確かに地球温暖化はバックグラウンドとしてはあるのだが……」のようになんとも歯切れが悪い答えしかできなかった。

しかし、科学者はどのような問題に対しても、必ずブレークスルーを見つけ出すものである。気象と気候（というまったく異なるもの）の間を橋渡しして、猛暑や豪雨などの一つの気象イベントと地球温暖化という気候変動の問題の間に因果関係を与える方法、少なくともその気象イベントに地球温暖化がどれくらい寄与しているのかを明確に答える方法が、現在、発展している。その方法は「イベント・アトリビューション」とよばれ、近年、活発に研究が行われるようになったまったく新しい方法である。それは数値予報モデルの発展と、スーパーコンピュータの高速化・大規模化とともに可能となってきた。

唐突であるが、もしタイムマシンがあったらあなたは何をしたいだろう。私は産業革命前の東海地方に行って、そのときの１００年間に東海豪雨（２０００年9月発生）のような豪雨が何度起こるのかを観測し、次に２０５０年に移動して、それからの１００年間について、やはりそのような豪雨が何度起こるかを観測してみたい（ほんとうはもっと他にしたいことはあるが、話の都合上そのようにしておく）。100年もあれば、その間にさまざまな強さの雨が降り、東海豪雨のようなまれにしか起こらない降水イベント（低頻度事象）も数えられるほどは起こるだろう。そして産業革命前、すなわち地球温暖化が起こる前の気候と21世紀中頃以降の温暖化した気候での雨について、降水強度ごとに発生の頻度分布（専門的には「確率密度関数」）を得ることができる。その中には東海豪雨クラスの豪雨の発生頻度があり、温暖化前と後では、その発生頻度、あるいは発生確率が異なっているはずだ。その差は地球温暖化による発生確率の増加と考えることができ、東海豪雨のような豪雨が地球温暖化に伴ってどれくらい発生しやすくなったかを知ることができる。

実際にはタイムマシンは今のところ存在しないが、これと同様のことを仮想的にスーパーコンピュータと数値モデルを用いて行うことができる。これらを用いれば、現在の温暖化した世界だけでなく、温暖化していない仮想の世界、もう一つのパラレルワールドを作り出せる。その2つの世界を比較すれば、豪雨や猛暑などの低頻度事象が温暖化によってどれくらい発生しやすくなったのかを量的に示すことができる。これがイベント・アトリビューションであり、それには第7章で出てきた、アンサンブル予報と同様の方法が用いられる。

イベント・アトリビューションは、猛暑、豪雨、台風などさまざまな低頻度事象に対して適用されつつあるが、その威力が最も発揮された事例として、第1章で取り上げた2018年7月の記録的猛暑について、気象庁気象研究所の今田由紀子主任研究官のグループが実施したイベント・アトリビューションを紹介したい[10]。この研究では、まず、現実の気候、すなわち温暖化が起こっている現在の気候状態と、その状態から温暖化をもたらす条件（二酸化炭素濃度や海面水温など）を差し引いて、産業革命以前、すなわち温暖化前の気候状態の2つを用意する。初期値や海面水温の与え方を変えて、それぞれについて100通りのシミュレーション実験（アンサンブル実験）を行うと、それぞれの気候状態で、日本は高温から低温までさまざまな気温が発生する。気温をたとえば5℃ごと（あるいは2℃ごとでもよい）に区切って、それぞれの区切りに入る気温の発現数を数えると気温の発生確率分布が得られ、18年7月の猛暑はその最も高い付近に位置する。

温暖化した気候と温暖化前の気候における気温の発生確率分布を比較すると、2018年7月の猛暑の発生確率が温暖化に伴ってどれくらい大きくなったかを求めることができる。その実験結果によると、驚いたことに、実際の気候状態（つまり現在の温暖化した気候）では、その発生確率が約20％にも達していた。それに対して温暖化していない場合、この猛暑の発生確率はほぼ0％であった。つまり地球温暖化がなければ、18年7月の猛暑は起こらなかったことが証明されたのである。

この研究の重要な点は、2018年7月の猛暑を起こしうる大気の状態を基準として、さまざまな計算条件を与えて100回実験すると、現在の温暖化した気候では、20回もこの猛暑が起こるが、温暖化をもたらす条件を除くだけで、〝どう条件を変えても〟この猛暑が起こらなかったということである。つまり18年7月の猛暑をもたらしたような高気圧の発達しやすい条件が整ったとしても、地球温暖化がなければ、この猛暑は起こらなかった。これほど明快な回答が他にあるだろうか。

現在の気候で2018年7月の大気状態を基準としたアンサンブル実験を行うと、100回の実験のうち20回がこのような猛暑になる。この100回を100年と読み替えると、20年がこのような猛暑の年となる。つまり平均して5年に1度はこの猛暑がやって来ることになる。18年の夏は高気圧が発達しやすく、太平洋高気圧とチベット高気圧の二段重ねの高気圧が発達しており、そのような年を基準とした場合はこうなるのである。もし平年の大気状態を基準とすると、100年で2回ぐらいになるので、ご安心いただきたい（それでもあまり安心とは言えないが）。ただし、地球温暖化が進行すると、やがて平年の夏が18年7月の夏ぐらいに暑くなる。つまりこの猛暑の夏が普通の夏になるのである。18年7月の猛暑は、未来の（しかもそう遠くない未来の）普通の夏の〝擬似体験〟だったのだ。

これまでなんとなくある1つの猛暑が地球温暖化と関係しているような気がしていたが、最初に述べたように1つの猛暑イベントと気候変動を比べることはできない。しかし、このイベント・アトリビューションという方法により、その猛暑が発生する確率が温暖化に伴ってどれくらい増えたのかを数量として示すことができるようになった。これは驚くべきことで、まさに人間の英知によるブレークスルーである。現在、この方法は猛暑以外にも、さまざまな豪雨イベントや台風などにも適用の範囲を広げつつある。

スーパー台風は日本に上陸するか

先に述べた地球温暖化に伴って起こるさまざまな将来変化は、多くの人の関心事であり、人類の未来を左右する大きな問題である。しかし、本書ではあまりに広範な事象におよぶ将来変化について、その内容とメカニズムを詳細に説明する余裕はない。ここでは激甚気象として最も心配される台風の地球温暖化に伴う変化だけにとどめておく。地球温暖化と将来変化について詳しく知りたい方には、美しいイラストを多く使って専門外の方にわかりやすく解説されている、渡部雅浩教授の『絵でわかる地球温暖化』[11]をお薦めする。

地球温暖化に伴って、将来、台風などの熱帯低気圧がどのように変化するかは、防災上大きな問題である。また、台風は東アジア地域にとって水資源という側面も持っている。熱帯低気圧の将来予測では、発生数、強度、大きさの他に、雨量、移動速度、非常に強い強度の到達緯度なども重要な問題である。温暖化に伴うこれらの変化を調べる方法には、観測データからすでに熱帯低気圧に起こっている変化を見つけ出す方法、大気物理学の理論から将来の強度を推定する方法、そして数値モデルを用いて、将来変化を予測する方法の３つがある。それぞれ特徴、利点・欠点があり、また、どれ一つとってもその研究は容易ではない。

まず、観測データから近年の熱帯低気圧に起こっている系統的時間変化（トレンド）を検出することで、地球温暖化との関係を調べる方法についてであるが、第6章で述べたように、台風などの経路や強度の記録であるベストトラックデータには、特に強度についての不確実性があるため、その記録からトレンドを抽出することは難しい。特にデータの信頼性は時代をさかのぼるほど低下し、数について確かなことが言えるようになったのは１９７０年代後半の静止気象衛星が監視を開始してからである。だからといってベストトラックデータから何もいえないわけではない。強度についても大雑把には正しく、例えば、熱帯低気圧を強いものと弱いものに分けるぐらいは可能である。

熱帯低気圧は地球全体について調べられることもあれば、熱帯低気圧の各発生海域、北太平洋西部、北太平洋東部、南太平洋西部、インド洋、北大西洋のそれぞれについて調べられることもある。そして近年の傾向も、将来予測に現れる変化傾向もそれぞれの海域によって異なる。

私の研究室では南太平洋の国、サモアからの大学院生を受け入れている。彼は南太平洋西部の熱帯低気圧であるサイクロンについて、最新のベストトラックデータを用いて48年間の長期変化の研究を行った。その結果、この海域のサイクロンの数は減少するが、強いものの数は増加することが示された[12]。長期の海面水温変動を見ると、南太平洋の熱帯域では急速に海面水温の高い領域が低緯度から高緯度へ広がりつつある。それに伴い、強い熱帯低気圧や急速強化する熱帯低気圧の数が増えつつある。ちなみに、その留学生は2020年春、サモアで最初の気象学の博士となった。

数以外について観測データからわかっている熱帯低気圧の特性として、最大強度に達する緯度が北半球で北上（南半球で南下）していることや[13]、移動速度が減速していることが発表された。台風の移動速度が遅くなるということは、それだけ長い時間、台風が通過している地域が暴風や豪雨にさらされるので防災上の大きな問題となる。しかしこの結果には反論が起こり、激しい議論となった。熱帯低気圧のトレンドを調べるには、記録の残る期間では短すぎるのである。そこで気象研究所の山口宗彦主任研究官のグループは、全球モデルを用いて今世紀後半までの熱帯低気圧の移動速度を調べ、地球温暖化とともに速度が遅くなることを示し、この議論に決着をつけた[14]。温暖化により中緯度の風速が弱くなるため、熱帯低気圧の移動速度が遅くなるのである。これは中緯度に亜熱帯のような気候が広がることを表しており、将来の台風による災害のさらなる激甚化を示唆している。

台風のような複雑な現象について、気象学の理論による予測は、まさに英知の最先端である。その試みはいくつか行われてきたが、1986年にマサチューセッツ工科大学のエマニュエル教授が出した論文[15]は、そのエレガントさでは群を抜いている。その論文が発表されたのは、私が大学院博士課程に進んだころで、論文に出てくる膨大な式を読み解いていくのに、たいへんな時間がかかった。その理論の詳細はともかくとして、仮に台風の発達の阻害要因が全くなかった場合、台風が到達できる最大強度（これを「最大可能強度」maximum potential intensity という）を予測するもので、海面水温、対流圏上端部の気温、海面摩擦、及び海面から入り込む水蒸気量だけで、最大地上風速や最低中心気圧が決まるというものである。対流圏上端部の気温が必要なのは、台風を熱機関（エンジン）と考えたときのエネルギー効率を考慮しているからであるが、その説明のためには熱力学の第2法則の説明から始めなければならないので、ここではそういうものだと思っていただくようにお願いする。

これだけの量で台風（もっと一般的に熱帯低気圧）の最大可能強度が決まるのであれば、今世紀後半の温暖化した気候での最大可能強度を予測することができる。台風の最大強度は、それにあわせて対策をとらなければならないという点で、台風の防災において最も重要な量である。この理論を、二酸化炭素濃度が現在の2倍になったときの地球環境に適用したとき、それは今世紀末ごろの気候と考えられるのだが、その気候に発生する台風の最大強度はいくらになるのかを求めることができる。

その結果を示す前に、まず、この理論が推定する現在の気候における最大可能強度が、実際に観測された台風などの熱帯低気圧の最大強度に近いことが必要である。現在の気候での結果は、地球上の熱帯低気圧で最も強いものが発生するのは北太平洋西部であること、その最大可能強度は880hPaに達するということを示した。これは観測とよく合っていて、熱帯低気圧で最強のものは北太平洋西部に発生するもの、すなわち台風であり、過去、69年間で観測された最低中心気圧は、1979年の台風ティップ（第20号）が10月12日に記録した870hPaである。この記録は理論の予測する最大可能強度とほぼ同じであり、この理論の正当性を示している。

二酸化炭素濃度が現在の2倍になったときに予想される海面水温において、この理論を用いた熱帯低気圧の最大可能強度の予測は、驚くべき結果であった。最も強い熱帯低気圧の発生領域が北太平洋西部であることは変わりないが、その最大可能強度は中心気圧825hPa、最大地上風速100m/sと予測された[16]。この風速は竜巻のJEF5スケールに相当するもので、それは今のところ日本では観測されたことがない強さである。

3つ目の数値モデルを用いた方法では、地球全体の熱帯低気圧について、温暖化に伴う変化予測を行う場合は全球モデルが用いられ、特定の海域、たとえば北太平洋西部の台風の強度予測の場合は積乱雲1つ1つを表現できる領域モデル（雲解像モデル）が用いられる。前者については、台風の発生を決めるのは大気の大規模な運動であり、それは全球規模で決まるから、一方で後者においては台風の強度は、それを構成する積乱雲の活動によってコントロールされるから、それぞれのモデルが用いられるのだ。地球の一部を計算するにもかかわらず、雲解像モデルは全球を計算するモデルより、コンピュータの計算量がより多くなる。このため計算できる台風の数は限定される。

台風などの熱帯低気圧の最大地上風速や中心気圧を量的に予測するためには、日常の天気予報でも将来の温暖化シミュレーション実験でも、台風の眼の壁雲などの熱帯低気圧固有の構造を数値モデルが表現しなければならない。第7章で述べたように、そのためには水平解像度が十分高くなければならず、少なくとも2km以下の解像度が必要といわれている。そのような高解像度のシミュレーション実験を、地球全体について行うためには、「京」のような世界最大規模のスーパーコンピュータを用いる必要があり、実際には極めて限定的なシミュレーション実験しか行われていない。

全球モデルを用いたシミュレーション実験では、水平解像度20〜60km程度が用いられている。これらの実験の結果は、太平洋や大西洋などの海域ごとに異なるが、地球全体では熱帯低気圧の数が減少するという予測が大勢となっている。特に北太平洋西部の台風は、数が減少するが、最も強いカテゴリーのものは増加するというのが、多くの結果に共通しており、概ねこれが正しいと考えられている。そのメカニズムについては、いくつかの理由が考えられているが、大雑把に言うと、温暖化に伴い対流圏が安定化する傾向があるので、弱い熱帯低気圧が台風になる前に淘汰されてしまい、台風の数が少なくなる。一方で海面水温と気温が上昇するので、大気中の水蒸気量は増大し、一旦、強い台風になると、その後非常に強い台風となる。つまり、弱い台風の数が減少して、強いものが増える傾向となる。

北太平洋西部領域についてのシミュレーション実験を雲解像モデルで行う場合は、まず、現在や将来の気候を与えた全球モデルで数十年にわたる長期間のシミュレーションを行い、次にその中に発生する台風について雲解像モデルを用いてシミュレーション実験を行う。このような方法を「ダウンスケーリングシミュレーション」という。つまり、全球モデルの結果を、あたかも観測値と見なして、そのデータを雲解像モデルに与えてシミュレーション実験を行うのである。

北太平洋西部という領域だけの計算でも、雲解像モデルによる計算は非常に大規模になるので、全球モデルに現れるすべての台風をダウンスケーリングシミュレーションすることはコンピュータの資源がかかりすぎて現実的ではない。そこで、私たちのグループは全球モデルに現れる台風のうち最も強い台風を30個選び出して、それらの台風について雲解像モデルを用いたシミュレーション実験を行った。

第6章で出てきた地球シミュレータという巨大なコンピュータを用いて、その実験を始めたとき、今世紀後半の温暖化した気候で現れる台風についての実験で、中心気圧862hPa、最大地上風速84m/sという台風が発生した。これはまさにスーパー台風であった。最初、これをコンピュータの計算結果の中に発見したとき、計算間違いだと思った。[17]ところが、注意深く計算を何度やり直しても同じ結果が得られ、さらに他にも次々と非常に強いスーパー台風が現れた。理論的に予測される最大可能強度と比べても間違いなさそうだ。結局、どうやらその予測は正しそうだという結論に達した。そして長い時間がかかって、その結果は米国の論文誌に掲載された。

その結果の示すところは、現在の気候で発生する台風の最も強いものは870〜880hPa程度で、これは実際に観測された台風ティップ（1979年）とよく対応していた。一方、温暖化した今世紀後半の気候に発生する最も強い台風は、850〜860hPa、最大地上風速85〜90m/sに達するという予測となった。[18]もちろんこの最も強い台風は日本の遥か南、台湾南部より南の緯度帯に発生するのだが、温暖化した気候では多くの非常に強いスーパー台風が発生することが示された。

台風の強度を量的に予測することにより得られたもう一つの重要な結果は、スーパー台風が日本本土の緯度付近まで北上することを示した点である。現在の気候では、たとえば1959年の伊勢湾台風がそうであったように、最も強い台風でもスーパー台風の強度は北緯28度付近が北限である。北緯35度付近に位置する本州の西日本から関東にかけての地域では、スーパー台風が上陸したという記録はない。これが温暖化気候では、【図8-2】に示すようにスーパー台風の強度を維持して本州付近まで到達することが示された。これは今世紀後半の温暖化した気候のシミュレーション実験で現れたスーパー台風の経路である。そのうちの太い実線部分が風速67m/s以上のスーパー台風を表す。いくつかのスーパー台風は本州に達するまで、あるいは本州の緯度付近までスーパー台風の

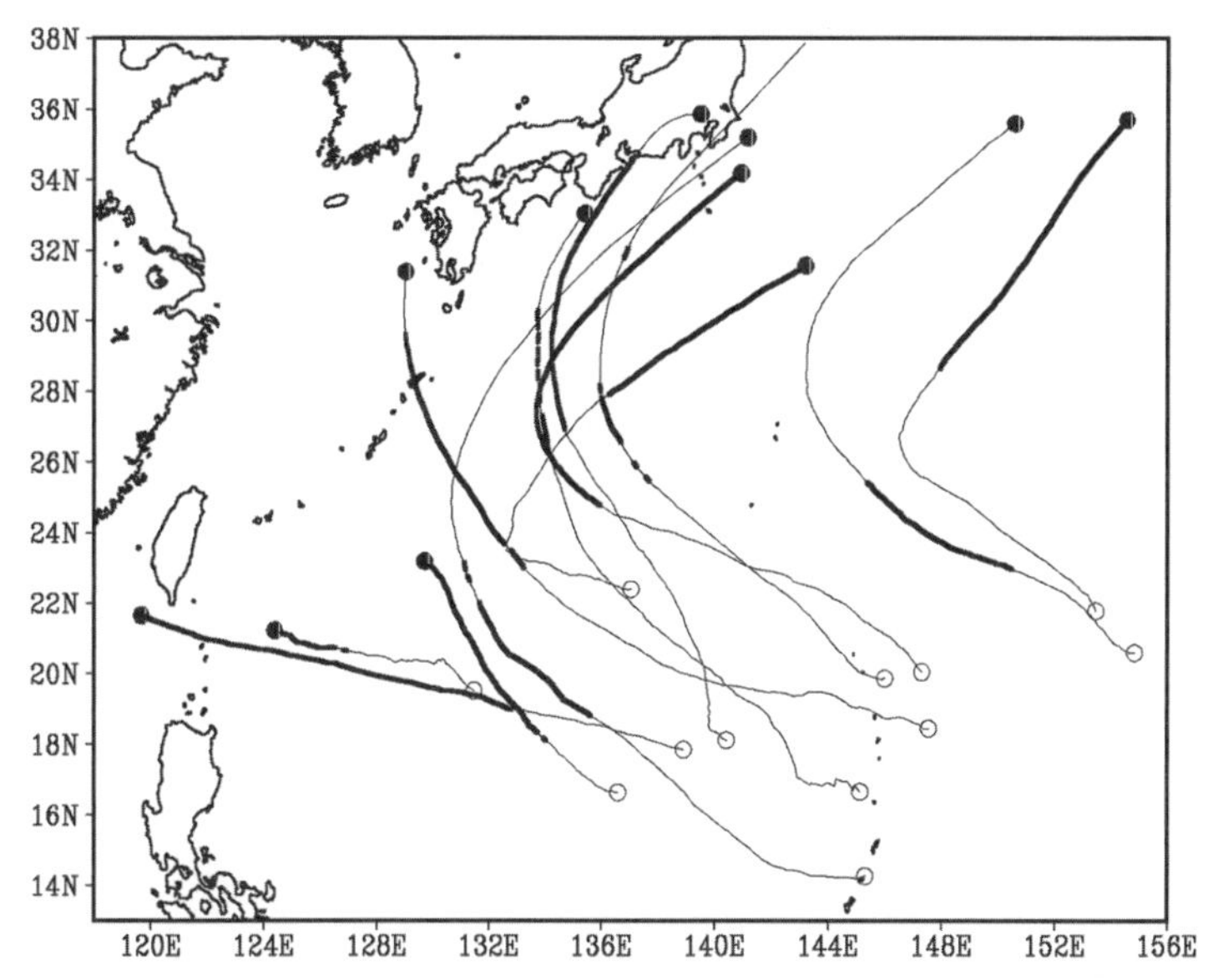

【図８－２】水平解像度２km の雲解像モデルを用いたダウンスケーリングシミュレーション実験から得られた、今世紀後半の温暖化した気候で発生するスーパー台風の移動経路。経路のうち太線部は最大地上風速67m/s 以上のスーパー台風の期間を示す。経路の開円は計算開始点、閉円は終了点を示す。

強度を維持していることがわかる。２０１３年11月にフィリピンに襲来したスーパー台風ハイエン（第30号）は、甚大な被害をもたらした。それと同じ程度のスーパー台風が、本土に上陸する可能性が示されたのである。これは台風防災において極めて大きな問題である。もし実際にそのような強い台風が将来上陸したら、フィリピンにハイエンがもたらしたような災害が日本にももたらされる可能性があるからだ。

もちろんこれは一つの研究の結果にしか過ぎない。しかし、ハイエンが発達した海の温度は29℃ほどであった。今世紀後半になると、9月の平均海面水温で、本州付近まで29℃の海面水温が広がることが予測されている。２０１９年の台風ハギビスは北緯25度付近までスーパー台風であったが、このとき北緯28度付近まで29℃の海面水温が広がっていた。これらのことは上記の結果がまったく間違ったものではないということを示唆している。このような非常に強い台風について、上陸・接近を想定した対策を今から考え、さらに実施しておく必要がある。今世紀後半はそれほど遠い未来ではない。

第9章　激甚気象から命を守るために

沖縄から学ぶべきこと

台風の研究をしているので、沖縄に行く機会が多い。沖縄は日本のなかでも最も台風の影響を受ける地域で、しかもその激しさは尋常ではない。第6章で出てきた宮古島のように、スーパー台風さえ襲来することもある。2004年に宮古島で私たちがレーダ観測をしているとき、気象庁が進路予報を大外しして有名になった台風コンソン（第4号）が観測点の真上を通過した。中心気圧960hPa程度であったが、宮古島はその眼に入ったとき猛烈な暴風を経験し、台風が通過した翌日、サトウキビは倒れ、道路標識さえも斜めに傾いていた。これを経験すると、本土の台風の風がそよ風に思えるほどだ。

この台風は中程度の強さであったが、それをはるかにしのぐ強さの台風がしばしば沖縄を襲う。それにもかかわらず、沖縄での人的被害はきわめて少ない。もちろん宮古島台風（1959年）などのように、大きな災害が起こることもあるが、本土に比べると、台風の猛烈な強さにもかかわらず、相対的に人的被害が少ない。特に離島ではそれが顕著である。なぜか。その理由はコミュニティによる〝共助〟が人的被害を防ぐのに大きな役割を果たしているからだ。

そのことを教えられたのは、観測のため滞在した与那国島で、地元の人の話を聞いたときであった。与那国島は日本最西端の島で、人気の高いテレビドラマ「Dr.コトー診療所」の撮影場所となったことでも知られている（原作の舞台のモデルは第5章で出てきた鹿児島県甑島）。現在もロケ地の志木那島診療所はそのまま残っていて、その診療所を訪れる観光客もかなりいる。入館料は300円だが、受付の人はほとんど不在のようだ。ドラマのなかで診療所の受付だった窓口には、人がいなくても百円硬貨3枚の山がいくつも載ったままである。ここは性善説の島なのだ。私は小さいころ地図でこの島を知り、いつか訪れてみたいと思っていたが、40年余りを経て、観測プロジェクトでついにその夢がかなった。

島の人の話では、ここを台風が通過するとき、猛烈な風が建物に吹き付けて、風速が70m/sぐらいを超えると、風圧による気圧の変化で耳が痛くなるそうだ。そんな猛烈な台風が接近するとき、災害が予想される地域の人は皆、避難所に逃げる。島ではどこに高齢者が住み、誰が避難の手助けを必要としているかを、コミュニティの責任者がしっかり把握している。もし、おじい、おばあの誰かが避難していなければ、様子を見に行き、どこにいるのかを確認し、必要であれば避難所に連れて行くのだそうだ。そうして一人の被災者も出さないようにしている。

このようなコミュニティによる災害時の支え合い、すなわち「共助」は、防災の基本であると思う。確かに自分や自分の家族の命は自分で守るという、いわゆる「自助」が防災の基本であるという考え方もある。しかしそれはあくまで健常者の論理であり、コミュニティのなかには自助したくてもできない人はたくさんいる。そのような要配慮者の命を救えるのは共助であろう。離島や地方の小さな集落に限らず、日本は超高齢化社会を迎えつつある。高齢者だけでなく自力で避難できない人も、すべての人が災害の犠牲者にならないために、コミュニティによる共助が最も重要である。そしてそのようなコミュニティは一朝一夕にできるものでなく、長い時間がかかって、築かれていくものである。

実際、このようなコミュニティの共助によって、人的災害が軽減された例は多数ある。平成30年7月豪雨で、浸水により多くの犠牲者が発生した岡山県倉敷市真備町でも、住民が各戸への呼びかけをしたことで全員無事だった地区があった。また、２０１９年の台風ハギビス（第19号）により千曲川が破堤した地域でも、各戸への呼びかけを行い、多くの命が救われた。

いかに避難するか

コミュニティの共助によって多くの命が救われる一方で、適切な避難ができずに失われる命もたくさんある。２０１８年に発生した平成30年7月豪雨の災害については、第1章に述べたとおりである。この災害をもたらした豪雨は、災害の発生する前から精度よく予報されていた。それにもかかわらず平成で最大の人的被害が発生した点が、この災害の特殊性である。特に西日本において、一府十県に大雨特別警報が出されたが、そのうちの最も早かったのは、福岡、佐賀、長崎の三県に出された7月6日17時10分で、最も遅かったのは愛媛と高知の8日午前5時50分である。

それをさかのぼること2日前の7月4日に、気象庁は「西日本と東日本では8日頃にかけて大雨となり、数日間、同じような地域で大雨が続くおそれ」と呼びかけをしている。さらに5日には記者会見を開き、「西日本と東日本では、8日頃にかけて非常に激しい雨が断続的に数日間降り続き、記録的な大雨となるおそれ」と発表している。その後も気象庁は、連日、大雨の注意喚起を記者会見で行い、それはテレビ等のマスメディアによって大きく報道された。そのときの気象庁の切迫感は強く印象に残るものだった。つまりこの豪雨における避難行動を促すための情報は、これまでになく強くかつ広く伝えられていた。しかも事前に十分な時間をもって出されていた。それにもかかわらず、死者・行方不明者が232人に達する大災害となったのはなぜだろう。

このことは、情報が十分に出されても、必ずしも避難行動にはつながらないことを示している。情報が発出されて避難行動が起こるまでのステップは、情報伝達、情報理解、判断、そして避難行動である。ここでいう伝達とは、情報が出されてから、その情報が必要とする人に届くまでを指す。情報理解はその情報の意味や重要性、さらに切迫性などを読み解き理解することで、防災や情報のリテラシーといわれることがある。さらにこの最後のステップの判断と避難行動の間に、可不可性が存在する。つまり避難するべきと判断しても、避難が可能な場合と不可能な場合がある。不可性、つまり不可能な場合としては、高齢者や要配慮者のように、もともと不可能、あるいは困難な場合と、避難行動が遅れたために不可能となる場合、すなわち逃げ遅れの場合がある。

つまり避難行動が起こるためには、情報が適切に発出され、必要な人に届くこと、その情報を適切に理解できること、そのうえで避難するべきと判断できること、さらに避難可能な状況にあることのすべての条件がそろう必要がある。もともと避難できないと分かっている場合は、公助や共助による避難が必要である。いずれにしても避難をするということは、実はそう容易なことではないのである。

これらの伝達、理解、判断、行動のうち、判断は特に難しい。しかも逃げ遅れの前に判断しなければならないという時間的制約がつく。判断において、人はコストとリスクの比較を暗にしている。避難をするためには、今していることを中断・保留し、身の回りを片付け、避難に必要なものを準備し、戸締まりなどの出発準備をした上で、さらに移動手段を手配しなければならない。避難は自分一人でなく、家族、特に小さな子供を伴うかも知れない。こうしたすべての〝大変さ〟を、ここでは〝コスト〟とよぶことにする。一方で避難しない場合に起こると予想される被害を〝リスク〟という。このコストとリスクを比較して、リスクが上まわるとき、人は避難するべきと判断する。

ここでコストとは自分の側のことなので、比較的容易にその大きさを知ることができる。一方でリスクは、自然がもたらす外力なので（正しくは外力の他に暴露と脆弱性を考慮してリスクが決まる）、その大きさを計ることは容易ではない。情報に基づいてリスクを見積もるのだが、通常、状況は時々刻々変化し、多くの場合、限られた情報しか得られない。さらに特に用心深い人でなければ、このリスクを小さく見積もろうとする傾向がある。つまり特に根拠もなく、たぶん大丈夫だろうと思うのである。あるいは何が起こるのかを想像せず、きっと大丈夫と思い込むのである。この特に根拠なくリスクが小さいと思う心理を「正常性バイアス」という。その結果、避難しないと判断してしまうのである。実際、平成30年7月豪雨でも、災害に遭われた方のヒアリングでは、「まさかこのようなことになるとは思いもよらなかった」「まさか被災するとは思わなかった」などの回答があった。

災害リスクを正しく見積もることは容易ではない。特に台風や豪雨など、災害を起こす可能性がある気象が始まってからでは、リスクを見積もることはほとんど不可能である。洪水時の浸水深やその範囲、河川の越水や破堤の可能性、土砂災害や斜面崩壊の危険性などについて、災害がまさに起ころうとしているときに、これらのリスクを知ることは難しい。そのようなとき、たとえばあとで説明するハザードマップなどをすぐに取り出して、それを読み解くことができるだろうか。さらに避難所がどこにあるのか、そこに安全にたどり着くためにはどうすればよいのかを、その場で知ることができるだろうか。同時に避難の準備もしなければならない。災害がまさに起ころうとしているとき、冷静でいることは難しく、場合によってはパニックに近い状況になる。

つまり災害時に適切な判断をするためには、平時におけるその場所のリスクの見積もりや避難所の確認、そこまでのルート、移動手段、安全性についての確認などさまざまな検討と準備をしておくことが必要なのである。しかしながら、「平時に非常時の準備をしておく」というのは、なかなかできることではない。少なくともハザードマップなどでリスクを知っておくだけでも、災害が差し迫ったときの判断には有効である。

本書で何度か出てきた寺田寅彦の「天災と国防」のなかに、「防災は平時から」に関連した重要な記述がある。

「文明が進むほど天災による損害の程度も累進する傾向があるという事実を充分に自覚して、そして平生からそれに対する防御策を講じなければならないはずであるのに、それがいっこうにできていないのはどういうわけであるか。そのおもなる原因は、畢竟（ひっきょう）そういう天災がきわめてまれにしか起こらないで、ちょうど人間が前車の顚覆（てんぷく）を忘れたころにそろそろ後車を引き出すようになるからであろう」

この部分が「天災は忘れられたる頃来る」という名言のもととなったと思われる。これも重要であるが、さらに重要な点は「平生からそれに対する防御策を講じなければならない」と、平時における準備の重要性を説いているところである。そしてそれができていないことを問題点として指摘している。80年余りも前に書かれた文章であるが、現在でも同様に平時からの備えは容易ではない。

防災の考え方の大転換

平成30年7月豪雨の甚大な災害を受けて、内閣府中央防災会議は避難についてのワーキンググループを立ち上げ、豪雨などの風水害から住民が避難するために、問題点の整理とその解決策について議論した。前節で書いたように、この豪雨での大きな問題点は、重大な災害が起こるので厳重な警戒が必要であると事前に強く伝えられていたにもかかわらず、多くの人が避難行動をとらず、その結果、近年にない犠牲者が発生したこと、さらにその多くが高齢者であったことである。この避難についてのワーキンググループでは、その問題点をいかに解決していくかという点について議論の重点が置かれ、まとめられた報告書では、我が国の防災対策における大きな方針転換が示された(1)。

このワーキンググループにおける論点はいくつかあるが、最も重要な論点は、国民が自らの命は自らが守るという意識をどのようにして持つことができるのか、災害リスクとそれに対する国民のとるべき避難行動についての理解をどのように促進するのかであった。自らの命は自らが守るというのは、きわめて当然のことのように思われるが、こと災害となるとその当然のことが当然でなくなる。その理由については避難の難しさのところで述べたが、もう一つの理由として、日本における防災が行政主導で行われてきたことが大きい。つまり日本では〝お上〟が偉く、何かあると〝お上〟が助けてくれるという意識がどこかにある。

このワーキンググループの議論については議事録が作成されており、それぞれの委員の発言が詳細に記録され、公開されている。その第2回ワーキンググループでの東京大学の片田敏孝先生の発言に興味深い点があるので紹介したい（同様の内容は第1回でもある）。それは日本では警戒情報が出されても避難行動につながらないという問題点の議論のなかでのことで、NHKの記者で防災を担当していた島川英介氏が中央大学の有川太郎教授などとともに行った現地調査・取材に基づくものである。発言をそのまま記載した議事録[2]の内容では意図が分かりにくいので、片田先生にお願いして分かりやすいように修正していただいたのが次の内容である。

「昨年のハリケーン・イルマのときに、フロリダ州で380万人に避難命令が出ました。しかし実際に逃げたのはなんとその倍近い650万人でした。住民は役所からの避難情報を信頼していないわけではありません。最大級のハリケーンに直撃されるという現実をまえに、役所がどのような情報を出そうと、そんなことは関係ないのです。行政がどのような情報を発信したかは関係なくて、この迫り来る現実をまえに自分は自分と家族の命を守りたいから懸命に逃げる。アメリカにはそういう国情というか文化があるわけですね」

私はこの発言を聞いたとき、目から鱗が落ちるような気がした。これこそが避難行動のあるべき姿だ。ところが日本では行政主導で防災活動が行われてきたので、自分で判断して避難するという意識が非常に低い。そのようなことができるのは災害を経験した人に限られるのが日本の現状である。つまり災害から自分の命を自分で守るのだという〝文化〟がないのだ。前節で述べた避難行動を起こすまでのプロセスのうち、どんなに災害の情報伝達ができても、あるいはそれを理解しても、避難しない、あるいはする必要がないと判断すれば、避難行動は起こらない。さらにいえば、判断すらしないので避難をしないのである。その結果、「まさか被災するとは思わなかった」となる。

本ワーキンググループでは、どうすれば適切に避難してもらえるかについて多くの議論がなされた。その結果、報告書にあるように、行政主導の避難対策には限界があることをあきらかに認め、国民一人ひとりに主体的行動を求めるという防災の考え方の大転換を提案することとなった。つまりこれまでは行政主導の取り組みにより防災対策を強化してきたが、それを根本的に見直し、住民が「自らの命は自らが守る」意識を持ち、自らの判断で避難行動をとることで、災害から命を守るということである。もちろん災害対策基本法（1961年）には、「住民等の責務」が明記されてはいるが、これまでは行政に頼る防災であった。その行政主導の防災を、住民主体の防災にするという大転換が示されたのである。

報告書の「おわりに」では、「国民の皆さんへ～大事な命が失われる前に～」と題し、本ワーキンググループのまとめとして、国民への呼びかけがなされている。その主要な点を以下に引用する。

・気象現象は今後更に激甚化し、いつ、どこで災害が発生してもおかしくありません。
・行政が一人ひとりの状況に応じた避難情報を出すことは不可能です。自然の脅威が間近に迫っているとき、行政が一人ひとりを助けに行くことはできません。
・行政は万能ではありません。皆さんの命を行政に委ねないでください。
・避難するかしないか、最後は「あなた」の判断です。皆さんの命は皆さん自身で守ってください。

これは驚くべきメッセージである。「行政はあなたを助けることができませんよ」と国民に向かって宣言しているのである。一見、行政の責任放棄とも思えるこれらのメッセージには、なんとしても誰ひとり命が失われることがない社会を作るのだという強烈な意思が込められている。災害から真に国民の命を守るには、これをおいて他にはないというのが、このワーキンググループの結論だ。つまり防災の基本は〝自助〟であり、それを強く求めるということである。

この呼びかけの最後にもう一つ重要なメッセージが書かれている。それは、「行政も、全力で、皆さんや地域をサポートします」というものだ。本ワーキンググループの結論は、行政の責任放棄ではまったくない。災害から命を守るためには避難行動が最も重要だ。それを実現するためには、防災意識の高い社会の構築、すなわち自分の命は自分で守るという意識を持つことが必要だ。そして、行政はそのための情報提供などのサポートを全力で行うということなのである。

この住民主体の避難行動をサポートするために、防災情報をいかに分かりやすく提供するかが問題である。これまでの防災に関わる情報は、多岐にわたり、それらの重大性を理解するのは容易ではなかった。気象庁では注意報と警報があり、さらに2013年から特別警報が加えられた。その他に土砂災害警戒情報や記録的短時間大雨情報もある。また、河川の情報には氾濫警戒情報や氾濫危険情報などがあり、避難については、避難準備情報、避難勧告、避難指示などがある。情報が多種多様で、しかも難解な言葉で、これらの意味するところや危険度を正確に理解している人はきわめて少ない（実は私もよく理解していなかった）。そこで、本ワーキンググループでは「警戒レベル」というレベル化を図り、防災情報と避難行動を紐付けして分かりやすく情報を提供することを決めた。

警戒レベルを1から5段階とし、それぞれのレベルでの避難行動を規定し、防災情報と関係づけた。重要な点は、警戒レベル3で、一般の人は避難準備を始め、高齢者や要配慮者は避難を開始する。警戒レベル4で、安全が確保されていない人は全員避難する。警戒レベル5はすでに災害が発生している状況で、「命を守るための最善の行動」をとることを求めている。

ただ、残念なことに河川や気象情報は、「警戒レベル相当情報」というレベル化となっており、警戒レベルとの相違がやや分かりにくくなっている。さらに、警戒レベルと警戒レベル相当情報は、出るタイミングや対象地域が必ずしも一致しない。これらの紐付けはまだ中途半端である。また、避難勧告、避難指示（緊急）は両方とも警戒レベル4に位置づけられていて、これらの使い分けをどうするのかという曖昧さが残っている。これらの点については、今後さらに改善が必要である。また、私は、警戒レベルはできるだけ少なくした方が分かりやすく、5段階はやや多いのではないかと思う。

前節の避難にいたるプロセスのうちの判断と避難行動の間にある避難の可不可性について、特に避難がもともと不可能の人や困難な人については、自分の命は自分で守るということは意味をなさない。平成30年7月豪雨の人的災害のうち、大きな問題となったのは、死者の多くが高齢者だったことである。被害の大きかった愛媛県、岡山県、広島県では、死者の約7割が60歳代以上の高齢者だった。そのなかには、家屋の1階で洪水により亡くなった方もあった。すなわち2階や屋根上に避難する（このような避難を「垂直避難」という）こともできずに被災されたのだろう。

同様の高齢者の被災の例としては、2016年8月末、観測史上初めて、岩手県に太平洋側から上陸した台風ライオンロック（第10号）のもたらした大雨により、小本川（おもとがわ）の水位が急激に上昇し、高齢者グループホームの1階で9人が亡くなった災害がある。このときも高齢者の被災が大きな問題として取り上げられた。このころから「災害弱者」という言葉が使われ始め、それに対する特段の配慮が必要であることが認識され始めた。

体力があり自力で避難できる人と異なり、高齢者をはじめとする要配慮者の避難は、特別の配慮と準備が必要である。前述のワーキンググループの報告書では、高齢者を含む要配慮者の避難についても実効性のある対策を求めている。具体的には防災と福祉を連携させて、高齢者の避難を実効性のあるものとすることや、高齢者・要配慮者の実態把握（家族と同居か独居かなど）を進め、避難に必要な時間を考慮した避難計画の策定を行うことが求められている。つまりここでは「公助」と「共助」の両方が求められているのである。

本ワーキンググループが報告書で掲げた、行政主導から住民主体の避難行動への転換は、我が国の避難の〝文化〟、あるいは自分で避難するという国民性の形成を目指している。しかしながら、新しい国民性がそう簡単に数年で形成されるとは思えない。住民主体の避難行動が定着するには長い年月がかかるだろう。しかしそのための不断の努力が続けられることで、やがてそれが定着しあたりまえのこととなる。たとえば今は誰もがするようになった車のシートベルトを考えれば分かりやすい。シートベルト着用の義務化が始まったとき、その必要性を理解していた人は少なかった。それが警察をはじめとする安全に関わる人々の不断の努力により、長い時間かけて、やっとその重要性が定着した。住民主体の避難行動についても同様で、それが定着したとき、はじめて激甚気象で誰も命を失うことがない世の中が実現する。

ハザードマップ――不完全だが不可欠

避難行動を起こすための判断において、平時からの備えとして、ハザードマップはきわめて重要である。ハザードマップとは、「災害予測地図」または「被害予測地図」ともいわれ、地震、洪水、火山噴火などの災害をもたらす自然現象について、想定される被害の種類、程度及び範囲などを示した地図のことである。ここでは主に浸水想定区域、浸水継続時間や土砂災害警戒区域などを示した地図を考える。これらの地図には、浸水深が色分けやグラデーションで描かれているだけでなく、重要な公共施設（警察署、消防署、病院、市役所など）、アンダーパスなどの浸水危険箇所、備蓄倉庫、観測所、ライブカメラなどの位置、さらに氾濫流による家屋倒壊想定域なども記載されているものがある。

浸水や土砂災害のうち、浸水想定区域の浸水深予想や浸水継続時間は比較的精度よく示されている。総降水量を想定すれば、浸水深は地形によって決まってしまうので、精度よく求めることが可能だからだ。ハザードマップを用いて、自宅や通学先あるいは通勤先の大雨による浸水深をあらかじめ知っておくことは、災害時の避難行動においてきわめて重要である。実際、平成30年7月豪雨の岡山県倉敷市の真備町や愛媛県の肱川流域、さらに2019年の台風ハギビス（第19号）による浸水範囲などは、ハザードマップで示されている浸水想定区域および浸水深とよく一致していた。それにもかかわらず、ハギビスの豪雨による洪水や土砂災害では、危険区域内での死者が約7割に達していた。これは住民がハザードマップを十分認知していなかったか、ハザードマップから正しく避難行動を判断できなかった可能性が考えられる。

災害が発生してからハザードマップを持ち出して、避難について検討したのでは手遅れになる可能性が高い。災害の起こっていない平時からハザードマップを見て、どこが危険で、避難する場合はどの経路でどこに避難すればよいのかをあらかじめ検討しておくことが重要である。このようにハザードマップは防災において、あるいは避難行動において不可欠なものである。ハザードマップも基本的には地図である。地図を読むのが好きな人は、ハザードマップを容易に読み解くことができる。あまり地図が好きでない人も、おおよそどこが浸水するのか、あるいはどこで土砂崩れが起こりやすいのか程度のイメージを得ることは、それほど難しいことではない。

防災や避難においてハザードマップは不可欠であるが、一方で災害の多様性・複雑性のため、それは不確実性を含む不完全なものである。特にハザードマップで想定されている降水量をはるかに超える大雨が起こったときは、浸水深が予測を超える。また、土砂災害危険箇所については、不確実性が大きい。浸水と異なり、土砂災害は予測が難しいからである。実際、2019年の台風ハギビスの豪雨では、約3割の方が危険区域の外で亡くなっている。なかには危険区域から逃げ出したところで被災した例もあった。ハザードマップは改訂され続けているが、常に不確実性のある不完全なものであることを前提に安全率を考慮して利用するべきである。

ハザードマップには災害予測だけでなく、避難行動をどうしたらよいかまで示されているものもある。平成30年7月豪雨のあと、2019年に東京都江戸川区が出したハザードマップは衝撃的なものだった。江戸川区は大半がいわゆる海抜ゼロメートル地帯で、区内を流れる川も満潮時にはほとんどが居住地より高いところを流れる。そのハザードマップの表紙の中央付近、「江戸川区」と書いてあるところの下には、「ここにいてはダメです」と書いてあり、さらに大きな文字で「浸水のおそれがないその他の地域へ」とある。つまり、全住民は区外へ避難するように勧告しているのだ。これほど強い危機感の表現があるだろうか。

2016年は北海道に3個の台風が上陸し、大きな災害がもたらされた年であるが、これらの台風は東京付近を北上している。そのうちの一つチャンツー（第7号）が関東地方のすぐそばを通過したとき、その風雨による交通障害を心配しながらも、私は江戸川区役所を訪問した。そのとき区役所の前にある水位表示塔には驚かされた。それには過去の水害の水位や、現在の荒川の水位が示されている。それほど江戸川区は水害に対する危機意識が高いのである。

大規模広域避難

究極の防災は命を守るための避難であろう。たとえばスーパー台風の接近や平成30年7月豪雨のような大雨が予測されたとき、適切に避難をすることで、少なくとも人命を守ることができれば、防災としては大成功といえる。ところがこの避難が容易でないことは、これまで述べてきたとおりである。特に広域に避難勧告・避難指示が出るような場合、大規模な人数の避難が必要になる。数十人から数百人程度の避難であれば、それほど問題にならないが、数万人から数十万人を避難させるには、計画に基づいたスムーズな人の移動が不可欠である。ましてや中央防災会議が示すように、東京湾沿岸では台風による高潮の被害を受ける人数は百万人を超える。無計画にこのような避難を実行すると、多くの人は避難をするために車を使用し、道路はすぐに渋滞となり、避難行動は停止してしまう。この人数を避難させるためには、避難先の確保を含めて2~3日は必要である。しかし、そもそも台風上陸の3日前、まだ晴天でそよ風の状態で人は避難するだろうか。これも難しい問題である。

たとえば、関東地方に室戸台風（1934年）や枕崎台風（45年）のような、史上最強クラスの台風が上陸したとすると、東京湾の高潮は5mに達すると想定されている。それに加えて台風のもたらす大雨により、都内は広域にわたって浸水すると考えられる。そのような場合、避難しなければならない人数は百万人を超える。江戸川区のハザードマップには、区外へ避難することが示されているが、実際にそのような大規模広域避難はきわめて困難である。

前出の島川氏は、そのような広域で大規模な避難を「大避難」と著書[3]のなかで表現し、東京都の江戸川区、足立区、葛飾区の180万人を想定して、どうすればすべての人を命の危険にさらされないようにできるかを、多くのシミュレーションから詳細に検討している。これは前出の片田教授、京都大学の森信人教授、琉球大学の伊藤耕介准教授ら、専門家の協力により行われた研究である。その結果は、180万人の〝大避難〟は可能であるということを示した。ただし、それを実現するためにはきわめて〝ハードルの高い〟条件が満たされる必要があることを指摘している。

その条件を島川氏の著書から引用すると、次のようなものとなる。

・要支援者は避難勧告の1日以上前に避難
・主要道路を一方通行に
・警察が交通整理。混雑する駅前でも行う
・公共交通機関の利用者を調整する
・高層階に暮らす人は避難せず、とどまる
・事前に区外の避難場所を決めておく

これらは机上では考えられても、実際に行おうとすると、きわめて高度で大規模な事前調整を関係各部に行う必要がある。

要配慮者の避難は、警戒レベル3の避難行動開始であるが、1日以上前に警戒レベル3を出すことはきわめて難しい。主要道路や荒川・江戸川に架かる橋を一方通行にすることも難しい。米国では「避難命令（Mandatory Evacuation Order）」があり、ハリケーンの上陸が予測されたときなどに、主要道路を対向車線まですべて一方通行にし、警察が交通整理をすることが実際に行われている。ただ、片側5車線以上が一般的な米国だからこそ、すべて一方通行にして車での避難が可能なのであって、片側2~3車線の日本で同じようなことができるかどうかは疑問である。しかも日本には避難命令というシステムが存在しない。

高層階に暮らす人は少なくとも浸水からは安全で、その人々が避難しないことは、避難経路の混雑緩和に大きく寄与する。しかし、台風が通過しているときの、一時的な対応としてはそれでよいが、たとえば、伊勢湾台風では高潮の水が引くのにひと月以上かかった例からも分かるように、被災後の安全を守るにはどうするべきかは、別の問題として残されている。さらに区外に逃げる場合の調整も容易ではない。2019年の台風ハギビス（第19号）のような広域の災害では、区外の避難場所もその地域の被災者でいっぱいだったりそれ自体が被災する可能性もあるからだ。このように上記の条件は、実現が容易ではない。だからこそ、災害が起こっていない平時において、詳細かつ入念な準備と調整が必要である。

タイムライン

個別または小規模人数の避難と異なり、数万人を超える大規模避難の場合、行政の強力な主導が必要である。避難先を確保し、その情報を周知し、さらにその避難行動を具体的にどの時刻からどのように始めるのかを対象となる人々に指示しなければならない。近年、その具体的な方法としてタイムラインとよばれる方法が、自治体などで採用されるようになってきた。防災におけるタイムラインとは「事前防災行動計画」と訳され、2005年のハリケーンカトリーナの上陸時などで米国において実施されたものを、NPO法人環境防災総合政策研究機構の松尾一郎氏が中心となって、日本に導入したものである。たとえば台風の上陸が予測された場合、その上陸時刻を起点として時間を遡り、その48時間前には、自治体のどのセクションは何をして、住民はどのような準備を始め、36時間前にはそれぞれがどのような行動を取り、24時間前、さらに12時間前には何をするのかを細かく決めておき、それにもとづいて防災行動を進めていくというものである。

これは防災において非常に有効な方法で、実際、三重県では2018年からタイムラインの本格運用を始めている。三重県は台風や豪雨などの多くの災害を経験しており、防災についての意識の高い県である。三重県のある自治体では、台風上陸時にタイムラインにそった防災行動を取ることで、一人も犠牲者が出なかったという例を示している。タイムラインの設計と運用には自治体トップの強い指導力が不可欠である。三重県はその点できわめて優れているので、このような高度な防災が可能になるのだと思われる。

日本ではタイムラインは導入が始まったばかりで、まだ具体的なタイムラインを計画している自治体の数は十分ではない。自治体によりその規模、すなわち対象となる人数は大きく異なり、その規模ごとにタイムラインも異なってくる。タイムラインは自治体ごとにカスタマイズが必要なので、適切なタイムラインを構築するには、専門的知識と十分な準備時間を要する。

さらに特に大規模な自治体の場合、私は一つのタイムラインだけでは不十分と考えている。なぜなら人は常に移動し、地域ごとの人の数は季節、月、曜日、さらに時間帯によって大きく変わるからだ。具体的には都心部では、平日の昼間は多くの人が仕事のために集中し人口が増大する。一方、休日にはショッピングエリアや観光地に人は集まる。たとえば2018年の台風チャーミー（第24

号）が近畿地方に上陸することが予測されたとき、JRは上陸前からこの地域のすべての運行を取りやめ、多くの人が移動手段を失った。その前の台風チェービー（第21号）のときは8000人もの人が関空島（関西空港島）に取り残され、長時間にわたって救助されないという事態が起こった。その最大の要因は関西国際空港内にどれくらいの人がいたのかを把握できていなかったことである。当初の発表では3000人ほどが関西国際空港に取り残されたとなっており、実際には2～3倍と大きく異なっていた。

もしタイムラインがこのような人口移動と連動し、季節、月、曜日、時間帯による人口分布に合わせたものができれば、避難行動はより適切で効果的なものとなるだろう。ここではそのような各状態によって適応させるタイムラインを、「アダプティブタイムライン」とよぶことにする。たとえば平日の昼間、多くの人がオフィスにいるときにタイムラインを発動したとすると、自宅が安全な人は自宅に帰り、そうでない人は直接避難所に行くなどの行動がとれる。すべての人が災害発生前に既定の場所、たとえば自宅などにいるわけではないので、それぞれの状態ごとの人口分布にあわせた避難行動計画が望まれる。

ではそのような人口分布をどのように把握するのか。現在では多くの人がスマートフォンを常に携帯して行動している。これを利用してNTTドコモは人口分布や移動を時々刻々把握することを可能にしている。個人ごとの情報は匿名化されており、多数の人を対象としているので、個人が特定されることはない。これを利用して、季節、月、曜日、時間帯ごとに人口分布を把握した上で、それに合わせたタイムラインを構築すれば、避難はより効率的で効果的なものになるだろう。当然、多くの場合を想定しなければならないので、タイムラインそのものは複雑で大規模なものになる。

しかしながら防災計画を立てる上で、人がどこにいて、どこに避難させなければならないかは避難計画の最も基本的な部分である。その手間隙は、それによって救われる人命の重さ、すなわち効果を考えれば微々たるものだ。また最近、急速に発達してきたＡＩを併用すれば、その複雑さに伴う労力を軽減することが可能になるだろう。

忘れない

２０１４年は台風と前線により7月30日から8月26日にかけて豪雨と暴風が発生し、気象庁は「平成26年8月豪雨」と命名した。これには同年８月20日に発生した広島豪雨も含まれる。これらの大災害の前に、それを予感させるような豪雨が７月９日に長野県南木曽（なぎそ）町で発生し、１人の中学生が亡くなるという痛ましい災害が発生している。

この地域では土石流を「蛇（じゃ）ぬけ」とよび、その危険を伝承してきた。南木曽町には１９５３年７月20日に発生した土石流災害を伝えるため「蛇ぬけの碑」が建てられている。その碑には、次のような言葉が書かれている。

「白い雨が降るとぬける
尾先、谷口、宮の前
雨に風が加わると危い
長雨後、谷の水が急に止まったらぬける
蛇ぬけの水は黒い
蛇ぬけの前にはきな臭い匂いがする」

ここに書かれている「白い雨」とは、非常に強い雨のことである。強い雨は上空の空気を引きずり下ろしてくるので、そのとき雲粒や小さな雨滴も一緒に運んでくる。強い雨の下では空気がほとんど飽和しており、断熱加熱（第3章参照）が起こっても小さな水滴のすべては蒸発せず、地表近くまで運ばれる。そのためきわめて強い雨のときは、雲粒や微水滴で周囲が白く見えることがある。そのような強い雨を表しているのだろう。

「尾先（おさき）、谷口（たにぐち）、宮の前」とは、尾根の先や谷の出口などは土石流が発生しやすい危険な地域であり、そのようなところに住んではいけないことを教えている。「雨に風が加わる」というのは、積乱雲の下で非常に強い下降気流（ダウンバースト）が地面にぶつかり周囲に広がることで起こる突風と解釈できる。強い雨が降るときは、雨が空気を引きずり下ろし、このような突風を起こしやすいので、雨とともに風が急に吹き出すときはきわめて危険である。また、谷の水の流れが止まると、その後に土石流が発生しやすい。「蛇ぬけの水は黒い」は、土石流の色を描写しているのだろう。また、土砂崩れや土石流が発生する前には、独特の臭いがすることを示している。これは土石流災害について、貴重な伝承であり、重要な教訓を記したものである。

上記の２０１４年7月9日に発生した「7・9南木曽町豪雨災害」は、3カ年に及ぶ災害復旧工事が17年に完了し、その年の7月9日に献花式が行われた。そして「平成じゃぬけの碑」が建立された。この碑はこの地域の土石流災害を記憶に留め、後世にその危険性を伝承し災害を繰り返さないためのもので、防災の点でもきわめて重要である。

このような災害の犠牲者を弔い、その教訓や記録を留めるための碑は日本各地に点在している。東海地方では、１９５９年の伊勢湾台風災害の碑が各地にある。愛知県弥富市の伊勢湾台風殉難之塔、三重県桑名市の伊勢湾台風不忘碑、殉難の碑など数多くの碑、塔、観音像、さらに神社などがある。また、2000年9月11日に発生した東海豪雨についても、東海地方周辺にはいくつもの碑が建てられている。

これらの碑などは、犠牲者の鎮魂の意味もあるが、災害を忘れないで後世に伝えていくという重要な役割がある。自然災害の防災で最も重要なことの一つは「忘れない」ということだと思う。激甚気象は国内のどこでも発生するが、洪水や土砂災害が特に発生しやすいところというのが存在する。ところが時代とともに開発が進み、その危険性が見えにくくなる。あるいはそれを知らないために、そこに住む人が増えてくる。その結果、災害に遭い人命が失われることが繰り返される。それを避けるために、災害の記憶を伝承し、それを忘れないことが重要である。

しかしながら、それは今も昔も容易ではない。1934年の寺田寅彦「天災と国防」のなかにも次のような記述がある。

「昔の人間は過去の経験を大切に保存し蓄積してその教えにたよることがはなはだ忠実であった。過去の地震や風害に堪えたような場所にのみ集落を保存し、時の試練に堪えたような建築様式のみを墨守して来た。（中略）今度の関西の風害でも、古い神社仏閣などは存外あまりいたまないのに、時の試練を経ない新様式の学校や工場が無残に倒壊してしまったという話を聞いていっそうその感を深くしている次第である」

第1章の冒頭で書いたように、激甚気象はどこでも起こりうるが、そのような大災害を経験したことはないという人は多いだろう。しかしそれは確率の問題であり、激甚災害を経験していないということは、これまでたまたま幸運だっただけのことである。一人が一生の間に激甚災害を経験するのは多くて一度か二度ぐらいと考えると、個々人が常にそれに備えているというのは容易ではない。しかし、あるとき突然災害は起こるものである。だからこそ災害の記憶はコミュニティが伝承し、後世の人が再び同じ災害に遭わないために、災害の記憶を〝忘れないこと〟が防災において重要である。

あとがき

本書の企画を新潮社の今泉正俊氏からいただいたのは、ちょうど2018年7月の西日本豪雨のころだった。一般の人に「激甚気象」について理解してもらえるように、そもそも論からひもといてほしいという依頼だった。

この激甚気象というのは、今泉氏の造語である。これに近い用語として異常気象や極端気象などが、気象学では用いられてきたが、これらは気象現象そのものを指しており、人間社会とは、特に災害とは独立のものだ。災害をもたらす気象は人命や財産の損失という大きなインパクトを与えるにもかかわらず、災害の意味を含む気象の表現は、豪雨ぐらいで他にはほとんどない。一方で、「激甚災害」という言葉が、法律でも用いられており、そのかなりの部分を気象災害が占めている。

このようにこれまで気象学と災害を結びつける適切な言葉がほとんどなかったが、激甚災害をもたらす気象という意味で、激甚気象はまさに適切な表現だ。それで私はこの言葉を本書の題名としたいと考えた。気象学はサイエンスとしての側面だけでなく、実学としての側面を持つ学問分野なのである。英語では high-impact weather という言葉があり、近年、頻繁に使われるようになってきた。それに対する日本語がなかったのだが、ぴったりと対応する言葉が激甚気象ではないだろうか。この言葉には気象のなかでも、人間社会に大きなインパクトを与える気象という意味が的確に込められている。

近年、激甚気象とよべる現象が毎年災害をもたらしている。本書の構想を考え始めたときは、西日本豪雨あたりまでを取り上げればよいだろうと思っていた。ところがそれに引き続いて、台風チェービーが関西国際空港や大阪、京都に大災害をもたらし、それに続く台風チャーミーも甚大な災害をもたらした。翌年も梅雨前線に伴う豪雨、台風ファクサイによる暴風災害、ハギビスによる豪雨災害などが次々と続いた。

これらの激甚気象の発生により、私は2018年には、気象庁の異常気象分析検討会（臨時会）と、内閣府中央防災会議の「平成30年7月豪雨」の避難に関するワーキンググループに参加することとなった。19年には台風第19号等の避難に関するワーキンググループと、千葉県の令和元年台風15号等災害対応検証会議に参加した。これらの委員として、災害現場を訪問し、被災された自治体の方々から直接声を聞かせていただき、あらためて気象と防災を考える機会となった。これらの経験は本書に反映されている。被災後の苦しい状況にもかかわらず、対応をいただいた訪問先の皆様に、この場を借りてあらためてお見舞いとお礼を申し上げたい。

こうした災害を目の当たりにして、その防災の考え方の参考にしたのが、本書のいくつかのところで引用した寺田寅彦先生の「天災と国防」だった。80年以上も前に書かれたこの文章には、今でも学ぶべきことが随所に見られる。もちろん今の時代に合わない部分もなくはないが、防災の原点として重要な考え方が驚くほどたくさん示されている。その部分を取り上げ、現代に合う解釈をすることが重要だと考えた。実は寺田先生の弟子、中谷宇吉郎先生は、私が在学した北海道大学理学部の教授で、同大学低温科学研究所の創設に尽力された。大学、大学院時代の恩師である菊地勝弘先生と若濵五郎先生からは、中谷先生の話をよく聞かされ、私は密かに（しかしちょっと誇らしく）、寺田、中谷両先生の曾孫・孫弟子の末席ぐらいに座っていると思っている。この随筆を読み返し、そこから新しい解釈を得たいと思った理由の一つである。

私が本書の中心テーマである台風と豪雨の研究を行ってきたのは、最初から防災に貢献することを意図していたわけではなかった。むしろなぜ豪雨では多量の水滴が大気中で生成されるのか、なぜ地球大気は台風のような組織的な構造を作りエネルギーを集中させることができるのかといったサイエンスとしての問題意識からであった。それは一面的な見方であって、別の面から見ると自然災害の理解につながり、その応用として防災にも役に立つように思えてきた。大学に在籍する私の本務は基礎科学であるが、「基礎研究は必ず役に立つ」。中谷先生の言葉にそのような趣旨のものがあると教えられてきた。私の研究の知見も少しは防災の役に立つかも知れないと思い、それを基礎的なところから解説したのが本書である。

気象の教科書や解説書などはさまざまあるが、私はそれらとは少し違うものになるように書いたつもりである。いや、正しくは結果的にそうなってしまった。多くの著者が最初に決めた構成案に沿って執筆するのだろうが、私は大筋の構想を決めただけで、筆のおもむくままに（キーボードの勝手気ままに）書き進めた。そのためとんでもなく話が飛んだり、（ほんとうは避けたかったが）私自身の体験談もあちこちに出てきてしまったりした。対象とする読者も文系の一般の人と指定されていながらも、なかには大学院レベルの内容も含まれている。専門用語も遠慮無く出ていて、やや難解な部分もあるかもしれない。しかしそれ故にかえって幅の広い読者層に読んでいただき、まったくの分野外の人にも、新しい知識を発見していただけると期待している。

このような書き方なので、本書を依頼していただいた今泉氏のご希望に、どれほど応えることができたかははなはだ心配であるが、この一年半あまりの期間、気ままな執筆を楽しませていただいた。今泉氏には本書のご提案をいただいただけでなく、執筆の軌道修正から原稿のきわめて詳細な点まで確認と改訂をしていただき、初めての著書にもかかわらず、なんとか最後までこぎ着けることができたことを心から感謝し、深くお礼を申し上げる。

終わりに、本書を書くにあたり一つの大きなバックグラウンドがあったことを述べておきたい。それは本書の「まえがき」の冒頭にある台風の航空機観測プロジェクトである。本文中にも出てきたが、それは日本の台風の航空機観測としても大きな一歩であり、私自身にとっても研究者としての大きな経験であった。現在もそのプロジェクトをさらに発展させ、台風防災に寄与できるように、懸命に努力を続けている。この台風観測の成功により、さらに未来の目標が見えてきたように思う。それはまだ夢の段階であるが、本書をその夢の話で終わることをご容赦いただきたい。

私の夢は、5万8000フィートの上空から無人飛行機が常に太平洋上の台風を監視し、必要に応じてドロップゾンデを投下し、そのデータが高解像度の数値予報システムに取り込まれて、進路だけでなく、台風の強度についても精度の高い予報が常に出されることである。予報は上陸の3日前。大規模避難に十分な時間だ。その結果、日本を含む東アジア地域では、誰一人、台風で命を落とすことがない世界が実現している。30年後、その夢が現実になっていることを強く望む。そして私たちの台風の航空機観測プロジェクトは、その第一歩として位置づけられることを期待している。

本書の執筆では多くの方にご協力いただきました。名古屋大学名誉教授の上田博先生には原稿全体を見ていただき貴重なコメントをもらいました。中北英一先生（京都大学防災研究所教授）、森信人氏（同教授）、山田広幸氏（琉球大学理学部准教授）、伊藤耕介氏（同准教授）、伊賀啓太氏（東京大学大気海洋研究所准教授）、山口宗彦氏（気象庁気象研究所応用気象研究部主任研究官）、今田由紀子氏（同気候・環境研究部主任研究官）、瀬古弘氏（同気象観測研究部部長）、益子渉氏（同台風・災害気象研究部室長）、横田祥氏（気象庁予報部数値予報課技術専門官）、大東忠保氏（防災科学技術研究所主幹研究員）、出世ゆかり氏（同主任研究員）、篠田太郎氏（名古屋大学宇宙地球環境研究所准教授）、島川英介氏（NHK）の皆様には、それぞれの専門の部分について原稿を読んでもらい、事実誤認の指摘、文章の修正、さらに内容への重要なコメントをいただきました。また、本文中で使用した貴重な図、写真、資料などもご提供いただきました。鈴木康弘先生（名古屋大学減災連携研究センター教授）には、地震の部分について間違いの修正と貴重なコメントをいただきました。東京大学の片田敏孝先生には、内閣府避難ワーキンググループでの発言の修正などでご協力をいただきました。図の作成には加藤雅也氏（名古屋大学宇宙地球環境研究所研究員）に多大なご協力をいただきました。浅学の私が本書を仕上げることができたのは、ここに記した皆様のおかげで、深く感謝申し上げます。なお、それにもかかわらず間違いや不適切な部分がありましたら、それはすべて私の不勉強、不行届によるものです。

最後に、常に私の健康を気遣い支えてくれている妻、本書執筆のために週末のパパとの時間を我慢してくれた小さな娘、遠くから応援してくれた息子に感謝することをお許しください。

2020年春

著者

参考文献・資料

第1章

（1）気象庁「気候変動監視レポート2004」および気象庁「平成16（2004）年の世界と日本の年平均地上気温」（2005年）
（2）気象庁「異常気象レポート2005」
（3）気象庁ホームページ「気象庁が名称を定めた気象・地震・火山現象一覧」
http://www.jma.go.jp/jma/kishou/know/meishou/meishou_ichiran.html
（4）気象庁ホームページ「台風の平年値」
http://www.data.jma.go.jp/fcd/yoho/typhoon/statistics/average/average.html
（5）『中谷宇吉郎集第8巻』岩波書店（2001年）
（6）夏目漱石「吾輩は猫である」『夏目漱石作品集1』昭和出版社（1980年）
（7）『中谷宇吉郎集第1巻』岩波書店（2000年）
（8）小宮豊隆編『寺田寅彦随筆集第5巻』岩波文庫（1948年）
（9）気象庁ホームページ「南岸低気圧及び強い冬型の気圧配置による大雪・暴風雪等」
http://www.data.jma.go.jp/obd/stats/data/bosai/report/2018/20180131/20180131.html
（10）気象庁ホームページ「強い冬型の気圧配置による大雪」
http://www.data.jma.go.jp/obd/stats/data/bosai/report/2018/20180215/20180215.html

（11）気象庁札幌管区気象台「北海道における気候と海洋の変動（２０１０年）」
http://www.jma-net.go.jp/sapporo/tenki/kikou/kikohenka/kikohenka_ver1.html
（12）内閣府中央防災会議 防災対策実行会議「平成30年7月豪雨による水害・土砂災害からの避難に関するワーキンググループ」資料
http://www.bousai.go.jp/fusuigai/suigai_dosyaworking/index.html
（13）気象庁報道発表資料「「平成30年7月豪雨」及び7月中旬以降の記録的な高温の特徴と要因について」
https://www.jma.go.jp/jma/press/1808/10c/h30goukouon20180810.html
（14）川野哲也、鈴木賢士、川村隆一「平成29年7月九州北部豪雨をもたらした線状降水帯の発雷特性」（『日本気象学会講演予稿集』２０１８年）A356, 304.
（15）総務省消防庁「平成30年（5月から9月）の熱中症による救急搬送状況」
http://www.fdma.go.jp/neuter/topics/houdou/h30/10/301025_houdou_3.pdf
（16）気象庁ホームページ「各種データ・資料、過去の気象データ検索、歴代全国ランキング」

第2章

（1）小倉義光『お天気の科学――気象災害から身を守るために』森北出版（１９９４年）
（2）Hirata, H., R. Kawamura, M. Nonaka, and K. Tsuboki, 2019: Significant Impact of Heat Supply From the Gulf Stream on a “Superbomb” Cyclone in January 2018. *Geophysical Research Letters*, 46, 7718-7725.
（3）Tsukijihara, T., R. Kawamura, and T. Kawano, 2018: Influential role of inter-decadal explosive cyclone activity on the increased frequency of winter storm events in Hokkaido, the northernmost island of Japan. *Int. J. Climatol*, 39, 1700-1715.
（4）茂木耕作『梅雨前線の正体』東京堂出版（２０１２年）

(5) 内閣府中央防災会議「災害教訓の継承に関する専門調査会報告書」(平成17年3月)『１９８２ 長崎豪雨災害報告書』
(6) 筆保弘徳・伊藤耕介・山口宗彦『台風の正体』朝倉書店(２０１４年)
(7) 一般社団法人日本損害保険協会「自然災害での支払額、風水害等による保険金の支払い」
http://www.sonpo.or.jp/news/statistics/disaster
(8) 中北英一、西脇隆太、山邊洋之、山口弘誠「ドップラー風速を用いたゲリラ豪雨のタマゴの危険性予知に関する研究」『土木学会論文集Ｂ１(水工学)』第69巻第4号(２０１３年)I325-I330.
(9) Niino, H., T. Fujitani, and N. Watanabe, 1997: A statistical study of tornadoes and waterspouts in Japan from 1961 to 1993. *J. Climate*, 10, 1730-1752.
(10) 気象庁ホームページ「知識・解説、日本版改良藤田(ＪＥＦ)スケールとは」
http://www.jma.go.jp/jma/kishou/know/toppuu/tornado1-2-2.html

第3章

(1) 気象庁ホームページ「世界の年平均気温」
http://www.data.jma.go.jp/cpdinfo/temp/an_wld.html
(2) 廣田勇『地球をめぐる風――私の気象物語』中公新書(１９８３年)
(3) 木村龍治『天気ハカセになろう』岩波ジュニア新書(２０１３年)

第5章

(1) 気象庁「【災害時気象報告】平成27年9月関東・東北豪雨及び平成27年台風第18号による大雨等」(２０１５年)

（２）坪木和久「２０１５年９月の関東・東北豪雨はなぜ起こったのか」『現代化学』（２０１５年）536, 32-33.
（３）Ogura, Y, Asai, T, Dohi, K, 1985: A case-study of a heavy precipitation event along the Baiu front in northern Kyushu, 23 July 1982-Nagasaki heavy rainfall. *Journal of the Meteorological Society of Japan*, 63, 883-900, DOI: 10.2151/jmsj1965.63.5_883.
（４）Iwanami, K, Kikuchi, K, Taniguchi, T, 1988: A possible rainfall mechanism in the Orofure mountain-range Hokkaido, Japan - The rainfall enhancement by a 2-layer cloud structure. *Journal of the Meteorological Society of Japan*, 66, 497-504, DOI: 10.2151/jmsj1965.66.3_497.
（５）Shusse, Y. and K. Tsuboki, 2006: Dimension characteristics and precipitation efficiency of cumulonimbus clouds in the region far south from the Mei-yu front over eastern Asian continent. *Monthly Weather Review*, 134, 1942-1953.
（６）Kim, D.-S., M. Maki, S. Shimizu, and D.-I. Lee, 2012: X-band dual-polarization radar observations of precipitation core development and structure in a multi-cellular storm over Zoshigaya, Japan, on August 5, 2008. *Journal of the Meteorological Society of Japan*, 90, 5, 701-719, DOI: 10.2151/jmsj.2012-509.
（７）Takahashi, N., T. Ushio, K. Nakagawa, F. Mizutani, K. Iwanami, A. Yamaji, T. Kawagoe, M. Osada, T. Ohta and M. Kawasaki, 2019: Development of multi-parameter phased array weather radar (MP-PAWR) and early detection of torrential rainfall and tornado risk. *Journal of Disaster Research*, 14, 235-247.
（８）京都地方気象台「京都府の気象特性」http://www.jma-net.go.jp/kyoto/kyoto6.html
（９）Takemi, T., 2018: Importance of Terrain Representation in Simulating a Stationary Convective System for the July 2017 Northern Kyushu Heavy Rainfall Case. *SOLA*, 14, 153-158, DOI: https://doi.org/10.2151/sola.2018-027.
（10）吉崎正憲・加藤輝之『豪雨・豪雪の気象学』朝倉書店（２００７年）

（11）瀬古弘「中緯度のメソβスケール線状降水系の形態と維持機構に関する研究」『気象庁研究時報』（２０１０年）62, 1-74.

第6章

（１）気象庁地区特別気象センター（Regional Specialized Meteorological Center: RSMC）東京―台風センターホームページ
https://www.jma.go.jp/jma/jma-eng/jma-center/rsmc-hp-pub-eg/RSMC_HP.htm
（２）坪木和久「新用語解説　スーパー台風」『天気』（２０１８年）65, 455-475.
（３）Emanuel, K.A., 1987: The dependence of hurricane intensity on climate. *Nature*, 326, 483-485.
（４）Kennedy, A. B., N. Mori, T. Yasuda, T. Shimozono, T. Tomiczek, A. Donahue, T. Shimura, Y. Imai, 2017: Extreme block and boulder transport along a cliffed coastline (Calicoan Island, Philippines) during Super Typhoon Haiyan. *Marine Geology*, 383, 65-77.
（５）Wang, C.-C., H.-C. Kuo, Y.-H. Chen, H.-L. Huang, C.-H. Chung, and K. Tsuboki, 2012: Effects of asymmetric latent heating on typhoon movement crossing Taiwan: The case of Morakot (2009) with extreme rainfall. *J. Atmos. Sci.*, 69, 3172-3196.
（６）Kossin, J. P., Emanuel, K. A. and Vecchi, G. A., 2014: The poleward migration of the location of tropical cyclone maximum intensity. *Nature*, 509, 349-352.
（７）Mei, W. and S.-P. Xie, 2016: Intensification of lanfalling typhoons over the northwest Pacific since the late 1970s. *Nature Geoscience*, 9, 753-757.
（８）Tsuboki, K., M. K. Yoshioka, T. Shinoda, M. Kato, S. Kanada, and A. Kitoh, 2015: Future increase of supertyphoon intensity associated with climate change. *Geophysical Research Letters*, 42, 646-652.

（9）Kanada, S., T. Takemi, M. Kato, S. Yamasaki, H.Fudeyasu, K.Tsuboki, O. Arakawa, and I. Takayabu, 2017: A multi-model intercomparison of an intense typhoon in future, warmer climates by four 5-km-mesh models. *J. Climate*, 30, 6017-6036.

（10）Nakazawa, T., K. Bessho, S. Hoshino, T. Komori, K. Yamashita, Y. Ohta and K. Sato, 2010: THORPEX-Pacific Asian Regional Campaign（T-PARC）. *RSMC Tokyo-Typhoon Center, Technical Review*, 12, 1-53.

（11）総務省消防庁「令和元年台風第19号及び前線による大雨による被害及び消防機関等の対応状況」（第65報 R2.2.12 更新）

（12）Niino, H., O. Suzuki, H. Nirasawa, T. Fujitani, H. Ohno, I. Takayabu, N. Kinoshita, and Y. Ogura, 1993: Tornadoes in Chiba prefecture on 11 December 1990. *Mon. Wea. Rev.*, 121, 3001-3018.

（13）坪木和久・耿驃・武田喬男「台風18号外縁部で発生した１９９９年９月24日の東海地方の竜巻とメソサイクロン」『天気』（２０００年）47, 777-783.

（14）饒村曜『続・台風物語』日本気象協会（１９９３年）

第7章

（1）気象庁ホームページ「知識・解説、数値予報の歴史、リチャードソンの夢」
https://www.jma.go.jp/jma/kishou/know/whitep/1-3-2.html

（2）河宮未知生『シミュレート・ジ・アース——未来を予測する地球科学』ベレ出版（２０１８年）

（3）坪木和久「気象のシミュレーション」『計算科学講座　10　超多自由度系の新しい科学』金田行雄・笹井理生監修、共立出版（２０１０年）115-180.

（4）安良岡康作 全訳注『方丈記』講談社学術文庫（１９８０年）

（5）キース・デブリン著、山下純一訳『興奮する数学——世界を沸かせる7つの未解決問題』岩波書店（２

００４年）
（６）Yokota, S., H. Niino, H. Seko, M. Kunii, and H. Yamauchi, 2018: Important Factors for Tornadogenesis as Revealed by High-Resolution Ensemble Forecasts of the Tsukuba Supercell Tornado of 6 May 2012 in Japan. *Monthly Weather Review*, 146, 1109-1132.
（７）Mashiko, W., and H. Niino, 2017: Super high-resolution simulation of the 6 May 2012 Tsukuba supercell tornado: Near-surface structure and its evolution. *SOLA*, 13, 135-139.
（８）Lorenz, E. N., 1963: Deterministic nonperiodic flow. *Journal of the Atmospheric Sciences*, 20, 130-141.
（９）湯川秀樹『物理講義』講談社学術文庫（１９７７年）

第8章

（１）カール・セーガン著、滋賀陽子・松田良一訳『百億の星と千億の生命』新潮文庫（２００８年）
（２）気象庁「気候変動監視レポート２０１８」
（３）ＩＰＣＣ「第５次評価報告書、第１作業部会報告書、自然科学的根拠」（２０１３年）
（４）気象庁「ＩＰＣＣ第５次評価報告書、第１作業部会報告書政策決定者向け要約」（２０１５年）
http://www.data.jma.go.jp/cpdinfo/ipcc/ar5/index.html
（５）気象庁ホームページ「過去の気象データ検索」
http://www.data.jma.go.jp/obd/stats/etrn/index.php
（６）気象庁ホームページ「各種データ・資料、地球環境・気候、地球温暖化、気温・降水量の長期変化傾向、日本の年平均気温」
http://www.data.jma.go.jp/cpdinfo/temp/an_jpn.html
（７）厚生労働省「年齢（5歳階級）別にみた熱中症による死亡数の年次推移（平成7年～30年）」

（８）気象庁ホームページ「大雨や猛暑日など（極端現象）のこれまでの変化」
http://www.data.jma.go.jp/cpdinfo/extreme/extreme_p.html
（９）気象庁ホームページ「海面水温の長期変化傾向（日本近海）」
http://www.data.jma.go.jp/gmd/kaiyou/data/shindan/a_1/japan_warm/japan_warm.html
（10）Imada, Y., M. Watanabe, H. Kawase, H. Shiogama, and M. Arai, 2019: The July 2018 high temperature event in Japan could not have happened without human-induced global warming. *SOLA*, 15A, 8-12, DOI:10.2151/sola.15A-002.
（11）渡部雅浩『絵でわかる地球温暖化』講談社（２０１８年）
（12）Tauval, L. and K. Tsuboki, 2019: Characteristics of Tropical Cyclones in the Southwest Pacific. *Journal of the Meteorological Society of Japan,* 97, 711-731.
（13）Kossin, J. P., Emanuel, K. A. and Vecchi, G. A., 2014: The poleward migration of the location of tropical cyclone maximum intensity. *Nature,* 509, 349-352.
（14）Yamaguchi, M, J. C. L. Chan, I. Moon, K. Yoshida and R. Mizuta, 2020: Global warming changes tropical cyclone translation speed. *Nature Communications*, DOI: https://doi.org/10.1038/s41467-019-13902-y.
（15）Emanuel, K. A., 1986: An air-sea interaction theory for tropical cyclones. Part I: Steady-state maintenance. *J. Atmos. Sci.,* 43, 585-604.
（16）Emanuel, K. A., 1987: The dependence of hurricane intensity on climate. *Nature,* 326, 483-485.
（17）坪木和久「今世紀後半、伊勢湾台風をはるかにしのぐスーパー台風が発生する」『日本の論点２０１０』文藝春秋（２００９年）458-461.
（18）Tsuboki, K., M. K. Yoshioka, T. Shinoda, M. Kato, S. Kanada, and A. Kitoh, 2015: Future increase of supertyphoon intensity associated with climate change. *Geophys. Res. Lett.,* 42, 646-652, DOI: 10.

1002/2014GL061793.

第9章

（1）内閣府「平成30年7月豪雨を踏まえた水害・土砂災害からの避難のあり方について（報告）」中央防災会議 防災対策実行会議「平成30年7月豪雨による水害・土砂災害からの避難に関するワーキンググループ」（２０１８年）
http://www.bousai.go.jp/fusuigai/suigai_dosyaworking/index.html

（2）内閣府「第2回ワーキンググループ議事録」中央防災会議 防災対策実行会議、同前（２０１８年）

（3）島川英介、ＮＨＫスペシャル取材班『大避難　何が生死を分けるのか――スーパー台風から南海トラフ地震まで』ＮＨＫ出版新書（２０１７年）

新潮選書

激甚気象はなぜ起こる

著　者………………坪木和久

発　行………………2020年5月25日

発行者………………佐藤隆信
発行所………………株式会社新潮社
〒162-8711 東京都新宿区矢来町71
電話　編集部 03-3266-5411
　　　読者係 03-3266-5111
https://www.shinchosha.co.jp
印刷所………………錦明印刷株式会社
製本所………………株式会社大進堂

乱丁・落丁本は、ご面倒ですが小社読者係宛お送り下さい。送料小社負担にてお取替えいたします。
価格はカバーに表示してあります。

ISBN978-4-10-603856-3 C0344

宇宙からいかにヒトは生まれたか
偶然と必然の138億年史
更科 功

我々はどんなプロセスを経てここにいるのか？　生物と無生物両方の歴史を織り交ぜながら、ビッグバンから未来までをコンパクトにまとめた初めての一冊。

《新潮選書》

地球の履歴書
大河内直彦

海面や海底、地層や地下、南極大陸、塩や石油などを通して、地球46億年の歴史を8つのストーリーで描く。講談社科学出版賞受賞の科学者による意欲作。

《新潮選書》

強い者は生き残れない
環境から考える新しい進化論
吉村 仁

生物史を振り返ると、進化したのは必ずしも「強者」ではなかった。変動する環境の下で、生命はどのような生き残り戦略をとってきたのか、新説が解く。

《新潮選書》

弱者の戦略
稲垣栄洋

弱肉強食の世界で、弱者はどうやって生き延びてきたのか？　メスに化ける、他者に化ける、動かない、早死にするなど、生き物たちの驚異の戦略の数々。

《新潮選書》

生命の内と外
永田和宏

生物は「膜」である。閉じつつ開きながら、必要なものを摂取し、不要なものを排除している。内と外との「境界」から見えてくる、驚くべき生命の本質。

《新潮選書》

重力波 発見！
新しい天文学の扉を開く黄金のカギ
高橋真理子

いったいそれは何なのか？　なぜそれほど人類にとって重要なのか？　熟達の科学ジャーナリストが、発見の物語から時空間の本質までを分かりやすく説く。

《新潮選書》